実験医学 別冊

目的別で選べる
PCR実験プロトコール

失敗しないための実験操作と条件設定のコツ

編著 佐々木博己
著 青柳一彦, 河府和義

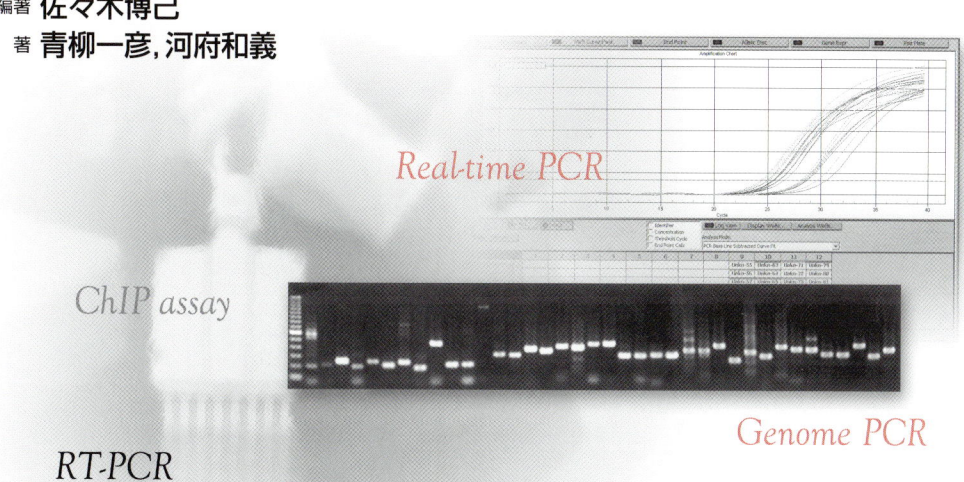

Real-time PCR

ChIP assay

RT-PCR

Direct sequence

Genome PCR

Methylation specific PCR

羊土社
YODOSHA

【注意事項】本書の情報について
・本書に記載されている内容は，発行時点における最新の情報に基づき，正確を期するよう，執筆者，監修・編者ならびに出版社はそれぞれ最善の努力を払っております．しかし科学・医学・医療の進歩により，定義や概念，技術の操作方法や診療の方針が変更となり，本書をご使用になる時点においては記載された内容が正確かつ完全ではなくなる場合がございます．また，本書に記載されている企業名や商品名，URL等の情報が予告なく変更される場合もございますのでご了承ください．
・本書に記載されている企業名，商品名は，各社の商標または登録商標です．本書中では©，®，™などの表示を省略させていただいております．

序

　1985年に，異端の研究者，キャリー・マリス（米国）によってPCRが発明されてから，今年で25年が経った．3つの工程（鋳型DNAの熱変性，プライマーのアニーリング，DNA合成）を繰り返すのみの単純な原理は，強固で，5年後には世界中の研究室にサーマルサイクラー（PCR装置）が置かれることになった．最初は2500万円だったこの装置も，700万円，250万円…70万円とどんどん下がり，分子生物学分野の研究室では，今や2～3人で1台の時代になった．タンパク質や糖の分析装置と異なり，DNAの構造とPCRの原理がシンプルであったため，装置の小型化や低価格化が急速に進み，このような大普及に結びついたものと思われる．また，遺伝子の発現解析で必須となったリアルタイムPCRの装置は1000万円から300万円以下になったが，研究室に1～2台の普及であろうか．いずれにしても，この普及率の高さはこの発明の幸運さと偉大さを物語っている．

　PCRほどいろいろな分子生物学的な技術に応用されたものはなく，時代のニーズに合う改良技術が開発されてきた．その中には，ニーズが減り，使われなくなっているものも多いが，診断などの臨床的に重要な分野ではさらに改良が進んでいるものも多い．2003年に筆者が編集し，羊土社より出版された『ここまでできるPCR最新活用マニュアル』では，PCRの主な応用・改良技術を含めて紹介させていただいたが，今回は汎用されている方法に絞った（付録②に代表的な8種の改良技術を紹介）．その分，PCRの基礎知識をより充実させることができた．また，3人の筆者で完成することができたので，全体として質を統一することができたのではないかと思っている．

　お忙しい中，ご執筆していただいた青柳先生，河府先生に感謝の意を表したい．また，羊土社で校正・編集を担当された望月，吉川両氏のご奮闘も大いなるものがあり，1項あたりの校正で要求された加筆は10～20カ所もあった．まるで，有名科学雑誌へ投稿した際のReviewerへの回答のようであった．このような工夫と努力によって本書はPCRの実験書として，より多くの読者のお役に立つものに仕上がったと信じている．どうか隅から隅まで読んでいただき，最後は後輩に譲るなどの「エコな活用」をしていただけたら，幸いである．

2010年11月15日

佐々木博己

本書の構成

- **1章** PCRの基礎知識と準備
- **2章** 目的遺伝子を増やす・伸ばす・単離する
- **3章** 遺伝子の構造・発現を解析する
- **4章** PCR産物を利用する

PCRの基本を知りたい

- PCRの原理と各項目へのナビゲーション（1章-1）
- PCRの装置（1章-2）
- 鋳型DNA, RNAの調製（1章-3）
- 実験目的別プライマー設計法（1章-4）
- DNAポリメラーゼの使い分け（1章-5）
- 試薬と反応条件（1章-6）

DNAを鋳型にPCRを行う / cDNAを鋳型にPCRを行う

- 微量検体からのPCR, RT-PCR（2章-4）
- LA-PCR（付録②-1）
- コンセンサス/Degenerate PCR（付録②-4）

- ゲノムPCR（2章-1）
- メチル化特異的PCR（MSP）（3章-3）
- クロマチン免疫沈降（ChIP）（3章-4）
- 遺伝子多型・変異の検出（4章-3）

- RT-PCR（2章-3）
- リアルタイムPCR（3章-2）

- ダイレクトシークエンス（3章-1）
- 多様なベクターへのサブ・クローニングとその利用法（4章-1）
- 遺伝子機能解析のための変異導入（4章-2）

鋳型を精製しないでPCRを行う

- 生体試料（コロニー, 血液, 細胞, 組織）からのPCR（2章-2）

PCRの応用技術をもっと知りたい

- 競合的PCR, 多重（Multiplex）PCR/RT-PCR, Alu PCR, *in situ* PCR, Immuno-PCR, TRAP法とストレッチPCR法（付録②-2, 3, 5〜8）

目的別で選べる 実験医学**別冊** contents

PCR実験プロトコール

失敗しないための実験操作と条件設定のコツ

序 ———————————————————— 佐々木博己

1章　PCRの基礎知識と準備　　9

1 PCRの原理と各項目へのナビゲーション ———— 佐々木博己　10
→発明の歴史，核酸の化学，PCRの基本原理を知る

2 PCRの装置 ———————————————— 青柳　一彦　19
→サーマルサイクラーの種類と特徴を知る

3 鋳型DNA，RNAの調製 ———————————— 佐々木博己　26
→鋳型の種類に応じた調製法の基本を知る

4 実験目的別プライマー設計法 ———————— 佐々木博己　33
→プライマー設計の基本と注意点を知る

5 DNAポリメラーゼの使い分け ——————————— 青柳　一彦　41
→用途に応じたDNAポリメラーゼの種類と特徴を知る

6 試薬と反応条件 ———————————————— 佐々木博己　47
→オーソドックスなPCR反応液の組成と反応条件を知る

2章　目的遺伝子を増やす・伸ばす・単離する　　55

1　ゲノムPCR　　佐々木博己　56
→ゲノムDNAから目的のDNA断片を増幅する

2　生体試料（コロニー，血液，細胞，組織）からのPCR　　佐々木博己　65
→鋳型を精製することなく直接，目的のDNAを増幅する

3　RT-PCR　　青柳一彦　74
→逆転写反応とPCRの2段階で，RNAを二本鎖cDNAとして増幅する

4　微量検体からのPCR, RT-PCR　　青柳一彦　88
→微量なサンプルからDNA，RNAを網羅的に増幅する

3章　遺伝子の構造・発現を解析する　　111

1　ダイレクトシークエンス　　河府和義　112
→PCR産物をサブ・クローニングしないで，直接シークエンス解析を行う

2　リアルタイムPCR　　青柳一彦　120
→PCRによる増幅過程をリアルタイムにモニタリングし，定量する

3　メチル化特異的PCR（MSP）　　佐々木博己　132
→ゲノムDNAのメチル化の有無を解析する

4　クロマチン免疫沈降（ChIP）　　河府和義　141
→特定ゲノム領域へのタンパク質の結合や修飾状態を解析する

4章　PCR産物を利用する　　　　　　　　　　　　　　　　　　　*149*

1 多様なベクターへのサブ・クローニングとその利用法 ─────── 青柳　一彦　*150*
→PCR産物をベクターに導入し，遺伝子の構造解析や機能解析に用いる

2 遺伝子機能解析のための変異導入 ───────────── 河府　和義　*166*
→DNA配列の目的とする位置に点変異を導入する

3 遺伝子多型・変異の検出 ──────────────── 佐々木博己　*173*
→既知の多型，未知の多型，点突然変異を検出する

付録①キット一覧 ───────────────────────────── *192*
付録②いろいろなPCRの応用・改良技術 ──────────────── *199*
索引 ──────────────────────────────────── *208*

ONE POINT

- 濃(深)色効果と淡色効果　*13*
- プライミング　*35*
- ユニット（U）　*50*
- シングルコピー配列　*59*
- 汚染（contamination）にはご注意を　*64*
- 電気泳動用バッファー　*177*

プロトコールの使い方

プロトコールで出てくる試薬や機器を列挙し，製品名の例も適宜紹介．汎用的な試薬・機器類は省略しています．

準備するもの
1）試薬
- コロニーまたはプラークを形成させた大腸菌のプレート
- 校正機能をもつDNAポリメラーゼ
  TaKaRa Ex Taq（タカラバイオ社），KOD FX DNA polymerase（東洋紡績）など
- SM溶液
  5.8 g NaCl, 2 g MgSO$_4$・7H$_2$O, 50 mL 1 M Tris-HCl (pH 7.5), 5 mL 2% gelatin を1 Lの超純水に溶解，50 mLずつに分けオートクレーブしてストックする．

【キット（プレミックスされた反応液）を使う場合】
- Insert Check-Ready-, Insert Check-Ready-Blue（東洋紡績）
  プライマーは，汎用性の高いM13プライマー（P7, P8），合成速度，増幅効率の高いKOD Dash DNA polymeraseを用いている．10 kbまでは増幅できる．後者のキットは，色素入りで，反応後すぐに電気泳動できる．

プロトコール
▶ 1）DNAのバイサルファイト処理

プロトコールの左段に実際の操作を記述．注意点や補足がある場合「ⓐ」などが付いているので，対応する**右段の解説を参照**．

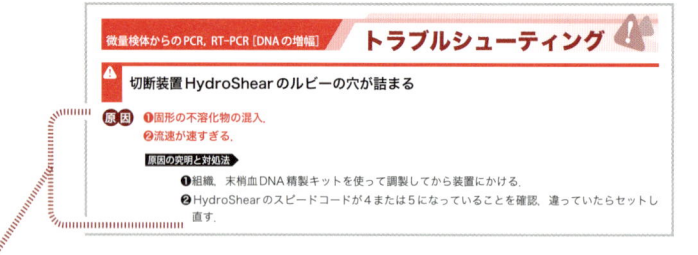

❶ TEバッファーに溶解して4℃または−20℃で保存された1 µgのDNAを50 µLの超純水に溶解する
❷ 2 M Na〜〜〜〜〜を5 µL加え，37℃で30分インキュベートする
❸ 〜〜 mM 〜〜quinoneを30 µL加える
❹ 3 M sodium bisulfiteを520 µL加え，ピペッティングをしてよく混和する
❺ ミネラルオイルを滴下する
❻ 50〜55℃で16〜20時間，遮光してインキュベートする

ⓐ 二本鎖DNAはアルカリ変性し，一本鎖DNAとなる．
ⓑ このとき，溶液の色が黄色くなる．
ⓒ このプロトコールどおりに加えるとpHは約5.0になっている．
ⓓ 蒸発を防ぐために溶液と酸素を遮断する．1.5 mLのチューブだと4〜5滴必要．オイルと溶液の間に泡が残ることがあるが，スピンダウンしてやれば取れる．
ⓔ 図1に示したように，非メチル化シトシンのみスルホン化と脱アミノ化が起こり，スルホン化ウラシルとなる．

プロトコールの右段には，**実験操作の注意点や根拠，コツ**などを解説．

トラブルシューティング
微量検体からのPCR, RT-PCR ［DNAの増幅］

⚠ **切断装置HydroShearのルビーの穴が詰まる**

原因
❶ 固形の不溶化物の混入．
❷ 流速が速すぎる．

原因の究明と対処法
❶ 組織，末梢血DNA精製キットを使って調製してから装置にかける．
❷ HydroShearのスピードコードが4または5になっていることを確認，違っていたらセットし直す．

トラブルの「**原因**」と「**原因の究明と対処法**」の数字は対応しています．

▶ 遠心操作について

本書では，回転数（rpm）と重力加速度（G）を併記しています．回転数はプロトコールにて記したローターを用いた場合の数値を示しており，異なる半径のローターを用いる場合は重力加速度の数値に従って遠心操作を行ってください．

▶ "水"について

本書では，特に断わらない限り下のいずれかの水を使用しています．
脱イオン水：逆浸透膜やイオン交換膜により塩，イオンを除去した一次純水
超純水：一次純水を超純水用イオン交換樹脂に通し，殺菌，濾過後，比抵抗が18 MΩ・cmを超える水

1章

PCRの基礎知識と準備

1節　PCRの原理と各項目へのナビゲーション
2節　PCRの装置
3節　鋳型DNA，RNAの調製
4節　実験目的別プライマー設計法
5節　DNAポリメラーゼの使い分け
6節　試薬と反応条件

1章 PCRの基礎知識と準備

1 PCRの原理と各項目へのナビゲーション

佐々木博己

① 各項目へのナビゲーション

本書の各章と項目の関係をフローチャートで示し（図1），以下にその説明をまとめる．

1章は「**PCRの基礎知識と準備**」とした．本項の1）PCRの原理と各項目へのナビゲーションでは，PCR法の発明のエピソードや科学史上の意義に加え，ハイブリダイズの原理やDNAの安定性など，核酸の化学についても解説する．それから，PCR法の基本を以下のような項目でまとめる：2）PCRの装置，3）鋳型DNA，RNAの調製，4）実験目的別プライマー設計法，5）DNAポリメラーゼの使い分け，6）試薬（バッファー，dNTPなど）と反

1章　PCRの基礎知識と準備
- 1）PCRの原理と各項目へのナビゲーション
- 2）PCRの装置
- 3）鋳型DNA，RNAの調製
- 4）実験目的別プライマー設計法
- 5）DNAポリメラーゼの使い分け
- 6）試薬と反応条件

↓

2章　目的遺伝子を増やす・伸ばす・単離する
- 1）ゲノムPCR
- 2）生体試料（コロニー，血液，細胞，組織）からのPCR
- 3）RT-PCR
- 4）微量検体からのPCR，RT-PCR

↓ ↓

3章　遺伝子の構造・発現を解析する
- 1）ダイレクトシークエンス
- 2）リアルタイムPCR
- 3）メチル化特異的PCR（MSP）
- 4）クロマチン免疫沈降（ChIP）

4章　PCR産物を利用する
- 1）多様なベクターへのサブ・クローニングとその利用法
- 2）遺伝子機能解析のための変異導入
- 3）遺伝子多型・変異の検出

図1　各章・項目の関係とフローチャート

表1　PCRの種類と用途

種類	用途
ゲノムPCR	ゲノムDNAを鋳型に目的配列を増幅し，変異解析やサブ・クローニングに使う．ノーザンやサザンハイブリダイゼーションのプローブにも使える
RT-PCR	mRNAの発現の有無や量を調べる
ダイレクトシークエンス	PCR産物をクローニングすることなく塩基配列を調べる方法で，cDNAの配列の確認や変異を調べることに使われる
リアルタイムPCR	mRNAの発現量を測る方法のゴールデンスタンダード．遺伝子のコピー数を測定することも可能
メチル化特異的PCR（MSP）	がんや細胞分化に伴うDNAのシトシンのメチル化の程度を調べる
クロマチン免疫沈降（ChIP）	転写・複製・修復調節因子のDNA結合領域を調べる

応条件（温度，時間，サイクル数など）．この章では基本的な核酸の性質を復習し，PCRの原理を理解してほしい．現在，PCRは広範な分子生物学的実験に応用されているので，上記の各項目の理解は必須である．しっかりと基本を押さえていただきたい．

2章「**目的遺伝子を増やす・伸ばす・単離する**」では，PCRの基本的な適用として，1）ゲノムPCR，2）生体試料（コロニー，血液，細胞，組織）からのPCR，3）RT-PCR，4）微量検体からのPCR，RT-PCRを紹介する．また，2章以降は本書のタイトルのとおり"目的別"の応用例となっている．

3章「**遺伝子の構造・発現を解析する**」では，PCRの最も代表的な適用として，1）ダイレクトシークエンス，2）リアルタイムPCRをまず紹介し，次に，遺伝子発現調節研究への適用として，3）メチル化特異的PCR（MSP），4）クロマチン免疫沈降（ChIP）を紹介する．

4章「**PCR産物を利用する**」では，増幅した遺伝子の機能や構造の解析への適用として，1）多様なベクターへのサブ・クローニングとその利用法を最初に紹介する．この項目では，基本的なDNA組換え実験についても解説する．さらに遺伝子の機能解析や発現調節機構の解析で必須なPCRの適用項目として，2）遺伝子機能解析のための変異導入，最後に，3）遺伝子多型・変異の検出を紹介する．

本書で紹介するPCRの種類と用途について表1にまとめた．またその他の応用例は付録②で紹介する．

❷ PCR法の発明

1960年代に遺伝子組換えやシークエンス技術が登場し，1970〜'80年代は，遺伝子クローニングの時代であった．プラスミドベクターやファージベクターにクローン化された遺伝子，すなわちプロモーターやエキソンを含むDNAまたはcDNAを大腸菌内で増幅させることができるようになった．そして遺伝子の構造や発現調節および機能の解析ができるようになり，分子生物学という新しい学問を生んだ．さらに，サイトカインなどの有用なタンパク質や酵素の生産が可能になった．しかし，遺伝子クローニングは手間のかかる作業であったため，

少なくとも一次構造（核酸の配列）がわかっているものや予測できるもの（部分的アミノ酸配列が決定されているか，ファミリー遺伝子のように類似構造をもつもの）に関して，DNAポリメラーゼをうまく使うことによって，直接全cDNAやゲノムDNAから増幅できないかと考えた研究者は大勢いた．そのなかで，見事に現実のものとした研究者は，米国のキャリー・マリスだった．

　1983年4月，月夜のカリフォルニアのマウンテンハイウェイを彼女とドライブしていたマリスは分子生物学を大きく変えることになる．運転中，彼はPCRの原理（耐熱性DNAポリメラーゼを繰り返し反応させる）に繋がるアイデアが閃き，思わずアクセルから足を離して，路肩に停止してしまった〔『マリス博士の奇想天外な人生』（マリス/著，福岡伸一/訳），早川書房〕．本人が語ったこのエピソードは有名である．1985年に「Enzymatic amplification of beta-globin genomic sequences and restriction site analysis for diagnosis of sickle cell anemia. Saiki RK, Scharf S, Faloona F, Mullis KB, Horn GT, Erlich HA, Arnheim N. Science 230：1350-1354（1985）」という1つの論文を発表し，1992年にノーベル化学賞を受賞した．当時マリスの原著論文は，5報（PNAS 1982, Science 1985, Nature 1986, J Viol 1987, Science 1988）で，筆頭著者はなかった．ノーベル賞受賞後の論文は，1995年に単独でGenetica誌に総説を1つ書いただけである．その後の発表もない．彼は2,3年間の研究生活で，遺伝子工学を飛躍的に発展させたことになる．現在，PCRは基礎生命科学のみならず，感染症や疾患の診断，法医学，考古学，進化学，犯罪捜査，親子鑑定などにも使われている．今は忘れられつつあるこのエピソードこそ，驚きである．その後のマリスは，薬物依存症になったり，会社を辞めたりと波乱な生活を余儀なくされたことも，異色の「科学者」マリスを象徴している．

　この物語は非常に興味深いが，筆者が若い読者に，本当に伝えたいのは2点である．1つは，クルーグによるヌクレオソームやワトソンとクリックによるDNAの二重らせん構造の発見，サンガーとギルバートによる塩基配列の決定など，生体高分子化合物の構造解析や取り扱い技術の開発は化学の分野では非常に評価が高いことがあげられる．1901〜2008年までのノーベル化学賞の受賞理由（研究成果）112のうち44件（40％）が生体物質の研究に関するものであり，とりわけDNAとタンパク質に関するものが25件もある．最近でも，2002年の田中耕一による「タンパク質の質量分析法と核磁気共鳴分光法」，2003年の「水・イオンチャンネル」，2004年の「ユビキチンによるタンパク質の分解」，2006年のロジャー・コーンバーグ（DNAポリメラーゼで生理医学賞を受賞したアーサー・コーンバーグの息子）による「真核生物の転写」がある，そして2008年の下村脩が「緑色蛍光タンパク質GFPの発見とその応用」でノーベル化学賞を受賞したのは，記憶に新しいと思う．もう1つは，発見者や開発者をみてみると「科学者」というより，「技術者」が目立つことである．そのため，学術論文が極端に少ない研究者が栄光をつかんでいる．柔軟な姿勢と先見性で勝負することも重要である．

3 DNAとRNAの基本的な化学

1 核酸の変性と再会合

DNAやRNAは水素結合によって塩基対をつくり，分子内または分子間で二本鎖構造をとる．図2のようにAとT（またはU）は2つの水素結合で塩基対をつくるのに対して，GとCは3つの水素結合で塩基対をつくる．二本鎖DNAが一本鎖になることを**変性**（denaturation）という．逆に，相補的な一本鎖DNA同士が再び二本鎖に戻ることを**再会合**（renaturation）という．二本鎖DNAは変性して一本鎖DNAになると濃色効果（One Point参照）のため紫外線（通常は波長260 nmで測定）の吸光度が増加する（図3A）（逆に，二本鎖DNAになると淡色効果のため吸光度は減少）．そのため，二本鎖DNA溶液の温度を上げると，図3Bのように波長260 nmの吸収はシグモイド曲線を描いて増大する．GC塩基対の水素結合は3個なので，AT塩基対より熱エネルギー的に安定である．そのため，**二本鎖DNAはGC含量が高いほど，シグモイド曲線の中点に当たる温度（半分が変性する温度），すなわちTm値（melting temperature）が高くなる**．Tm値とGC含量の関係は，経験則から次式で近似できる．

$$GC\% = 2.44(T_m - 69.3)$$

（ただし，0.15 M NaCl, 0.015 Mクエン酸ナトリウム，pH 7.0, 20〜数100 bp）

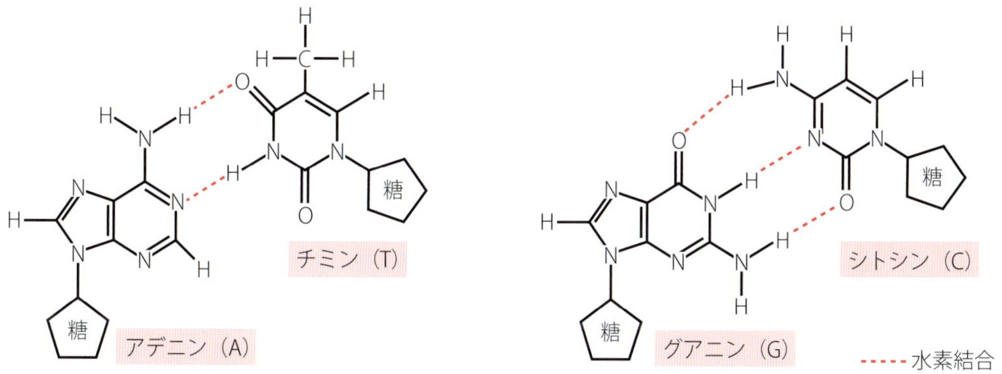

図2　各塩基間の水素結合

DNAやRNAは，AとT（RNAの場合はU），GとCが図のように水素結合を形成する．それぞれ，AとT（U）は2つの水素結合で，GとCは3つの水素結合で塩基対を形成する

ONE POINT　濃（深）色効果と淡色効果

DNAが二本鎖を形成していると，塩基同士が縦に重なり合った構造をとる（塩基のスタッキング）．この構造では，電子が塩基の平面の板の上下に動く範囲が広がり（電子分布が変化），比較的安定なエネルギーの小さい分子状態になっている．この状態では，淡色効果がみられ，紫外線のモル吸光係数が低くなる．温度が上昇し，塩基間の水素結合が切れると，塩基同士の縦の並びも解消されるため，淡色効果がなくなり，吸光度が上昇する（濃色効果）．なぜ紫外線の吸収がエネルギー的に安定な二本鎖状態で低いかの説明は，物理化学の領域です．本書および筆者の（守備）範囲外なので，ご容赦ください．

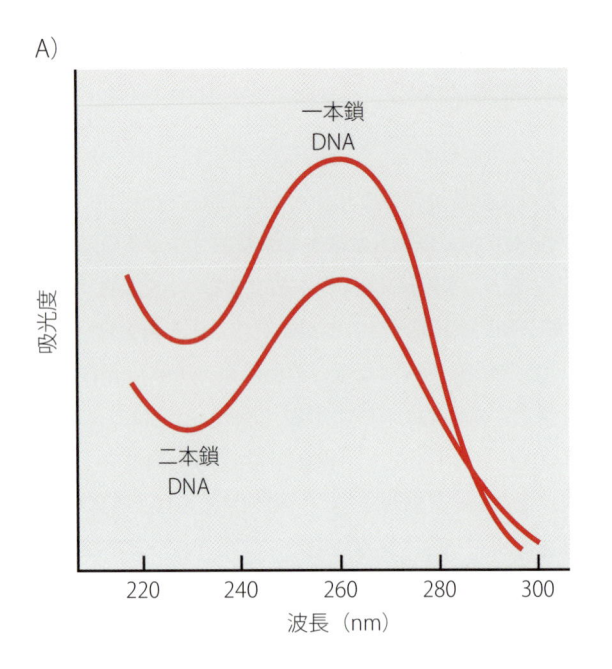

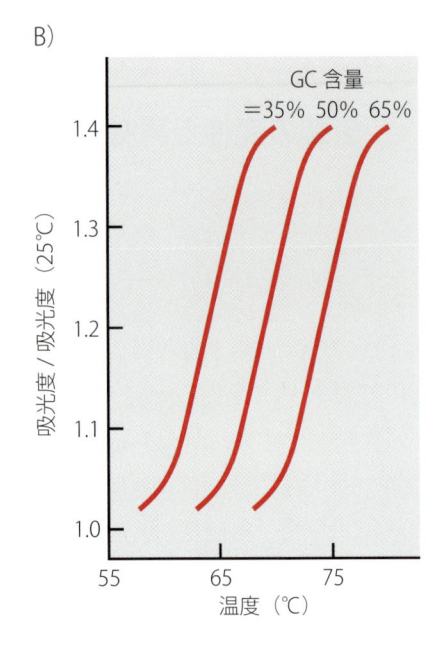

図3 DNAの紫外線の吸収と変性に伴う吸光度の上昇
A）一本鎖DNAと二本鎖DNAに，220〜300 nmの紫外線を当て吸光度を測定すると，260 nm付近で差が最大となる．B）各35％，50％，65％のGC含量をもつ二本鎖DNAを加熱し，260 nmの紫外線の吸収を測定すると，温度の上昇に伴って一本鎖DNAになり（熱変性し），吸光度が上昇する．GC含量が高いほど，熱変性しにくい

　このGC含量が高いほど熱変性しにくいという性質は，PCRでプライマーが鋳型DNAにアニーリングする温度の決定やサザンブロット解析またはマイクロアレイ解析でのハイブリダイゼーションの条件決定の基盤となる性質である．また**塩濃度が下がると，DNA鎖間のリン酸ジエステルの負電荷の斥力が働きやすくなり，Tm値は下がる**．すなわち同じ温度でも一本鎖分子が増える（再会合しにくい）．

2 酸やアルカリに対する反応

　二本鎖DNAは強酸性下で，温度依存的に切れ目（リン酸ジエステル結合が切れる）である**ニック**が入る．強アルカリ下では，二本鎖DNAは熱変性と同じく，一本鎖になる．これを**アルカリ変性**とよぶ．サザンブロットのときに，制限酵素で消化したDNAをアガロースゲル電気泳動でサイズ分画し，ゲルからメンブレンにDNAを転写する際，ゲルごと酸処理の後，アルカリバッファーで蒸散させる方法はこのDNAの性質を利用している．すなわち，適当なニックを入れた後で，アルカリ変性すると，フィルターへの転写効率がよくなる．
　一方，RNAは強アルカリ下では，温度依存的にリボヌクレオチド単位まで**加水分解**されてしまう（図4）．このアルカリに対するDNAとRNAの異なる性質は，糖部分の2位の炭素がH（デオキシリボース）かOH（リボース）かのみで現れる（図5）．すなわち，**RNA（またはこの基がOH）の場合，リン酸ジエステル結合が加水分解しやすい**ことが理由である．

図4　RNAの加水分解

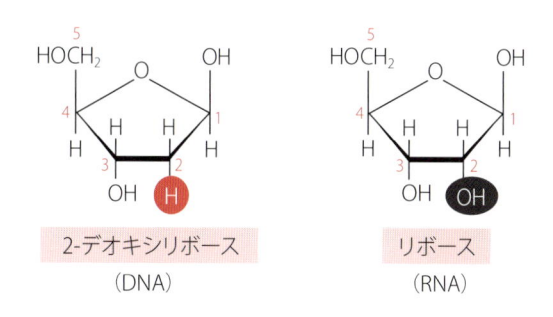

図5　DNA，RNAの五炭糖

3　実験レベルでの安定性に関して

●DNAを60℃以上で扱う実験の場合，緩衝作用のある溶液で行う

　　DNAの構成分子はデオキシリボースと塩基が付いたリン酸である．したがって，アニーリングやハイブリダイゼーションのように比較的高温で行う反応では，微量のヌクレアーゼの混入などで分解が進むと酸性になる．さらに撹拌やニック作用で分解が加速する．そのため，pHが変わらないように緩衝作用のある溶液を用いることになる．緩衝溶液（バッファー）の重要性を認識しながら，実験をしたい．

●DNAは遠心でせん断される

　　高分子DNAをとろうとした場合，最後のエタノール沈殿では遠心は行わずガラス棒に巻き取るようにする．高分子DNAは遠心のG（加速度）に比例するようにせん断される．エタノール沈殿後の遠心や多くのキットで使われるカラムへの吸着・溶出操作によって数十kbpにずたずたにされる．しかし，PCRでは数十kbpを増幅することは稀なので，遠心によって沈殿させたDNAを鋳型にしても問題はない．

●DNAは凍結・融解でもせん断される

　　RNAやプラスミドDNAは凍結保存を行うが，高分子DNAの保存は4℃がよい（カビの

発生に注意)．それは，凍結・融解でせん断されるからである．しかし，長くとも数kbpのDNAを増幅するPCRを目的とした場合，凍結・融解によるせん断の影響は少なく，どんな試料でも－20℃保存で問題はない．

●微量核酸はチューブに吸着する

DNAもRNAも10 ng/μL以下の低濃度で凍結保存し，何回も融解して鋳型に使用するとチューブの表面が劣化し，核酸が物理的に吸着する．また，不純物として混入しているタンパク質の物理的吸着とそれに対する核酸の静電・イオン吸着も起こる．結果として，濃度が低下する．そのため，シリコンコートしたチューブや吸着防止加工されたチューブを使う方法もあるが，基本的に保存は100 ng/μL以上で行いたい．

●保存組織中のDNAは乾燥に弱い

ホルマリン固定標本やOCT包埋凍結標本は，保存期間が長くなると脱水が起こる．DNAは固定化された状態なので，脱水により移動が起こり，DNA分子に強い力が働き，せん断を受ける（完全に骨格を保持した恐竜の化石が少ないのに類似）．PCRにも絶えられなくなることもしばしばである．2年以内に抽出しておくことをすすめる．

●酵素反応後のDNA溶液は凍結保存する

制限酵素消化やRT（逆転写）反応など酵素反応液には，しばしばMg^{2+}などの二価イオンが入っている．この状態では，手の汗などから混入したDNaseが反応してしまうので，凍結保存を行う．フェノール抽出，エタノール沈殿を行い，保存溶液はEDTAの入ったTE（10 mM Tris-HCl，1 mM EDTA，pH7.5）に代えたい．EDTAがキレート剤としてMg^{2+}と結合し，DNaseの活性が抑えられるからである．

❹ PCRの原理

PCRとは，polymerase chain reactionの略で，少量のDNAサンプルの中から in vitro で特定のDNA配列を酵素反応で増幅する方法である．PCRは，分子生物学研究の基盤をなす技術であり，遺伝子の単離，構造解析，発現解析など多方面に応用されている．概略を図6に示す．**PCRは，DNAの熱変性，プライマーの結合（アニーリング），耐熱性のDNAポリメラーゼ（Taq DNAポリメラーゼなど）によるDNAの伸長反応の3ステップを繰り返して行う．**

まず，DNAを入れた反応液を約95℃にすることにより二本鎖DNAを一本鎖DNAに変性する．DNAは常温では二本鎖構造をとるが，温度が上がると一本鎖になる．95℃ではすべての二本鎖DNAは一本鎖DNAになる．

次に，DNAが再会合できる程度の温度（50～65℃）まで冷却し，一本鎖となったDNAにプライマーを特異的にアニーリングさせる．プライマーとは，増幅したい目的DNA断片の両側に結合し，DNA合成の起点となる相補的な20塩基前後の合成オリゴヌクレオチドのことである（プライマー設計の詳細は1章-4参照）．このプライマーは低分子なため，鋳型DNA分子より圧倒的に多く加えることができる．そのため，鋳型DNA分子間の再会合より

図6 PCRの原理

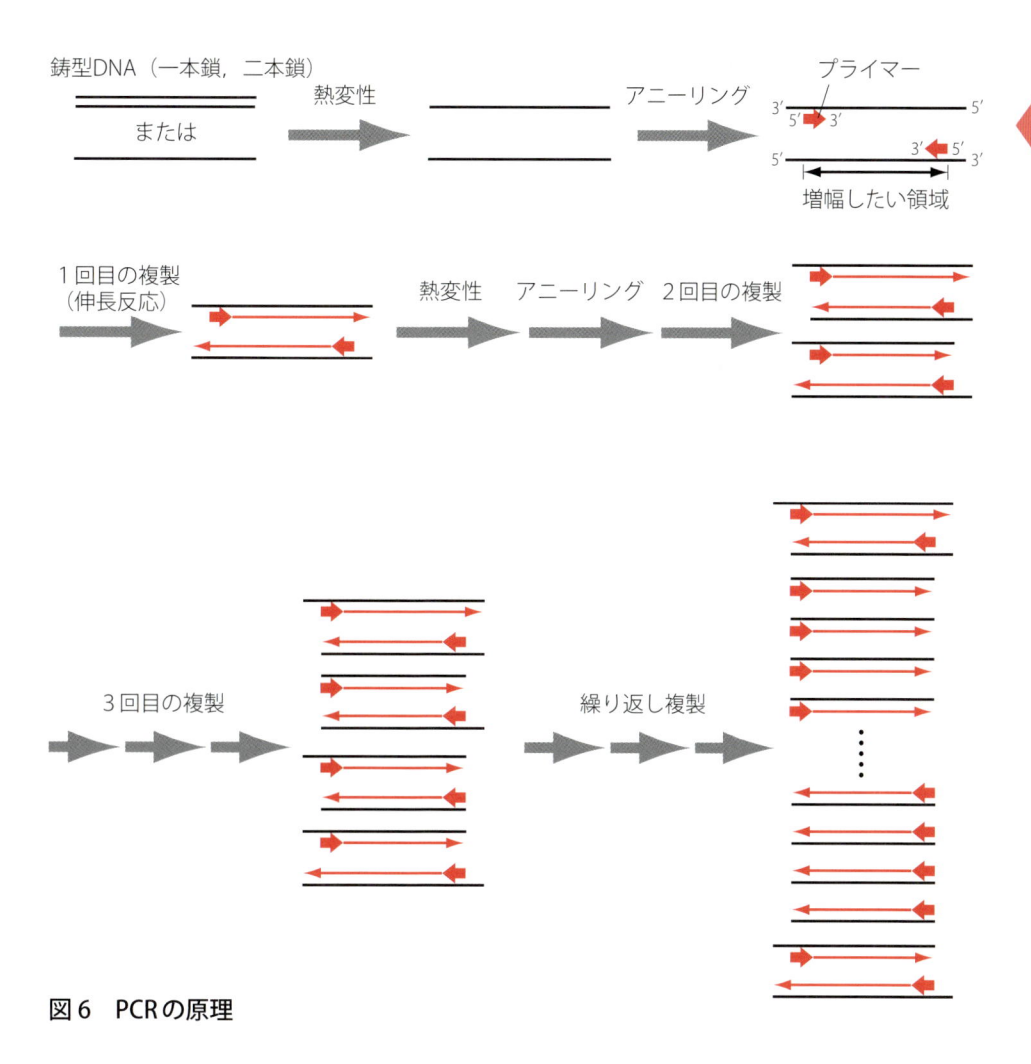

　も優先的に結合する．さらに，急速に適温まで冷却すると，鋳型DNA鎖は長いので分子内の相補的な配列間で不安定な高次構造をとって絡むため，短いプライマーの方が優先的にアニーリングするものと考えられている．耐熱性DNAポリメラーゼによるDNA合成ではプライマーの3′末端から伸長されていくので，2つのプライマーは増幅したい領域を挟んで3′末端が内側を向くように設計しなくてはならない．つまり，増幅したい目的DNA配列を挟んで，二本鎖DNAのそれぞれの鎖の3′末端側に1カ所ずつ選ぶことになる．しかし，GenBankなどのデータベースに登録されているDNAの配列情報は，二本鎖のうち一方の配列が5′末端から3′末端の方向で記載されており，この配列上で2カ所プライマーを設計することになる．したがって，2つのプライマー中3′末端側のプライマーは逆配列（相補鎖の配列）になるので注意を要する．

　3ステップ目のDNAの伸長反応は，鋳型となる一本鎖DNAが立体構造をとって合成を妨げないよう約72℃の高温で反応させる．種々の耐熱性DNAポリメラーゼが市販されているが，合成の忠実度（fidelity）・効率も異なる．1章-5を参考にしてもらいたい．2つのプライマーは，それぞれ増幅したい二本鎖DNAの別々の鎖に結合し，1サイクル目で2分子，2サイクル目で4分子，3サイクル目で8分子のDNA断片ができ，**指数関数的**に増幅すること

ができる.1回ごとの伸長反応で合成された産物は,次のサイクルでは鋳型として利用されるため,ほぼ2倍となる.例えば,20サイクルのPCRを行うと,理論上は2^{20}倍(約100万倍)増幅できる.

実際の操作は,鋳型DNA(ゲノムDNA,プラスミド,cDNAなど一本鎖,二本鎖DNAなら何でも鋳型となる),増幅したいDNA領域に相補的な配列をもつ2つのプライマー,耐熱性のDNAポリメラーゼと酵素反応を促進するためのバッファー,DNA合成の材料となるdNTPを混合し,**サーマルサイクラー**という機械(1章-2参照)にセットしてスイッチを押すだけの簡単な操作である(PCRの試薬と反応の詳細は1章-6参照).反応後はTBEまたはTAEバッファーを用いたアガロースゲル電気泳動で増幅の具合を確認する.増幅産物が100 bp以下の場合は,アガロースゲルより溝/穴が小さく,分離度のよいアクリルアミドゲルを用いることが多い.

1章　PCRの基礎知識と準備

2　PCRの装置

青柳一彦

① サーマルサイクラーとは

　1章-1で述べたように，PCR反応は，サンプルDNAを一本鎖にするための熱変性，設計したプライマーの特異的配列への結合（アニーリング），そして，プライマーの3'末端からのDNA合成，といった異なる3つの反応温度を短時間に正確に繰り返さなくてはならない．こうした**煩雑な温度制御を正確に行うことのできる保温装置をサーマルサイクラーとよぶ**．現在ではごく一般的な装置として取り扱われており，便利な保温装置としてcDNA合成反応などPCR以外の実験にも使われるようになってきている．目を引く便利な機能を備えている場合も多々あり，すでに研究室にあるサーマルサイクラーについても，便利なのに眠っている機能がないようマニュアルをよく読むようにしたい．

② サーマルサイクラーの種類

　最先端の機種は各メーカーともそれほど変わらないと思うが，研究室によって古い機種から新しい機種まで状況はさまざまであろう．そこで，ここ十数年のサーマルサイクラー開発の歴史も踏まえて，サーマルサイクラーにはどのような種類があるのかを説明する．PCR反応は，理論的には，温度の異なるウォーターバスやヒートブロックを用意して移し替えることでも可能であり，古くは単純にこれを自動化したロボットアーム型とよばれるサーマルサイクラーもあったが，現在では1つのヒートブロック上で温度制御を行うタイプのサーマルサイクラーがふつうである．ヒートブロック型はさらに，温度制御にヒーターとコンプレッサーを組み合わせたタイプと，ペルティエ素子を使用するタイプに分かれる．ペルティエ素子とは，温度制御ができる板状の半導体素子である．その温度制御の原理は，2種類の金属の接合部分に電流を流すと，片方の金属からもう片方の金属へ熱が移動するペルティエ効果を応用したものである．ヒーターとコンプレッサーを組み合わせたタイプは比較的丈夫であると言われていたが，このタイプは小型化が難しく，温度制御が不安定な一面もあり，現在ではあまり見受けられない．

　一方，ペルティエ素子を用いた機種は温度制御に優れ，小型化が可能なため現在の主流となっている．しかし，欠点として，移動させる熱以上に素子自体の放熱量が大きいため，冷却時に素子自体の冷却も考慮しなければならないことがあげられる．負担をかけすぎると冷却効率が落ち，最後には破損・焼損する．よって，急激な冷却を繰り返すPCRにおいては，耐久性に問題がある．その耐久性は，温度制御できる回数にして1～3万回程度とされてお

表1 代表的なサーマルサイクラー

	機種名	メーカー
汎用	GeneAmp PCR system 9600，9700，9800	アプライドバイオシステムズ社
	MyCycler	バイオ・ラッド社
	ジーンアトラス S-02	ASTEC社
グラジエント機能付	Veriti	アプライドバイオシステムズ社
	PCR Thermal Cycler Dice Gradient	タカラバイオ社
	T Gradient	Biometra社
	DNA Engine Dyad PTC-240	バイオ・ラッド社
	マスターサイクラー ep グラジエント	エッペンドルフ社
	ジーンアトラス G-02	ASTEC社
リアルタイム	7900HT Fast リアルタイム PCR システム	アプライドバイオシステムズ社
	7500 Fast リアルタイム PCR システム	アプライドバイオシステムズ社
	MyiQ2	バイオ・ラッド社
	Thermal Cycler Dice Real Time System II	タカラバイオ社
	LightCycler DX400	ロシュ・ダイアグノスティックス社
	マスターサイクラー ep realplex	エッペンドルフ社

り，無駄に稼働させない方が長持ちする．実際の研究室におけるペルティエ素子タイプのサーマルサイクラーの耐久性は，出始めのときには機種によって寿命にだいぶばらつきが見受けられたようだ．稼働時間にもよるが，通常使用で品質の劣るもので5年以内，よいもので7～10年くらいとされていた．現在では各メーカーとも品質のよいペルティエ素子を使用しているようで，以前ほどの差はないと思われる．また，古くはPCR反応前に反応液上層にミネラルオイルを重層して蒸発により反応液の濃度が変わってしまうのを防ぐ必要があったが，現在販売されているほとんどのサーマルサイクラーは，ヒートブロックに蒸発防止用の加熱ブタが付いており，この操作を必要としない**オイルフリー**となっている．

特殊なサーマルサイクラーとしては，リアルタイムPCRを行うための機種があげられる．リアルタイムPCRとは，目的DNA断片の増幅過程を時系列的に追うことにより，サンプル間の目的DNA断片の量比を正確に示すことができる方法であり，特殊なサーマルサイクラーが必要となる（3章-2参照）．同機種については，アプライドバイオシステムズ社から販売されて以来，小型化と低価格化が進んだ．現在では各メーカーからさまざまな機種が提供されており，頻繁に使われるようになっている．

今日においては，分子生物学の研究を支える中心的な装置だけあって，ハードの面からだけならどのメーカーの機種もよくできており，どれを使用しても問題がないようにみえる．しかし，DNAの塩基配列決定などのようにPCR反応を応用しているキットにおいては，キットを販売しているメーカーがプロトコル上で自社の機種を推奨し，複雑な反応条件までもその機種に合わせて指定している場合がある．他の機種を使用している場合には同様の結果が得られるように条件検討することになるのだが，思わぬ苦労を強いられることもある．

表1に広く使用されていると思われるサーマルサイクラーをまとめてみた．以下，1) オーソドックスな機種，2) 条件検討が楽に行える便利な機能を備えている機種，3) リアルタイ

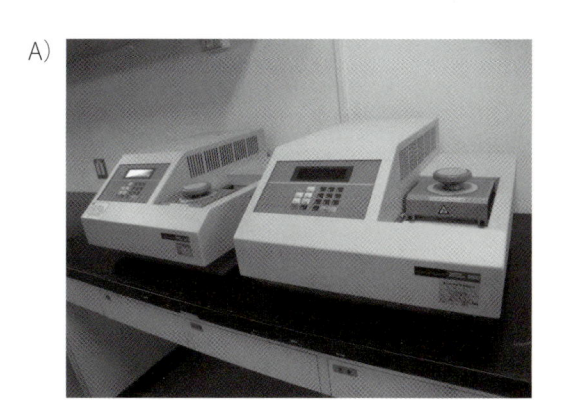

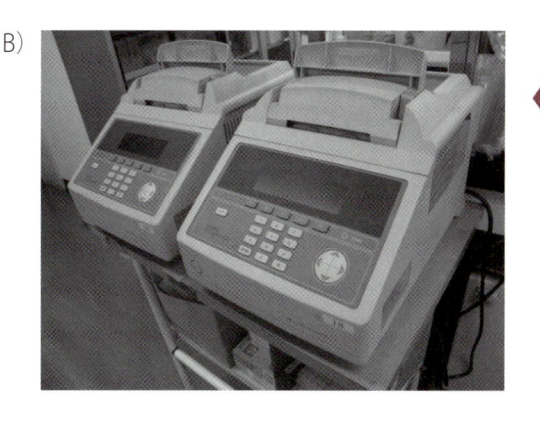

図1 基本機能を備えたサーマルサイクラー
A）GeneAmp PCR system 9600（アプライドバイオシステムズ社），B）GeneAmp PCR system 9700（アプライドバイオシステムズ社）

ムPCR解析に特化されている特殊な機種に大きく分けてわれわれの研究室で使用している機種を中心に説明する．

1 オーソドックスな機種

特別な機能はなく，そのゆえに壊れにくく広く使用されているタイプである．典型的なものを図1に紹介する．機種として，古くはアプライドバイオシステムズ社のGeneAmp PCR system 9600が知られる．2010年現在では小型・高性能化されたGeneAmp PCR system 9700となっている[1]．これらは国内外で最もよく使用されているサーマルサイクラーの部類に入る．9600はすでに終売となっているが，同社から出されているPCRを応用したキットでの推奨機種になっていることが多く，後継機種の9700でも9600と同様の条件でPCRができる設定が用意されている．この系列の最新機種は，次で説明するグラジエント機能を備えたVeritiのようで，9700と同等の条件でPCRができる設定が用意されている[1]．

また，同社では短時間でPCRを完了できるGeneAmp PCR system 9800も提供している[1]．Veritiでも同様の解析が可能である．通常，30〜40サイクルのPCRで2時間ぐらい必要であるが，これらを使用すれば30分くらいしかかからず，スピーディーに実験ができる．こうした**高速PCR**の場合，これに適した酵素が各社から出されているので，合わせて使用することになる（1章-5参照）．

2 PCRの温度条件検討が楽に行える機種

この装置は，同一ヒートブロック上の両端で，20℃程度までの温度勾配を設定でき，1台，1回の実験で複数のアニーリング温度の条件検討ができる**グラジエント機能**が備わっている．

典型的なものを図2に紹介する．われわれの研究室では，設定の簡便さからタカラバイオ社のPCR Thermal Cycler Dice Gradientを使用している[2]．その他，同様の機能をもつものに上述のVeritiのほかに，Biometra社のT GradientやASTEC社のジーンアトラスG-02

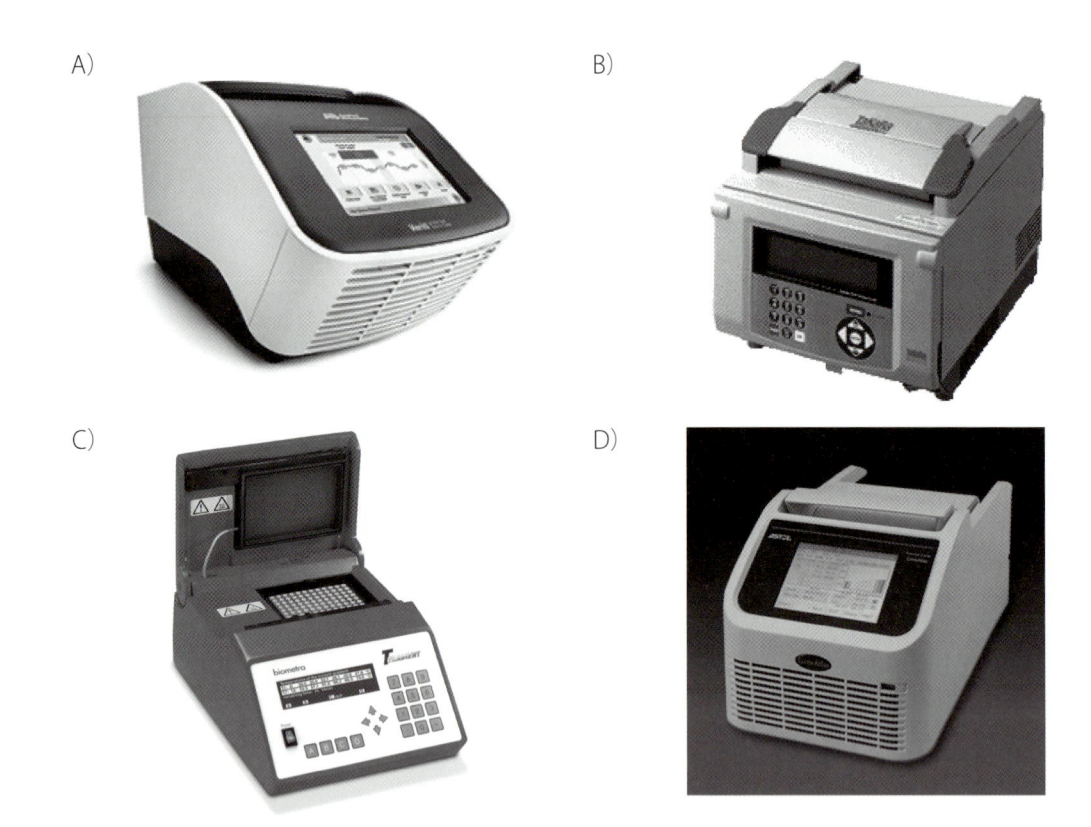

図2 グラジエント機能を備えたサーマルサイクラー
A) Veriti（アプライドバイオシステムズ社），B) PCR Thermal Cycler Dice Gradient（タカラバイオ社），C) T Gradient（Biometra社）[5]，D) ジーンアトラスG-02（ASTEC社）[6]

がある．目新しかったこの機能も現在では当たり前のものになりつつあり，今後はこのタイプがオーソドックスな機種となるであろう．ただ，グラジエント機能はある程度PCR反応がうまくいっているときの微調整と考えた方がよいようである．PCRが全くうまくいかないときは，プライマーのデザインの変更，DNAポリメラーゼの変更，サンプル調製方法の改善をするべきであり，この機能に頼ってもよい結果を得ることは難しいと思われる．

3 リアルタイムPCR用の機種

リアルタイムPCR用サーマルサイクラーは，蛍光を利用してPCR産物が増幅する様子をリアルタイムでモニタリングできる機種である（リアルタイムPCRの詳細は3章-2を参照されたい）．複数の遺伝子について大量のサンプルを一度に解析できるアプライドバイオシステムズ社の7900HT FastリアルタイムPCRシステムのようなハイスループットの機種もあるが[1]，特別な研究をしない限りパーソナルタイプで事足りる場合が多いと思う．

典型的なものを図3に紹介する．われわれの研究室では，バイオ・ラッド社のMyiQ2を使用している[3]．通常のPCRでわれわれが使用しているキットとバイオ・ラッド社から出されているリアルタイムPCR用キットのデータの互換性の高さから選択した．その他，タカラバイオ社のThermal Cycler Dice Real Time System II [2]，アプライドバイオシステムズ社の

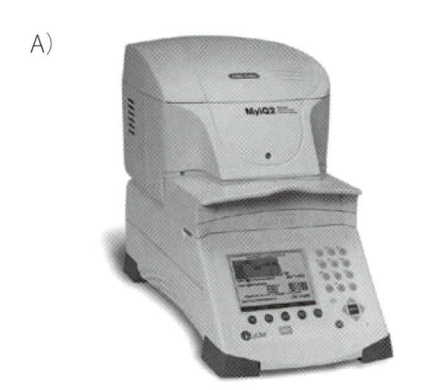

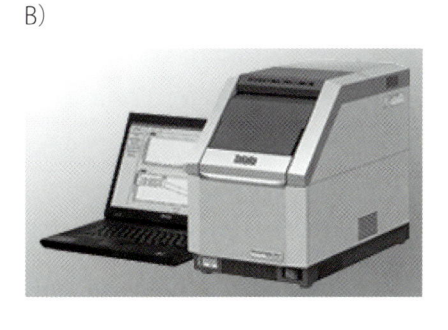

図3　リアルタイムPCR用サーマルサイクラー
A) MyiQ2（バイオ・ラッド社），B) Thermal Cycler Dice Real Time System Ⅱ（タカラバイオ社），C) 7500 Fastリアルタイム PCRシステム（アプライドバイオシステムズ社），D) LightCycler DX400（ロシュ・ダイアグノスティックス社）

7500 FastリアルタイムPCRシステム[1]がよく使用される．予算にもよるが，アプライドバイオシステムズ社のTaqMan PCRを多用したいのなら，やはり同社のサーマルサイクラーが無難となろう．変わったところでは，PCR反応容器としてガラスキャピラリーを採用し，空気を用いた温度制御により超高速でPCR反応を行えるLightCycler DX400がロシュ・ダイアグノスティックス社から出ている[4]．

③ メンテナンス

1 設置場所

研究室では，電源，スペースともに限られており，メーカーが推奨する最良の状態で必ずしも設置できないのが実状であるが，ポイントは押さえておきたい．まず，電源であるが，100Vと記載されていても，サーマルサイクラーの要求する電圧は家電製品に比べて高いことを認識しておきたい．同一配線で2コンセント以上の場合がほとんどと思われるが，つながれている装置の合計の電圧が，最大電圧以上の場合，気をつけないと途中でブレーカーがとんでしまう等のトラブルに見舞われることもあり，大事なサンプルを台無しにしてしまう．

大きな電力を必要とする装置を同一配線につなげないようにしたい．やむを得ない場合でも同時に稼動することは避けたい．

また，空調装置の噴き出し口がふさがれていると装置が非常に高温になり，装置の劣化，故障の原因になるので，装置稼動中，噴き出し口に物をおかないように注意したい．

2 サーマルサイクラーの診断

サーマルサイクラーが正常に稼動しているか否か正確に診断するのは簡単ではない．診断の基準は，温度の精度，ブロック内のウェル間での温度の均一性，温度が切り替わる際の行きすぎの程度，サイクル時間の再現性があり，方法もあるにはあるが，実験とは関係ない特殊な温度測定装置が必要であり，一般的ではない[7]．装置によっては自己診断テストがプログラムされているものもあるので，これを定期点検に利用されたい．それ以外の場合は，以前の実験で増幅に成功したPCRを，ブロックの四隅と真ん中で行い，以前の結果も含め増幅効率の違いを見ればある程度診断できる．

3 保守部品などの交換

ほとんどのサーマルサイクラーがメンテナンス・フリーと思われるが，旧型のサーマルサイクラーでは交換した方がよいものがある場合もある．例えば，あまり知られていないようだが，アプライドバイオシステムズ社のGeneAmp PCR system 9600は，冷却水（クーラント）が必要であり，基準値以下しか入っていなかったり，何年もそのままだったりすると機能が落ちてしまう場合がある．調子の悪いときなど，クーラントの交換をしてやることで以前のパフォーマンスを取り戻せる場合がある．

④ PCR反応用マイクロチューブの選択

どんなに高性能なサーマルサイクラーを使用しても，反応液への熱伝導が確かでなければ，**よい結果は得られない**．最近のサーマルサイクラーはオイルフリーが常識になっていること，そして，高速PCRを行う機会が増えていることから，PCR反応用マイクロチューブの選択は以前よりも重要度を増している．純正品に固執する必要はないが，反応液への温度伝達を考慮されたものを使用してほしい．ものによってはブロックにフィットしないマイクロチューブもあるので注意が必要である．あまりやられていないと思うが，オイルフリーのサーマルサイクラーでも，マイクロチューブがフィットしないと感じたら，旧型機の場合と同様にブロックとチューブの間にミネラルオイルを少量入れてみるとよい結果が得られることがある．チューブの周りがべとべとになってしまうが，増幅効率をよくしたいときなど試されるのもよい．ただし，使用後はしっかりとヒートブロックを掃除して他の人に迷惑をかけないようにしてもらいたい．また，マジックでチューブに記載した文字は消えてしまうので，注意されたい．

参考文献&ウェブサイト
1）アプライドバイオシステムズ社のホームページ（http://www.appliedbiosystems.jp/）
2）タカラバイオ社のホームページ（http://www.takara-bio.co.jp/）
3）バイオ・ラッド社のホームページ（http://www.bio-rad.co.jp/）
4）ロシュ・ダイアグノスティックス社（アプライド・サイエンス事業部）のホームページ（http://roche-biochem.jp/）
5）Biometra社のホームページ（http://www.biometra.de/）
6）ASTEC社のホームページ（http://www.astec-bio.com/）
7）村上勝志：『細胞工学別冊：改訂PCR Tips』（真木寿治／監），pp209-214，秀潤社，1999

1章 PCRの基礎知識と準備

3 鋳型DNA，RNAの調製

佐々木博己

❶ 鋳型DNA，RNAの調製の原理

　鋳型DNAの調製法はその目的（ライブラリー作製，サザンハイブリダイゼーション，PCRなど）に応じて，必要とするDNAの質と量が異なる．さらに試料の種類（臨床検体の部位，保存方法）でもその調製法は異なる．基本的には以下の段階的抽出方法で調製するのが標準である（図1）．

　鋳型DNAの場合は，最初に強い界面活性剤であるSDSによって細胞を溶解し，リボヌクレアーゼ（RNA分解酵素：RNase）でRNAを消化後，タンパク質をプロテイナーゼKで消化し，フェノール抽出で残存タンパク質を除去し，水層にエタノールを加えてDNAを沈殿させる．一方，鋳型RNAの調製方法はもっとシンプルで，グアニジン塩酸を主成分とした溶解液〔ISOGEN（ニッポンジーン社），TRIzol（インビトロジェン社）など〕に細胞，組織，凍結組織粉末を混ぜ，ホモジナイズ後，クロロホルム抽出をし，イソプロパノール沈殿を行い調製する．いずれの方法も試料中に含まれるヌクレアーゼやリボヌクレアーゼによる分解を阻止しつつ，タンパク質や余分な核酸を除く方法である．

鋳型DNAの調製

元となる試料をSDSで処理
↓ 細胞の溶解
リボヌクレアーゼ（RNase）処理
↓ RNAの分解
プロテイナーゼK処理
↓ タンパク質の消化
フェノール抽出
↓ タンパク質の除去
エタノール沈殿
↓ DNAの沈殿
DNAを回収

鋳型RNAの調製

元となる試料をグアニジン塩酸を主成分とした溶解液で処理
↓ 細胞の溶解とDNAの分解
ホモジナイズ
↓ DNAの分解
クロロホルム抽出
↓ 溶解液中のフェノールやタンパク質の除去
イソプロパノール沈殿
↓ RNAの沈殿
RNAを回収

図1　一般的な鋳型DNA，RNAの調製の流れ

❷ 多様な鋳型DNA，RNAの調製キット

　　　　DNA，RNAの調製法（特にDNA）は，研究目的や試料によって至適化され，キット化されているものも多い．多くの方法は，PCRのためだけに開発されたわけではない．しかし感度のよいPCRには，いずれも適用できる．巻末付録①に項目ごとに分類したキットのリストを示した．各社とも詳細な解説や実験例を紹介しているので，目的に合わせて選択してほしい．

❸ 標準的なDNA，RNAの調製方法

　　　　DNA，RNAの調製のコツは，第一に，**細胞をいかに素早く所定の溶解液で溶かすか**であり，第二に，**いかに回収率を低下させないか**にある．溶解液とは，前述のように，DNA抽出の場合はSDSなどの界面活性剤入りの緩衝溶液であり，RNA抽出の場合は，グアニジン塩酸系の溶液である．したがって，**最も注意すべき点は適切な量の試料を処理すること**にある．適切な量の試料とは，各溶解液の使用書で指示されている量のことである．

　　　　モデル生物の場合は，凍結保存せずに処理することが多いので，キット（付録①参照）をフル活用できる．しかし，ヒトの病理組織標本の場合，いったん凍結保存することが多く，大きさもさまざまな場合がある．実験計画上，凍結保存するケースは他の生物種の場合でも頻繁に起こりうる．ここでは，さまざまな大きさの凍結組織標本からDNAとRNAを抽出するための確実な（分解やロスがなく，多検体処理できる）方法を紹介する．

準備するもの

1）試薬
- DNA抽出用溶解液…10 mM Tris-HCl（pH 8.0），0.5 % SDS，1 mM EDTA
- RNA抽出用溶解液…ISOGEN（ニッポンジーン社）またはTRIzol（インビトロジェン社）
- TE…10 mM Tris-HCl（pH 7.5），1 mM EDTA
- 凍結組織標本…S：1〜3 mm角，M：3〜10 mm角，L：10〜30 mm角
  −80℃または液体窒素で凍結保存されたもの．SとMは図2の粉砕機で簡単に処理できるが，Lは大きすぎる．保存するときに，分けるべきである．

2）装置
- 試料の粉砕機（図2）

【微量用（S：1〜3 mm角）】
- Mixer Mill MM300（旧名：Retsch MM300）…キアゲン社
  この装置は一度に96検体処理できる．しかし，凍結組織のときは通常5〜10検体程度を素早くセットして処理している．短時間で行えるので，焦らない方がよい．

【標準用（M：3〜10 mm角）】
- 通称ぷるべい，スチール性の粉砕機具…三基科学工芸に特注する．1個1〜2万円
  L試料用にMよりも大きな「ぷるべい」を用意する．
- ホモジナイザー…ポリトロン（KINEMATICA社，セントラル科学貿易）など

A）組織を粉砕するための一式

- ぷるべい
- 液体窒素容器
- 木槌
- ゴムマット

B）粉砕機「ぷるべい」

C）Mixer Mill MM300
（旧名：Retsch MM300）

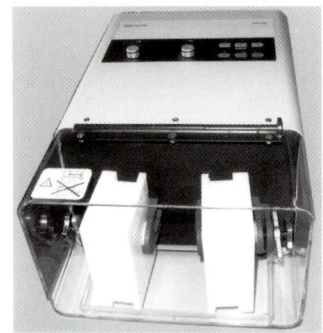

図2　試料の粉砕機

プロトコール

▶ A）凍結標本からのDNAの抽出

【微量検体（S：1〜3 mm角）の場合】

❶ Mixer Mill MM300を用意する

❷ 1.5 or 2 mLチューブにDNA抽出用溶解液400〜600 μLと粉砕用ビーズと組織を入れ、5〜10分振動させ溶解させる ⓐ

❸ これ以降は、DNeasy Tissue Kit、QIAamp DNA Mini Kit（キアゲン社）などのキットを使って精製する

【標準的な検体（M：3〜10 mm角）の場合】

❶ 通称ぷるべいを用意する

❷ 液体窒素であらかじめ冷やした容器に凍結組織を入れ、すぐに粉砕用円柱（図2B右、冷やしたもの）をのせ木槌で10回打って、粉状にする ⓑ

❸ 粉状になった組織の半分 ⓒ を、液体窒素で冷やした金属さじで、5 mLのDNA抽出用溶解液を入れた50 mL遠心チューブに移し、ゆるやかにピペッティングで混ぜる

❹ Proteinase K（10 mg/mL）を50 μL加え、37 ℃で3〜12時間、静置状態でインキュベートする ⓓⓔ

ⓐ 組織には脂肪が含まれるので、白濁する。十分に粉砕・溶解ができていない場合は、つぶつぶの組織片が見えるので、また5分ほど振動させる。脂肪と残った組織は区別しにくいが、この大きさ（1〜3 mm角）の組織は溶解液が浸透しやすいので再振動を焦ることはない。

ⓑ 砕く力と時間を表現すると、周囲の人が振り向くくらいの音で1秒間に2〜3回のリズムで行う。3 mm角より大きい塊が残っていたら、すばやく粉と塊を液体窒素で冷やした金属さじで中心部に集め、再セットし、5〜10回打つ。

ⓒ 半分だけDNA溶解液に入れるのは、通常DNAとRNAを同時に抽出するためであり、DNAだけ抽出したい場合は全量入れる。また、トータルタンパク質も抽出したい場合は、適当な割合で分ける。

ⓓ 細胞間質やDNAを取り巻くヒストンなどの除タンパク質によるDNAの可溶化のために行うProteinase K処理は実験のスケジュールに合わせて時間を調整できる。その日に次の工程に移れるときは3時間処理し、次の日から再スタートしたいときは、12時間（overnight）処理を行う。3時間以上反応させると、Proteinase K自身も消化される。また❺のフェノール抽出での残存タンパク質の変性がしやすくなるので、長めにすることに問題はない。

ⓔ **重要** 55〜60 ℃で1時間ほど、振盪させながらProteinase K処理を行う人がいるが、絶対に真似しない。Proteinase K処理中にときどきゆるく混ぜるのは効果的だが、振盪するとDNAが可溶化する前に物理的切断が起こってしまう。特に、組織からDNAを抽出する場合、1時間ではSDS存在下でもDNAが十分に可溶化しない。

❺ 水飽和フェノールを 5 mL 加え, 回転させながら 1 時間ほど混和する ⓕ
❻ 3,000 rpm (1,750 G) ⓖ で 15 分間遠心を行い, 上層 (水層) を別の 50 mL 遠心チューブに移す ⓗ

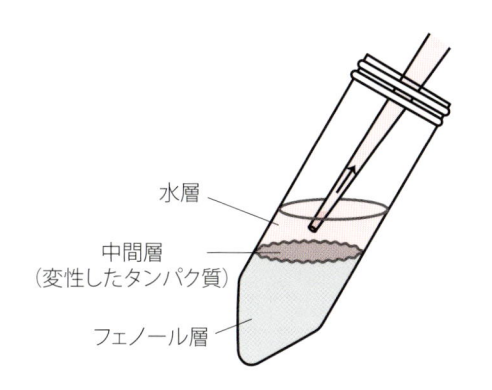

```
水層
中間層
(変性したタンパク質)
フェノール層
```

❼ クロロホルムを 5 mL 加え, 回転させながら 30 分ほど混和する ⓘ
❽ 3,000 rpm (1,750 G) ⓖ で 15 分間遠心を行い, 上層を別の 50 mL 遠心チューブに移す ⓙ
❾ 7.5 M 酢酸アンモニウムを 2.5 mL 混和し, 次にイソプロパノールを 10 mL 加え, 手で何回か反転させよく混ぜる ⓚ
❿ 3,000 rpm (1,750 G) ⓖ で 10 分間遠心を行い, 上清を除去する. 70 % エタノールを 3 mL 加え, 軽くピペッティングで混ぜる ⓛ
⓫ 3,000 rpm (1,750 G) ⓖ で 5 分間遠心を行い, 上清を除き, ペレットを風乾後, 3 mL の TE に溶解する ⓜⓝ. RNA の除去は, RNaseA を終濃度 10 μg/mL となるように加え, 37 ℃, 1 時間処理し, 10 % SDS を 30 μL 加え, さらに Proteinase K 処理 (100 μg/mL, 37 ℃, 1 時間) を行う. その後, 通常のフェノール/クロロホルム抽出, エタノール沈殿またはイソプロパノール沈殿を行い, 3 mL の TE に溶解する ⓞ

▶ B) 凍結標本からの total RNA の抽出

【微量検体 (S : 1～3 mm 角) の場合】

❶ Mixer Mill MM300 を用意する
❷ 1.5 or 2 mL チューブに RNA 抽出用溶解液 0.5 mL または 1 mL と粉砕用ビーズと組織を入れ, 5～10 分振動させ溶解させる
❸ これ以降は, RNeasy Mini Kit (キアゲン社) などのキットを使って精製する

ⓕ フェノール抽出は, 残ったタンパク質の変性のために行うので最低 1 時間は行う. 入念に 3～6 時間行う人もいる.
ⓖ 遠心チューブは PP (ポリプロピレン製), ローター: TS-7LB, 遠心機: トミー LX-120
ⓗ この遠心は, 変性タンパク質や組織塊をフェノール層と水層の中間に分けるために行う. 組織の保存がよく 100 kb 以上の高分子 DNA が多ければ多いほど中間層を巻き込んでしまうが, ⓫ でもう一度, フェノール抽出を行うので, 気にせず中間層ごとチューブに移してもよい. ❹ の Proteinase K で十分に反応させれば中間層は激減する.

ⓘ クロロホルム抽出は, 水層や混入した中間層に含まれるフェノールを除去するために行う.
ⓙ フェノールを含むクロロホルム層 (下層) と DNA を含む水層 (上層) を分離するために行う. ピペットでゆっくりと上層を吸い取り, 別のチューブに移す. 筆者は, 高分子 DNA のように粘性の高い溶液を扱う場合, 自動ピペッターではなく, シリコンのニップルをピペットに付けて手動で行うことをすすめている.
ⓚ 水層の DNA や RNA は, アルコール (ここでは水層 7.5 mL に 10 mL イソプロパノールを加えているが最終的に 50 % 以上となるように加えればよい) を加えると溶解し難くなる. また塩 (ここでは酢酸アンモニウムを使っているが, 0.3 M 酢酸ナトリウム/70 % エタノールで沈殿させる方法も一般的である) の存在下では, タンパク質の塩析のような原理でさらに析出が加速され, 沈殿物として回収できる.
ⓛ 70 % エタノールで DNA のペレットを洗浄することによって, 残っている塩, フェノール, クロロホルムを除く. 2 回洗浄してもよい.
ⓜ この状態で, 4 ℃ 保存可.
ⓝ DNA が高分子であればあるほど, 3 mL の TE への溶解に時間がかかる. このステップは, 1 時間以上 (一昼夜でもよい), 回転させたり, 扇動 (アジテーション) させたりして行う. その後 RNaseA を処理して完全に RNA を除去し, Proteinase K で RNaseA のみならず中間層から持ち込んだタンパク質を消化させる. RNaseA 処理を ❹ の前に行う研究者もいるようだが, 粗抽出液の状態で 0.5 % の SDS の存在下で処理しても完全に除去できないケースが出てくるので, 最後に行うことをすすめる.
ⓞ **重要** RNaseA を加えたまま DNA 溶液として, 以後の実験に使い続けることは禁止事項である. RNaseA は非常にタフな酵素で, 電気泳動層などを介して, 研究室中を汚染する. RNA の実験に重篤な障害を与えた事例をよく聞く.

【標準的な検体（M：3〜10 mm角）の場合】

❶ 通称ぷるべいを用意する

❷ 液体窒素であらかじめ冷やした容器に凍結組織を入れ，すぐに粉砕用円柱（**図2B右**，冷やしたもの）をのせ木槌で10回打って，粉状にする

❸ 粉状になった組織の半分を，5 mLのISOGENを入れた15 mL遠心チューブに移し，ホモジナイザーで素早く溶解させる [p]

❹ クロロホルムを1 mL加え，撹拌する [q]

❺ 8,000 rpm（7,590 G）[r]で10分間遠心を行い，上層を別の15 mL遠心チューブに移す

❻ イソプロパノールを3 mL加え，よく混ぜる

❼ 8,000 rpm（7,590 G）[r]で10〜20分間遠心を行い，上清を除去する．70％エタノールを3 mL加え，軽くピペッティングで混ぜる

❽ 8,000 rpm（7,590 G）[r]で5分間遠心を行い，上清を除き，ペレットを風乾後，1 mLの超純水に溶解し，1.5 mLのチューブへ移す（−20℃で保存）

精製したDNAとRNAの電気泳動写真を示す（**図3**）．いずれも，分解がないことがわかる

[p] 粉砕後，ただちに溶解させる必要があるため，凍結標本の粉砕とホモジナイズは隣で連携して行うのがよい．

[q] RNAの抽出では，溶解液にグアニジン塩酸とフェノールがすでに入っており，クロロホルム抽出のみでよい．またRNAはDNAのように高分子ではないので，回転させながらゆっくり混和する必要はなく，手の扇動で撹拌する．

[r] 遠心チューブはPP（ポリプロピレン製），ローター：TLA-11，遠心機：トミーLX-120

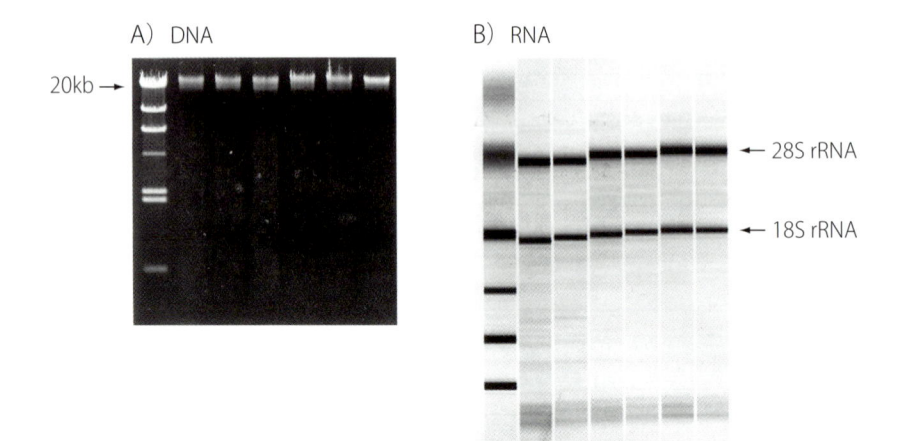

図3 凍結組織から抽出したDNAとRNAの泳動写真
A）約5 mm角のヒト凍結組織（胃）6検体をぷるべいで粉砕し，DNAを精製後，0.8％アガロースゲル電気泳動した．λ/HindⅢマーカー（最左）と比較して，20 kb以上の高分子DNAがほとんど分解されることなく抽出されている．B）約1 mm角の微小凍結組織切片（食道）6検体をMixer Mill MM300で粉砕，溶解し，精製したRNAをAgilent 2100 Bioanalyzerで視覚化した．28Sと18SリボソームRNAが見え，ほとんど分解されることなく抽出されていることを示す

鋳型DNA, RNAの調製 トラブルシューティング

⚠ DNAの回収率が悪かった

原因
1. 組織の保存が確かでなかった．
2. 粉砕不足，溶解不足のためフェノール抽出時に中間層にDNAが多く集まった．

原因の究明と対処法

以後粉砕を注意する（多くたたく）．中間層を含めて回収し，クロロホルム抽出を行う．定量できる量（1μgほど）が回収できていれば，PCRの実験には十分使えるが，次回から気をつける．マウスやヒトの場合，10^5細胞中に含まれるDNAおよびRNAの量はおよそ1μgである．これは覚えておくこと．

⚠ RNAの回収率が悪く，28S/18SリボソームRNAの比率も低かった

原因
1. 採取した組織が壊死していた．
2. 凍結試料が何らかの理由（冷蔵庫の故障など）で解凍され，RNAが分解していた．
3. 抽出工程の途中で分解した．

原因の究明と対処法

培養細胞や血液の細胞ペレット，解剖直後の組織からのRNAやDNAの調製は容易である．それは簡単なホモジナイズですぐに細胞を溶解できるからである．ここで示した凍結試料からの調製では，プロトコールで述べたように適切な処理量（組織の大きさ）と素早さが要求される．実際に個人差が出る．しかし，このばらつきは定性的なRT-PCR（目的の遺伝子が発現しているか否かを調べる）ではおおむね問題はない．試料間の発現量を定量的に比較する場合やRNAストックとしてラボ内や施設のバンクで保存するような場合は，一定の質で調製するようにラインをつくることが望ましい．もう1つは，泳動結果〔図3Bに示したキャピラリー電気泳動（図4）による定性・定量試験結果など〕をファイルし，比較することが重要である．

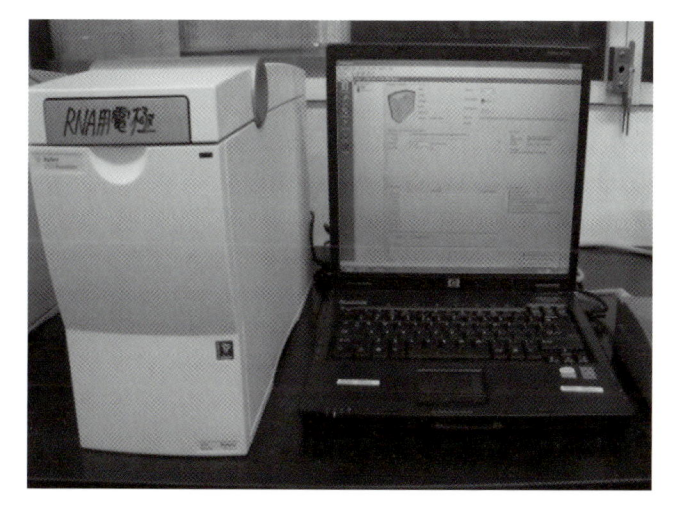

図4　微量核酸定量装置（Agilent 2100 Bioanalyzer）

核酸，特にRNAの質と量を調べる装置として汎用されている装置に2100 Bioanalyzer（アジレント・テクノロジー社）がある．これはキャピラリー電気泳動装置で，電極はDNAとRNA用がある．図3Bにイメージ画像を示した．この装置の特徴はRNAの分解度を1～10までの**RNA Integrity Number（RIN）**で表示してくれることである（図5）．

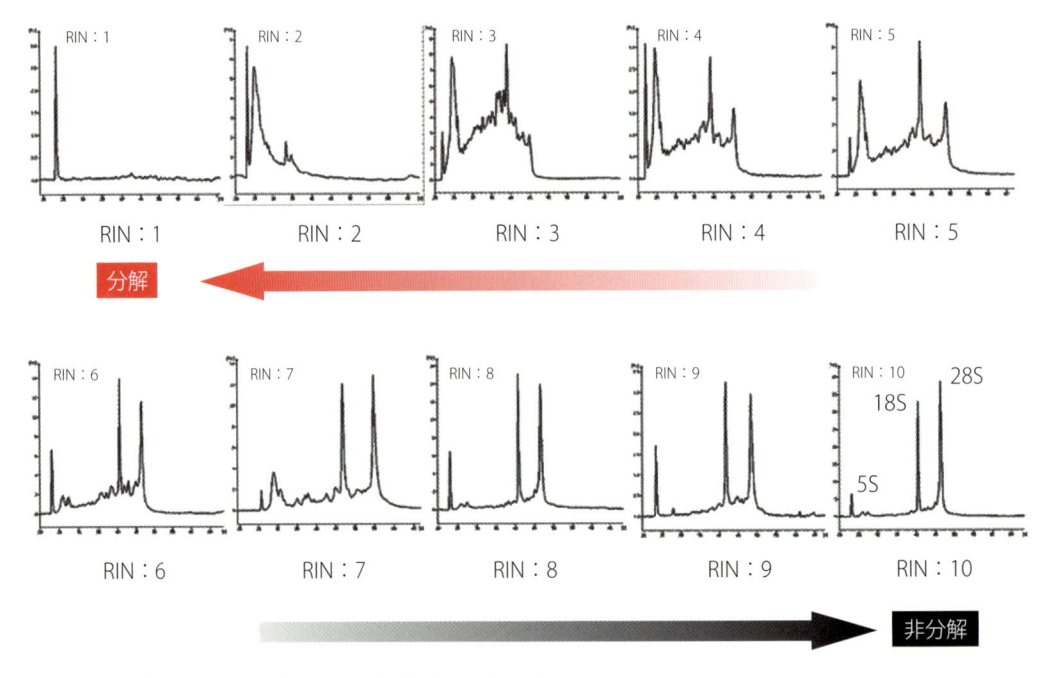

図5　RIN値とRNAの分解度の電気泳動イメージ
28S/18SリボソームRNAの比率では，RNAの分解をうまく反映しないため，積極的に分解度をスコア化したのがRIN値である．1～10まであり，8～10が非常によい試料で，28S/18Sの値では，1.5～2.0に相当する

おわりに

　近年，microRNAを含むnon-coding small RNAの研究が盛んである．付録で紹介したキットにもこれらsmall RNAの調製に使われているものを含めた．詳細は参考書[1]やメーカーの解説を参照してほしい．また付録で紹介したキットや凍結組織からのDNAの抽出方法は，長いゲノムDNAのPCR（LA-PCR）には適していないので注意してほしい．長いゲノムDNAの抽出方法としては，エタノールまたはイソプロパノール沈殿後遠心せずに，アルコール層とDNA層の間からガラス棒で巻き取れるものだけを回収する[2]．

参考文献
1）『microRNA実験プロトコール』(河府和義，佐々木博己，塩見美喜子/監訳)，羊土社，2008
2）田村隆明：『無敵のバイオテクニカルシリーズ：改訂第3版遺伝子工学実験ノート下』(田村隆明/編)，pp45-49，羊土社，2010

1章 PCRの基礎知識と準備

4 実験目的別プライマー設計法

佐々木博己

① プライマーの設計とPCRの目的

　PCRは非常に多様な利用法がある．そのため"世紀の大発明"とよばれている．鋳型がDNAの場合も，RNA（実際は，逆転写したcDNAである）の場合もある．さらに，増幅した配列をクローニングするのか，定量するのか，またはシークエンスするのかなどのPCRの目的によってもプライマー設計の考え方が変わる．それに伴い市販やオンラインのプライマー設計ソフトウェアの使い方も変わってくる．これまで多くのPCRの実験書や参考書では，基本的または理想的なプライマー設計のみが解説されてきたが，本書では目的別にプライマーを設計（デザイン）する方法を解説する．

② 基本的なプライマー設計のパラメータ

　プライマー設計にあたり，最初にPCRを行おうとする領域（**ターゲット配列**）の基準となるDNA配列（**リファレンス配列**）を入手する．リファレンス配列は遺伝子名やクローン名をキーワードにGenBank（http://www.ncbi.nlm.nih.gov/Genbank/index.html），EMBL（http://www.ebi.ac.uk/embl/index.html），DDBJ（http://www.ddbj.nig.ac.jp/Welcome-j.html）などの公開データベースから簡単に入手できる[1]．

　次に，**図1**のようにターゲット配列を挟んで設計領域に対となるプライマーを設計する．DNAポリメラーゼは5′→3′方向にDNAを伸ばすため，3′末端側のプライマーは相補鎖を利用して設計を行う．プライマー設計において最も重要なことは，設計した1対のプライマーを用いてPCRを行った際に，**目的とする単一のDNA配列のみが増幅されるプライマーをつくること**である．このため，鋳型DNA（クローニングベクターやゲノムDNA）の中で特異的な場所にアニーリングするプライマーを設計し，目的としない領域の非特異的増幅をできるだけ避けたい（特異性については後述）．

　1対のプライマーに要求される条件は，

1) **標的のDNA配列と安定にアニーリングできること**（2つのプライマーのTm値が適切な範囲であること）
2) **PCRの反応効率がよいこと**（プライマー内部やプライマー間に相補的な配列がないこと，さらに適当な増幅サイズで設計されていること）
3) **特異性が高いこと**（標的配列以外に鋳型DNA上に相補性が少ないこと）

である．このような条件をクリアするためには，8つのパラメータ（増幅サイズ，プライマー

```
（プライマーAの配列）
5′ TCAGTCG… 3′
```

```
          ┌──── データベースから取得する領域 ────┐
          プライマーA
正鎖  5′ …TCAGTCG… │ 増幅したい領域 │ …AGACGGTA… 3′
          ↑
      プライマーAを
      設計する領域

            （相補鎖に変換する）

                              プライマーBを
                              設計する領域
                                    ↓
相補鎖  3′ …AGTCAGC… │ 増幅したい領域 │ …TCTGCCAT… 5′
                                    プライマーB
```

```
（プライマーBの配列）
5′ TACCGTCT… 3′
```

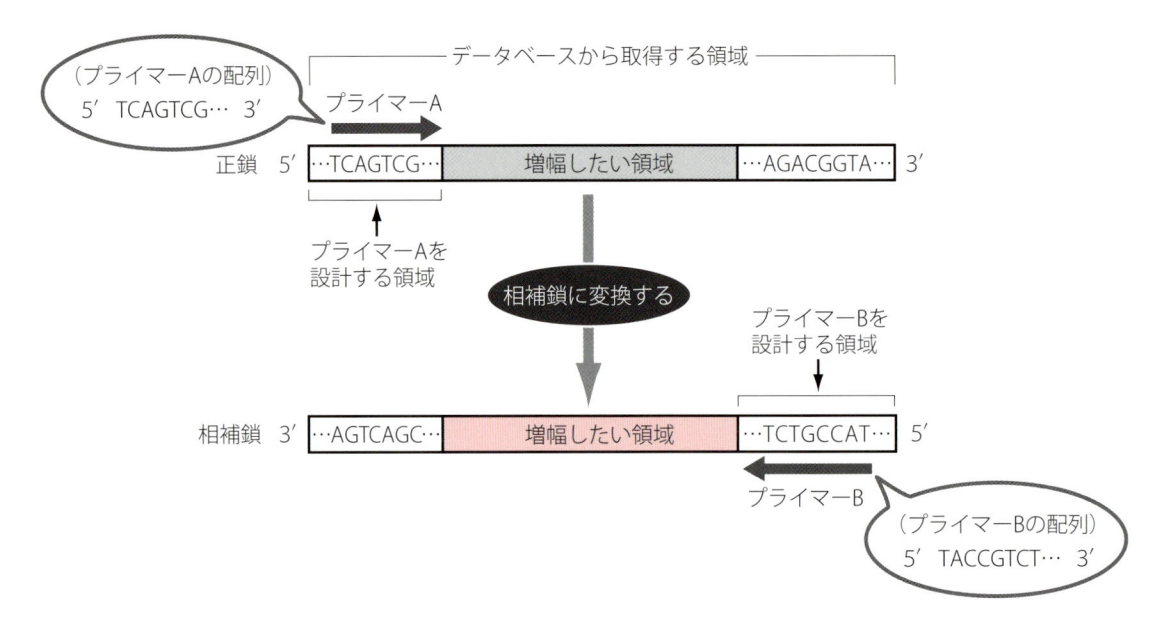

図1　プライマー設計の概念図
プライマー設計は増幅したい領域（ターゲット配列）の両端にプライマー設計を行うための設計領域を含む正鎖を取得することから始まる．PCRには増幅したい領域を挟む2本のプライマーAとプライマーBが必要である．正鎖の5′末端側の設計領域で1本のプライマーを3′末端方向に設計し，もう片方は正鎖の相補鎖を用いて，相補鎖の5′末端から3′末端方向に設計する

の長さ，GC含量，Tm値，特異性，プライマー配列の相補性，3′末端配列およびゲノムDNA配列の考慮）をチェックする必要がある．以下に各パラメータを解説する．

1 増幅したい領域のサイズ

全ORF（open reading frame）を含むcDNAを増幅する場合は，そのORFの長さに依存する．5 kb以上の長さをもつ場合は，2つに分断して増幅し，遺伝子組換えで連結させる．PCR産物の定量を目的とする実験では，プライマーの位置の制約はないので，効率のよい領域を選抜できる．短めにする方が，PCRに不利な二次構造を含み難い．通常のRT-PCRの場合は100〜500 bp（これはアガロースゲル電気泳動で確認できるサイズ），リアルタイムPCRのように定量を目的とした場合は100〜300 bpとより短めにする．Smart Cycler（タカラバイオ社）などの高速リアルタイムPCRでは80〜150 bpとさらに短く設計する．

2 プライマーのサイズ

通常のPCRでは20〜30塩基とされている．長いプライマーはより特異的だが，アニーリング効率が低下するため，収量が低くなる．一方，15塩基以下ではアニーリング効率は高いが，十分な特異性が得られないことがあり，収量の低下と非特異的産物の増加をもたらす．同様の理由で，リアルタイムPCRでは17〜25塩基で設計することが多い．

3 プライマーのGC含量

プライマー全体のGC含量は40〜60％（望ましくは45〜55％）とし，塩基の偏りがない配列を選ぶ．具体的には，部分的にGCまたはATに富む（リッチな）配列は避ける．1章-1 ③で解説したように，AとTは水素結合が2個形成されるため，ATリッチな配列があると鋳型DNAとの安定なアニーリングができない．一方GとCは水素結合が3個形成されるため，GCリッチな配列があると非特異的なアニーリングが起こりやすい．また，分子内二次構造をとりやすいT/Cが連続する配列（polypyrimidine）やA/Gが連続する配列（polypurine）を含むプライマーも避ける．これらの配列が，特にプライマーの3′末端配列にないかのチェックは重要である．これは，プライマーが鋳型DNAにアニーリングした後，完全に二本鎖として閉じた末端構造がないとDNAポリメラーゼの複製が開始できないからである．

4 プライマーのTm値

1章-1でも少し触れたように，プライマー設計においてはTm（melting temperature：融解温度）の値が重要な意味をもつ．二本鎖DNAの半分が変性し，2本の一本鎖DNAに解離する温度をTmとよぶ．**プライマーのTmの隔たりが少ないペアを設計することが必須である**．2つのプライマーのTmが異なると，低い温度ではTmの高いプライマーが非特異的にミスプライミングして特異的増幅を阻害する．逆に高い温度では，Tmの低いプライマーはプライミングできない．当然，最適なアニーリング温度の設定は不可能である．

● Tm値の計算

Tmの値はDNAの長さと配列によって変化するので毎回計算を行う．Tm値の計算にはさまざまな計算式が用いられる．現在は最近接塩基対法（nearest neighbor method）[2)3)]が最も信頼性が高いとされているが，プログラムを使わずに計算を行うにはあまりに煩雑な手法であるため，Tm値についておおよその検討をつけるための使いやすい計算式として下記の近似式がある[4)]．

> Tm ＝ 4 × GCの塩基数 ＋ 2 × ATの塩基数 ＋ 35 − 2 × 全塩基数

この式は一般的な概算式（Tm ＝ 4 × GCの塩基数 ＋ 2 × ATの塩基数）より誤差が少ない．
実際には手動で計算するよりも，本項の ③で紹介するプライマー設計ソフトウェアで自動的に計算することが多い．ただしソフトウェアごとに計算方法が異なるので，注意・比較したい．**PCRサイクルのアニーリング温度は確実にアニーリングするように，Tm値より2〜5℃低く設定する**．良好な結果が得られない場合は，Tmの−5から＋5℃の範囲までアニーリング温度を振って至適温度を探る．例えば，非特異的産物が多い場合は温度を上げ，目的産物が少ない場合は温度を下げることを検討する．

ONE POINT　プライミング

プライミング（Priming）とは，呼び水・点火を意味するとおり，プライマーが鋳型DNAにアニーリングし，DNAポリメラーゼの反応を開始させることをいう．非特異的なアニーリングによって，本来とは違う位置からDNAポリメラーゼが反応を開始することをミスプライミングとよぶ．

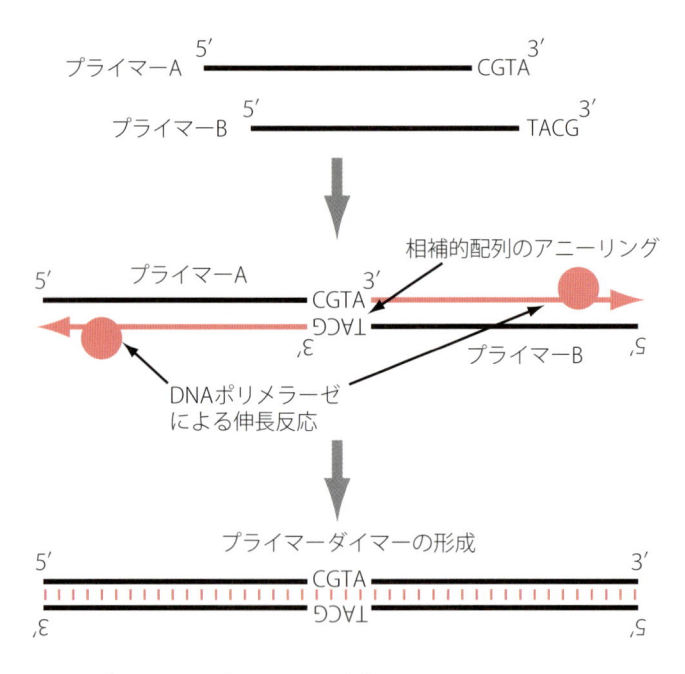

図2 プライマーダイマーの形成
2本のプライマー（AとB）の配列中に相補的な部分があると，プライマー同士でアニーリングしてしまう．特に3′末端に相補的配列があると，そこからDNAポリメラーゼによる伸長反応が起こり，プライマーダイマーが形成される

5 特異性

　特殊な場合を除いて，プライマー長は**20塩基程度あれば十分な特異性をもたせることができる**（塩基が出現する順番が完全にランダムであると仮定すると，4分の1の20乗＝約1兆分の1の確率となる）．しかし，遺伝子配列はランダムではなく，相同性のある配列がたくさん存在する．プライマーの特異性は，NCBIのBLAST検索（http://www.ncbi.nlm.nih.gov/BLAST/）などで必ず確認する．

6 プライマー配列の相補性

　1対のプライマー間で3塩基以上の相補的配列を避けて設計する．3塩基以上あるとプライマー同士でハイブリッドを形成しやすくなり，PCR反応の効率が低下する．特に3′末端が2塩基以上相補する配列は厳禁である．プライマーダイマーが形成されやすくなり，反応効率が低下する．図2のように，3′末端同士のアニーリングだけなく，一方の3′末端と相補的な配列がもう片方の配列にある場合も，プライマー同士がアニーリングしやすくなる．

　また各プライマー内に相補的な配列があると，プライマー自身で二次構造を形成し，鋳型DNAへのアニーリングが妨げられる（図3）．特に3塩基以上の相補的配列を避ける．

　ただし，高次構造はTm値よりも低い温度で起こるため問題とならないことも多い．このような配列を含む領域でのプライマー設計が避けられない場合はホットスタートPCR（1章-5参照）を採用することが望ましい．

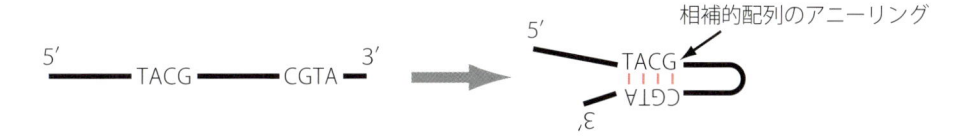

図3 プライマーの高次構造の形成
1本のプライマーであっても，内部に相補的な配列が複数カ所存在すると，温度条件によっては相補的配列同士がアニーリングして高次構造を形成しやすくなる．高次構造を形成しやすいPCR条件では，非特異的な増幅が起きたり，全く増幅しない結果となる可能性が高い

7 3′末端配列

プライマーの3′末端の1塩基も考慮したい．できるだけミスプライミングを避けようとすると**GまたはCが望ましい**．ただし，前述のとおり，GCリッチだと非特異的にプライミングが起こる危険があるので，注意する．逆に，Tは最も避けたい塩基とされている．ミスマッチでもプライミングしてしまう傾向が高いからである．

8 RT-PCRでのゲノムDNA配列の考慮

RT-PCRでは，mRNAの検出を行うが，ゲノムDNAが混入しているRNA試料ではゲノムDNAも鋳型になる．そのため，公共のデータベース（UCSC Genome Browser）を使い遺伝子のゲノム構造を調べ，サイズの大きなイントロンを選んで，その前後のエキソン配列にプライマーをそれぞれ設計し，DNAからは長すぎて増幅できないようにする．少なくとも，イントロンの前後に設計し，増幅産物のサイズでわかるようにする．RNA試料をDNase Iで処理する方法もある．PCRで問題となるほどのDNAの混入があるかどうかチェックする場合は，逆転写反応なしで，通常のゲノムPCRを適当なプライマーペアで行い，RT-PCRやリアルタイムRT-PCRの上限である40サイクルでも増幅されないことを確認する．

③ プライマー設計ソフトウェアの紹介

ゲノム網羅的な遺伝子解析を行っている研究者以外にも，RT-PCR（2章-3参照）などを頻繁に行う研究者は，専用のソフトウェアでプライマー設計を行うことが多い．現在市販されている遺伝子配列解析ソフトウェア〔GENETYX（ゼネティックス社），DNASIS（日立ソリューションズ社）など〕の多くには，プライマー設計機能が搭載されている．また，ワシントン大学のPrimer3をはじめ，ウェブを介して無料で使用できるプライマー設計ソフトウェアもいくつか公開されている．これらのソフトウェアのなかには，ボタンで簡単に結果が出るものもあれば，詳細にパラメータを設定しなければならないものもある．しかし，上記のプライマー設計の基本方針は変わらない．以下に有用なソフトウェア（オンラインで使用）を紹介する（筆者はPrimer3を使っている）．

Primer3（米国NIHが主に開発）：http://frodo.wi.mit.edu/primer3/
Web Primer〔酵母ゲノムデータベース（SGD）が運営〕：http://www.yeastgenome.org/cgi-bin/web-primer
CODEHOP：http://blocks.fhcrc.org/codehop.html
Oligo Calculator：http://www.pitt.edu/~rsup/OligoCalc.html
PrimerQuest：http://www.idtdna.com/Scitools/Applications/Primerquest/
GeneFisher：http://bibiserv.techfak.uni-bielefeld.de/genefisher/

❹ 目的別プライマー設計

　一般の生命科学研究でPCRが一番使われているのは半定量的RT-PCR，定量的リアルタイムPCR，miRNAの定量であろう．ついで，cDNAクローニング，cDNAへの変異導入，大腸菌での組換え体や動物細胞への遺伝子導入の確認，遺伝子改変動物の作製確認などがあげられる．ゲノム(医)科学ではSNPタイピング（GWAS：genome wide association study），高速cDNAシークエンスによる網羅的変異（転座）遺伝子の同定など，医学の分野では遺伝子検査，親子鑑定などがある．その他には犯罪捜査，古生物学，比較生物学などにも使われている．それぞれの目的に応じて，プライマーのデザインに対する考え方が異なるので，端的に解説する．

1 半定量的RT-PCRと定量的リアルタイムPCR

　この場合は，本項❷で解説した基本的なプライマー設計を行う．Primer3などのソフトウェアを使って配列候補を探し，最後にBLAST検索で特異性を確かめる．

　最初に増幅領域の両側のプライマー設定候補領域の配列に対しBLAST検索を行って，特異的なプライマー設定領域を絞り込んでもよい．さらに調製したRNAにゲノムDNAが混入している場合は，イントロンを挟んだ1対のプライマーを選ぶこともできる．そうするとゲノムDNAからは長すぎて増幅しないか，予定より長いDNA断片が増幅されるのでDNAの混入を判定できる．

　このような煩雑な条件でデザインしたくない場合は，増幅領域を決定後，BLAST検索でユニーク配列領域を見つけ，GC含量が同程度のものを3′，5′双方で2つずつ選んで，4通りのPCR反応を行い，一番，特異的な断片がよく増えたものを選択しても，おおむね成功する．いずれの場合でも，mRNAの3′末端（ポリAシグナル）から1 kb以内の領域で増幅配列を検索することが多い．リアルタイムPCRを優先したい場合は，増幅領域を100〜300 bpにする．

2 miRNAの定量

　自分でデザインすることはない．調べたいmiRNA種を指定してアプライドバイオシステムズ社にプレメイドしたキットを依頼するか，試料を送って受託解析業者（Filgen社，バイ

オマトリックス研究所など）に外注することもできる．

　microRNA（miRNA）は，一本鎖部分とヘアピン構造をもつ二本鎖部分からなる長い前駆体（pri-miRNA）からDroshaによって一本鎖部分が切り出され，短い前駆体（pre-miRNA）となる．最後にDicerによって19〜22塩基の一本鎖RNA（成熟型miRNA）となる．タンパク質に翻訳されることはなく，少なくとも30％のmRNAに結合し，RNAの切断，転写，翻訳などの遺伝子発現の制御にかかわる．この短い成熟型miRNAはヒトでは1,000種ほどあると考えられている．短いだけではなく，miRNAファミリー間の相同性も高く（1〜2塩基の違いも少なくない），そのためリアルタイムPCRの特異性と感度を高めるための工夫が必要であった．アプライドバイオシステムズ社のTaqMan MicroRNA Assaysを用いたリアルタイムPCRがよく使われている．原理は2段階の定量的RT–PCRで，最初に成熟型miRNAの3′側の7〜8塩基と相補性をもつ小さなループ構造をもつプライマーをアニーリングし，逆転写反応を行う．次に，5′側の特異的プライマーとループ部分の配列から設計されたプライマー（これは全miRNAの検出で使われる共通プライマー）でPCRを行う．PCR産物はTaqManプローブと反応し，発した蛍光をPCRサイクルごとに測定する．10 ngのtotal RNAから成熟miRNAを定量することができる．また，1塩基のみ異なるファミリーmiRNAも識別可能とされている．

3 cDNAクローニング，組換え体の同定およびcDNAへの変異導入

　mRNA配列中でタンパク質をコードするORFを挟む領域にプライマーを設計することになる．5′や3′非コード領域の配列情報が短い場合もあり，基本的なプライマー設計で必要なすべてのパラメータを考慮できないこともある．このようなケースでは，BLAST検索でユニーク配列領域を見つけ，両側にGC含量が同程度のものを2対選んで，4通りのRT–PCR反応（オリゴdTプライマーで逆転写後，一本鎖cDNAを合成し，それを鋳型にPCR）を行い，一番，特異的な断片がよく増えたものを選択する．得られたcDNAは発現ベクターに組み込み，大腸菌に導入する．薬剤耐性コロニーから直接組換え体を同定するが，この場合もベクター配列から作製したプライマーまたは上記のプライマーを使ってコロニーPCRを行う（2章-2参照）．さらにcDNAへの変異導入を行いたいときは，変異させたい配列が基本的なプライマーとなる（4章-2参照）．

4 動物細胞への遺伝子導入や遺伝子改変動物の確認

　これは発現ベクターが動物細胞ゲノムDNAに挿入または相同組換えをした状態を確認する実験なので，プライマー配列の設計も限られる．遺伝子の挿入は未知ゲノムDNA領域で起こるので，高分子ゲノムDNAを調製し，ベクター中のプロモーター配列とcDNAの5′領域またはcDNAの両末端の配列でPCRを行い，発現可能な状態で挿入されているか調べる．またRNAを抽出し，RT–PCRを行いmRNAの過剰発現を確認する．この場合のプライマーのデザインは前述（4–1 参照）の方法をとる．遺伝子のノックダウンを目的とした相同組換えを確認する場合は，ゲノム配列は既知なはずなので，動物ゲノム配列とベクター配列から1対のプライマーを設計する．ベクター配列は動物ゲノムにはないユニーク配列なので，

特異性の高いPCRが可能であり，プライマーの設計は多くのパラメータを考慮しなくともよい場合が多い．

5 その他

　ゲノム(医)科学におけるSNPタイピングや高速cDNAシークエンスによる網羅的変異（転座）遺伝子の同定，遺伝子検査，親子鑑定，犯罪捜査，古生物学，比較生物学などでは，あらかじめ増幅したいDNA断片もプライマー配列も決定されている場合が多く，研究者がデザインすることはまずない．もしも独自のプライマー設計や解析方法をとる場合は，生物統計家の協力が必要であろう．

参考文献
1）『改訂第2版バイオデータベースとウェブツールの手とり足とり活用法』(中村保一，他/編)，羊土社，2007
2）Breslauer, K. J. et al.：Proc. Natl. Acad. Sci. USA, 83：3746-3750, 1986
3）Rychlik, W. et al.：Nucleic Acids Res., 18：6409-6412, 1990
4）Wahl, G. M. et al.：Methods Enzymol., 152：399-407, 1987

5 DNA ポリメラーゼの使い分け

青柳一彦

❶ DNA ポリメラーゼの種類

　耐熱性DNAポリメラーゼは，海底火山などの熱水噴出孔に生息する好熱性の細菌，古細菌から調製される．耐熱性DNAポリメラーゼは大きく分けて，bacteria（細菌）由来の**pol I 型酵素**，archaea（古細菌）由来の**α型酵素**の2種類がある（表1）．

　pol I 型はDNA鎖伸長活性が強いが，合成の間違いを校正するための3'→5'エキソヌクレアーゼ活性を欠くものが多く，正確さに問題がある．一方，α型は，強い3'→5'エキソヌクレアーゼ活性を有しているが，DNA鎖伸長活性が低いことが知られている．また，α型酵素はpol I 型酵素に比べ耐熱性に優れている．95℃での半減期はpol I 型が1時間以下なのに対して数時間以上である．PCR反応を考慮するうえで，何回PCR反応を繰り返せるのか，時間反応を計算するときには注意してもらいたい．

　さまざまな菌種からさまざまな特長をもつ耐熱性DNAポリメラーゼが単離されており，同じpol I 型，α型でも菌種により一長一短がある．そこで，研究者のニーズに合わせ，遺伝子工学を用いて余計な機能を欠損させた**改良型酵素**（例えば過剰な3'→5'エキソヌクレアーゼ活性を弱める）や，いくつかの酵素を組み合わせた**混合型酵素**が開発されている．耐熱性DNAポリメラーゼのうち最もスタンダードなものは，タカラバイオ社のrTaq DNAポリメラーゼに代表される古くから使用されているpol I 型のものであろう．増幅の忠実性はメーカーごと取り扱っているこうしたpol I 型製品を基準に成り立っている．

表1　DNAポリメラーゼの種類と特徴

	pol I 型 (Taq DNAポリメラーゼなど)	α型 (Pfu DNAポリメラーゼなど)
DNAポリメラーゼ活性	◎	○
3'→5'エキソヌクレアーゼ活性	×	○
5'→3'エキソヌクレアーゼ活性	○	×
TdT活性	○	×
95℃での半減期	1時間以下	数時間以上
利用用途	増幅率のよいPCR TAクローニング	正確性の高いPCR

❷ 目的別DNAポリメラーゼの選択

表2に各メーカーから提供されているDNAポリメラーゼと，その特徴を示す．特異性が高く，より正確に，長い領域を効率よく増幅できればよいのだが，すべてを兼ね備えたDNAポリメラーゼはなく，それゆえ多くの製品が販売されている．それぞれの製品の優れたところを活かして使用することになる．種々の遺伝子を増幅したりすることを考え，至適条件の幅が広くて，増幅効率もよい，コストパフォーマンスに優れたものを各研究室それぞれすでに使用していると思う．

しかし，1）塩基配列の高い忠実度が要求される場合，2）20 kbpを超えるような長い距離や，増幅の難しい配列を増幅したい場合，3）高い特異性を必要とする場合，また，4）作業効率を向上させたい場合においては，苦労することもあるだろう．PCR反応がうまくいかないとき，アニーリングや酵素反応の温度条件，反応時間，サイクル数をいろいろと細かく検討してもあまりよい結果が得られない場合が多い．品質のよいサンプルの入手，プライマーの再設計はもちろんであるが，酵素を変えることで劇的によい結果が得られることが多々あるので試してもらいたい．

また，現在では研究者がPCR反応用のバッファーを調製することは少なくなり，キットによってはバッファーの組成が明かされておらず，こちらで工夫ができない場合も多々ある．よって，添付されているバッファーも含めて検討しなくてはならない．いずれにせよ，どの酵素も一長一短あり，自分の研究に適したものを選ばなくてはならない．カタログ上で同様の特長をもつ商品を2～3選び，予備実験によって選抜する．以下，目的別に分けて詳細を説明する．

1 塩基配列の高い忠実度が必要な場合

塩基配列の忠実度が高いとは，増幅したPCR断片の塩基配列が鋳型となったDNA塩基配列と同じで間違いがないことをいう．例えば，pol I型酵素の場合，1 kbのDNAを増幅すると1～2塩基の割合で間違いが生じるといわれている．PCR断片の塩基配列を後に調べたい場合には，合成の忠実度が高いα型がよく，東洋紡績から出されているKOD DNA polymerase[1]やインビトロジェン社から出されているPfu DNA polymerase[2]がこれにあたる．一般にα型では合成効率（合成スピード）が劣ったり，特異性が低かったりするため，増幅効率に問題を抱えており，汎用性は低いとされてきた．しかし，最近ではかなり改善された商品が出ているようだ．例えば，KOD DNA polymeraseの改良型であるKOD –plus– Ver. 2[1]，バイオ・ラッド社のiProof High-Fidelity DNA polymeraseは合成速度が速いようである[3]．条件の幅の広さなど使いやすさでは，適当な精度と合成効率のバランスがとれている混合型酵素であろう．各メーカーから市販されているα型や混合型酵素について，pol I型酵素（スタンダードなTaq DNAポリメラーゼ）を基準とした正確度は表2のとおりである．

2 20 kbpを超えるような長い距離や，増幅の難しい配列を増幅したい場合

　ゲノムDNAの構造解析など，20 kbpを超えるような長いDNA断片を増幅する場合においては〔**ロングレンジPCR**または**LA-PCR**（long and accurate PCR）とよぶ〕，これに対応した酵素を使用することとなる．キアゲン社から出されているQIAGEN LongRange PCR Kitなどは，40 kbpの増幅も可能とされている[4]．ロングレンジPCRに最も大事なのは酵素選びである．**PCRで間違った塩基が取り込まれるとそれ以後の伸長反応が極端に悪くなる**ことが知られている．3′→5′エキソヌクレアーゼ活性をもつα型を使用すればこの問題が解決されるが，この活性が強すぎるとPCRの合成効率を低下させる要因ともなる．よって，改良型，あるいは混合型の長鎖増幅用の酵素を使用することとなる．もともと，pol I 型と比べてα型酵素は至適条件の幅が狭く，増幅効率が思ったより上がらない場合が多い．α型酵素を基調としたLA-PCR用の酵素も必ずしも増幅効率がよくなく，汎用性には向かない場合が多い．実際，いくつかのこの種の酵素は，1〜3 kbほどのDNA断片の増幅に用いた場合，配列によってスタンダードなTaq DNAポリメラーゼより成功率が悪いようだ．

　また，長い距離を増幅するということは，それだけ二次構造をもつDNAの増幅を行わねばならない機会が増える．二次構造をとりやすい配列としては，AとTが多い配列（ATリッチ）や同じ配列が連続する反復配列などあるが，特に**GとCが多い配列（GCリッチ）は増幅しにくい**ことが知られている．この種の配列は特異性が低く，遺伝子のいたるところに存在するので，類似の配列と結合して二次構造をとりやすい．特にGCリッチな場合はアニーリング温度が高いため，より強固となってしまう．こうした場合，酵素の特長よりもバッファーの組成による差が大きい．タカラバイオ社のTaKaRa LA Taq with GC Bufferのように，同じ酵素でも特別のバッファーを含めた，GCリッチな配列の増幅に至適化されているキットが売り出されている[5]．

3 高い特異性を必要とする場合

　あるDNA断片がどのサンプルにたくさんあるのか比較定量する場合，関係ないDNA断片が非特異的に増幅しては実験に支障がある．しかし，PCR反応において目的以外のDNA断片が増えてしまうことは，日常茶飯である．これは設計したプライマーの出来栄えもさることながら，試薬調製時における酵素の過反応が大きな原因の1つである．つまり，PCR反応液をサーマルサイクラーで反応させる前，低温の状態でプライマーが特異性の低いDNA領域にも結合して反応が進んでしまい，これを起点として非特異的な増幅が起こるのである．

　試薬調製時のDNAポリメラーゼ活性を抑える方法として，高温でPCR反応を開始する**ホットスタートPCR**が考案された．これにより，非特異的な増幅を大幅に抑えることができるようになった．古くは，PCRに必要な成分をあらかじめ抜いて試薬を調製し，鋳型DNAの熱変性のステップにおいてマニュアルで加える方法がとられた．しかし，クロスコンタミネーションをおかす危険があるうえ，時間も限られており，サンプル数が限られる．そこで，ワックスで物理的に反応液を分ける方法が考案された．高温になればワックスが溶け出して反応液が混じり合い，PCR反応が始まるしくみである．しかし，ワックスで物理的に反応液を分ける操作が煩雑なせいか，今ではあまり使用されていない．

表2 耐熱性DNAポリメラーゼの分類

要求項目[※1]	商品名	メーカー名	E[※3]	H[※4]	備考
正確なPCR	PrimeSTAR HS	タカラバイオ社	平滑末端		50万塩基でエラーが10〜30塩基
	KOD-plus-Ver. 2	東洋紡績	平滑末端	○	スタンダードなTaqより80倍正確
	Pfx50 DNA Polymerase	インビトロジェン社			スタンダードなTaqより50倍正確
	iProof High-Fidelity DNA polymerase	バイオ・ラッド社			スタンダードなTaqより50倍正確
	Pwo Super Yield DNA polymerase	ロシュ・ダイアグノスティックス社	平滑末端		スタンダードなTaqより18倍正確 エラー率 3.2×10^{-6}
	HotStar HiFidelity Polymerase Kit	キアゲン社		○	スタンダードなTaqより10倍以上正確
ロングレンジPCR	PrimeSTAR GXL	タカラバイオ社	平滑末端		30 kbまでのロングレンジ可能
	TaKaRa LA Taq	タカラバイオ社	Aが付加		30 kbまでのロングレンジ可能
	Elongase Enzyme Mix	インビトロジェン社			30 kbまでのロングレンジ可能
	Expand 20kb[PLUS] PCR System	ロシュ・ダイアグノスティックス社	Aが付加		35 kbまでのロングレンジ可能
	QIAGEN LongRange PCR Kit	キアゲン社			40 kbまでのロングレンジ可能
困難な配列のPCR（GC含量が高い配列、コドンリピートなど）	TaKaRa LA Taq with GC Buffer	タカラバイオ社	Aが付加		
	AccuPrime GC-Rich DNA Polymerase	インビトロジェン社			
	GC-RICH PCR System	ロシュ・ダイアグノスティックス社			
特異性の高いPCR[※2]	TaKaRa Ex Taq Hot Start Version	タカラバイオ社	Aが付加	○	
	Advantage2	タカラバイオ社		○	
	AccuPrime Taq DNA Polymerase	インビトロジェン社		○	アクセサリータンパク質が全PCRを通してミスプライミングを防ぐ
	AmpliTaq GOLD DNA Polymerase, DL	アプライドバイオシステムズ社		○	高温で活性化する改良型酵素
	illustra Hot Start Mix RTG（Ready-to-goシリーズ）	GEヘルスケア社		○	熱変性で不活性化するホットスタート活性化因子がプライマーに結合しミスプライミングを防ぐ
	FastStart High Fidelity PCR System	ロシュ・ダイアグノスティックス社		○	
	iTaq DNA Polymerase	バイオ・ラッド社		○	
	HotStarTaq Plus Master Mix Kit	キアゲン社		○	

表2　耐熱性DNAポリメラーゼの分類（つづき）

要求項目[※1]	商品名	メーカー名	E[※3]	H[※4]	備考
作業効率のよいPCR	PrimeSTAR Max	タカラバイオ社	平滑末端		迅速なPCR
	AmpliTaq GOLD Fast PCR Master Mix, UP	アプライドバイオシステムズ社		○	迅速なPCR
	QIAGEN Fast Cycling PCR Kit	キアゲン社		○	迅速なPCR
	Titan One Tube RT-PCR System	ロシュ・ダイアグノスティックス社	Aが付加		1ステップRT-PCR ビーズで反応液を物理的に包んである
	Tth DNA Polymerase	ロシュ・ダイアグノスティックス社			1ステップRT-PCR RTとPCRを同一酵素で反応可能
	QIAGEN OneStep RT-PCR Kit	キアゲン社			1ステップRT-PCR
	Ready-To-Go RT-PCR Beads	GEヘルスケア社			1ステップRT-PCR

※1　スタンダードなpol I型Taq DNAポリメラーゼは除外した
※2　ホットスタートは他の項目にもあるので，Hカラムに別記した
※3　E：PCR産物のDNA末端の状態（カタログから情報が得られたもののみ）
※4　H：自動ホットスタート対応（カタログから情報が得られたもののみ）

　　現在の主流は，タカラバイオ社のAdvantage2のように，高温になってから酵素が働くように酵素の抗体を反応液に加えた商品が多く出回っている[5]．その他，アプライドバイオシステムズ社のAmpliTaq Gold DLのように，高温でしばらく保温しないと活性化しないように遺伝子工学的に改変されている特殊なタイプもある[6]．また，ホットスタートPCRの他に，インビトロジェン社のAccuPrimeシリーズのように，プライマーの特異性を高めることができる特殊なタンパク質がバッファーの中に入っているという商品もあり，試してもらいたい[2]．注意してほしいのは，ホットスタートPCR用としての工夫と，酵素そのものの特性，例えばDNA合成の忠実度や効率とは違うということである．酵素そのものの性質も吟味して選んでほしい．

4 作業効率を向上させたい場合

　　作業時間の短縮という点では，高速PCRともよばれる手法がある．各反応時間を短くすることによって，通常では2時間ぐらいかかる反応がわずか30分ぐらいで終了するので，スピーディーに実験を推し進めることができる．どちらかというと，高性能な温度制御ができる新型のサーマルサイクラーに頼る部分が大きいが（1章-2参照），タカラバイオ社のPrimeSTAR Maxやアプライドバイオシステムズ社のAmpliTaq GOLD Fast PCR Master Mix, UPなど，DNA伸長時間が10秒/kbといった，反応速度がきわめて早い酵素やこれに合わせた反応系が必要となる[5) 6)]．

　　大量のサンプルを一度に取り扱わねばならない場合に対応して，サンプル以外の反応に必要なものをすでに混合したキットが各メーカーから出されている．自分でプレミックスを作製すればよいと考える向きもあると思うが，自分ではなかなか難しい条件検討がなされてい

るキットもあり，必要に応じて検討してもらいたい．典型的な例としては，**1ステップRT-PCR**があげられる．2章-3で詳しく述べるが，RNAから一本鎖のcDNAとして遺伝子を増幅することをRT-PCRという．RT-PCRは，RNAをDNAに変換する逆転写反応（RT：reverse transcription）と，通常のPCRの2段階の作業を行わなくてはならない．これを1本のチューブ内で行ってしまう方法が1ステップRT-PCRである．この手法は，手数を減らすことでコンタミネーションのリスクを最小限に抑えることができるのも利点の1つである．ロシュ・ダイアグノスティックス社から出されているような，逆転写活性をもつTth DNAポリメラーゼや，同じく同社の逆転写酵素とTaq DNAポリメラーゼを混合したTitan One Tube RT-PCR Systemのようなキットがある[7]．変わったところでは，GEヘルスケア社より，反応溶液がビーズ内に物理的に包んであるReady-To-GoシリーズのRT-PCR Beadsが提供されている[8]．この商品は，常温でデシケーターの中で保存でき，水をかけると酵素が活性化するという．

参考ウェブサイト

1）東洋紡績のホームページ（http://www.toyobo.co.jp/seihin/xr/lifescience/）
2）インビトロジェン社のホームページ（http://www.invitrogen.jp/）
3）バイオ・ラッド社のホームページ（http://www.bio-rad.co.jp/）
4）キアゲン社のホームページ（http://www.qiagen.com/jp/）
5）タカラバイオ社のホームページ（http://www.takara-bio.co.jp/）
6）アプライドバイオシステムズ社のホームページ（http://www.appliedbiosystems.jp/）
7）ロシュ・ダイアグノスティックス社（アプライド・サイエンス事業部）のホームページ（http://roche-biochem.jp/）
8）GEヘルスケア社のホームページ（http://www.gelifesciences.co.jp/）

1章 PCRの基礎知識と準備

6 試薬と反応条件

佐々木博己

① PCRの試薬と反応条件

　PCRの反応液に含まれるコンポーネント（試薬）とは，**PCRバッファー**，**プライマー**，**dNTP**（dATP, dCTP, dTTP, dGTPの混合液），**Mg²⁺イオン**，**鋳型DNA**（ゲノムDNA，プラスミド，cDNAなど一本鎖，二本鎖DNAなら何でも鋳型となる），および**耐熱性DNAポリメラーゼ**である．反応条件とは，サーマルサイクルとよばれる**3つの反応温度**（熱変性温度，アニーリング温度，伸長反応温度）とそれらの**時間**，および**サイクル数**である．mRNAをcDNAとして増幅したり，定量したりする場合は，PCRの前に逆転写反応（reverse transcription：RT）を行うので，そのときのプライマーや逆転写酵素の種類も反応条件の1つとなる．またPCR装置の種類も条件の1つである．

　ここでは，これらの基本試薬や反応条件を詳細に解説する．すでに市販されているキットでは，各条件を至適化しているので，解説書のまま行えばいいが，酵素反応の基本を知るうえで重要なのでしっかり読んでほしい．また，読者が現在または将来PCRを利用した新たな実験法を開発する場合にも必要である．

② PCRの試薬

1 PCRバッファー

　PCRに用いる耐熱性DNAポリメラーゼの標準的なバッファーの組成は，表1のとおりである．市販のPCR用耐熱性DNAポリメラーゼには，10倍濃度のバッファーが添付してある．溶液のpHは，DNAポリメラーゼの種類により異なるが，緩衝液試薬Trisは温度が1℃上がるとpHが0.03下がるので，伸長反応温度である70℃付近では中性に近くなる．KClは

表1　標準的なPCRバッファーの組成

試薬	役割
50 mM KCl	DNAポリメラーゼ（酵素）の反応促進，75 mM以上で阻害
10 mM Tris-HCl（pH8.4〜9.0，25℃）	伸長反応温度の70℃付近で酵素が好む中性を保つ
1.5 mM MgCl₂	酵素活性と忠実度，プライマーのアニーリング，プライマーダイマーの形成など
0.01％ゼラチンまたは 0.01％ Triton X-100	酵素の安定化

DNAポリメラーゼ反応を促進させるが，75 mM以上では阻害するとされている．Mg^{2+}イオンは，1.5 mM前後で加えられていることも多いが3 mMで反応させることもある．これについては後述する．Mg^{2+}イオン以外のバッファー組成の濃度は通常変えることはない．目的DNAの配列のGC含量が高い場合は，特殊なPCRバッファーがタカラバイオ社から市販されている〔われわれの経験でも，有名なソニックヘッジホッグ遺伝子SHH（増幅したい領域で異なるが3′ORF側はGC含量80％）はこのバッファーが適していた〕．

2 プライマーの濃度

プライマーの設計に関しては1章-4で解説した．ここでは濃度について記述する．通常，0.1〜0.9 μMと幅が広い．プライマーの濃度が高すぎるとミスプライミングを起こし，非特異的なPCR産物を増加させる．一方，低すぎると，収量が減る．重要な点は，鋳型または目的DNA（cDNA）が希少かどうかである．**鋳型の量が限られていたり，目的遺伝子の発現量が少なかったりする場合，非特異的なPCR産物を減らすため，プライマーの濃度を低めにする．**

3 dNTP（デオキシリボヌクレオチド）混合溶液

dATP，dCTP，dTTP，dGTPの混合液でDNAポリメラーゼの基質となる．通常0.2 mM（200 μM）で加えるが，理論的には，全dNTPが取り込まれると，100 μL反応液で26 μgのDNAが合成できるので，大過剰量である．**基質濃度は低い方がDNAポリメラーゼの忠実度が高いので，もっと低くしてもよい（20 μM）．**

このdNTPに関して，DNAに蛍光標識デオキシリボヌクレオチドを取り込ませて標識したい場合には，注意が必要である．PCRバッファーにあらかじめdNTPが含まれているキットでは，Cy3やCy5などの蛍光物質を結合させたCy3(5)-dTTPなどが無標識のdTTPで希釈され，十分な標識ができない．希釈効果だけでなく，立体障害効果によるDNAへの取り込み抑制も大きい．この立体障害は，Cy3，Cy5＞ビオチニル基＞アミノアリル基の順で大きい．このような場合は，dNTPを別に付加されているキットを使い，特定のデオキシリボヌクレオチド（上記ではdTTP）の濃度だけ，1/5から1/10にして（標識dTTPは高価なため，無標識dTTPを0にはできない），十分な標識を達成できるようにする．

4 Mg^{2+}イオン

Mg^{2+}イオンはPCR反応において，酵素活性，プライマーのアニーリング，合成されたDNAの忠実性，プライマーダイマーの形成などにかかわっていると考えられている．Mg^{2+}イオンの至適濃度はプライマーによっても変わる．**通常，PCR反応では1.5 mMの濃度で行うが**，上記のPCRバッファーに添加されているので調製することはない．ただし，dNTPを多く使う全cDNA[1]や全ゲノムDNA[2]の増幅などでは，**2〜3 mM**と高めで行う．現在，このようなゲノム網羅的なDNA増幅は，転写調節因子の結合部位を網羅的に調べるクロマチン免疫沈降-マイクロアレイ解析（ChIP on Chip）やクロマチン免疫沈降-次世代シーク

エンス解析（増幅しない方法もある）で使われる（3章-4参照）．しかし，DNAポリメラーゼの忠実度は若干低下するため，このようなゲノム網羅的な増幅を行ったDNAを鋳型として目的遺伝子の変異解析を行う場合は，クローン化シークエンスせず，ダイレクトシークエンスで行う（3章-1参照）．マイクロアレイでのハイブリダイゼーションによる遺伝子のコピー数や発現量の解析での問題は少ない[1)2)]．

5 鋳型DNA

　　純度が低く，微量な鋳型であっても増幅できるのがPCRの特徴である．純度が低くてもよい点については，コロニー，プラーク，培養細胞，および微量組織切片から直接PCRを行うことができることがあげられる（2章-2参照）．しかし，一般的な細胞・組織溶解液に含まれる**SDS**（ドデシル硫酸ナトリウム）では，0.01％でDNAポリメラーゼ活性は1/10に低下し（0.1％で1/100），細胞ストックに使われる**DMSO**（ジメチルスルホキシド）では，20％で1/100となる．血液，骨などの組織，さらには排泄物などには多様な**阻害物質**が含まれており，各々に適した方法やキットで純度の高いDNAを精製することが基本である（1章-3参照）．

　　微量な鋳型でもよい点については，**1個の細胞からPCRできること**があげられる[3)]．しかし，**定量的なデータを求める場合は最低100～1,000分子の鋳型が必要**である．具体的には，1細胞のDNA/RNA量は約10 pg*なので，1～10 ng（100～1,000細胞分）の鋳型が必要となる．

*SI接頭語：m（milli）10^{-3}，μ（micro）10^{-6}，n（nano）10^{-9}，p（pico）10^{-12}，f（femto）10^{-15}，a（atto）10^{-18}

6 耐熱性DNAポリメラーゼ

　　最初に精製され，遺伝子がクローン化されたTaq DNAポリメラーゼの至適温度は72℃，至適pHは8.3～8.8であり，95℃以上で失活する．上述のようにイオン性界面活性剤SDSはポリメラーゼ活性を阻害するが，非イオン性の界面活性剤であるTween20やNonidet P40はSDSによるポリメラーゼ活性の阻害を抑えることが知られている．

　　図1Aに示すように，PCRサイクルは，最初**95℃**でDNAを変性し，ついで**50～65℃**でプライマーと鋳型のアニーリングを行い，最後に**72℃**でDNAポリメラーゼによる伸長反応を行う**3ステップ**で構成されている．上記のDNAポリメラーゼの性質がPCRを可能にしている．通常は失活する95℃でも短時間の処理でDNAの変性を行えば，DNAポリメラーゼの活性は保持される．現在は3'→5'エキソヌクレアーゼ活性をもち，DNA合成の忠実度が高い酵素〔Ex Taq（タカラバイオ社）など〕や熱安定性の高い酵素〔AmpliTaq Gold（アプライドバイオシステムズ社）など〕もあり，目的に応じて使い分けることが重要である（1章-5参照）．

　　DNAポリメラーゼは**通常1チューブに，0.5～2.5 U**（ユニット，One Point参照）を加えて反応を行う．反応量が100～400 μLで行う場合，サザンやノーザンブロットのプローブを調製したい場合やRT-PCRで増幅したcDNAの制限酵素地図を描いて目的遺伝子のもの

かを確認する場合など多くのPCR産物を必要とするときは多めに加える（5〜10 U）．標準的な20〜50 μLの反応量では2.5 Uまでとする．むやみに酵素濃度を上げると特異性が低下するし，不経済なので避ける．PCRで使われるDNAポリメラーゼは，耐熱性であっても常温や4℃で保存したり，放置したりすることは厳禁である．すべての酵素は，徐々に失活する．また本項の最後に指摘したように，鋳型DNAなどをDNAポリメラーゼ保存チューブ内に混入させないように注意する．

❸ PCRの反応条件

1 装置とチューブ

理論的には，PCRは温度の異なる恒温槽を組み合わせて，サンプルを移し替えることでも行うことができる．しかし，実際はサーマルサイクラーとよばれる装置を用いて，多種の温度設定や反復反応を可能にしている．1990年前後から，30機種を超える装置が販売されて

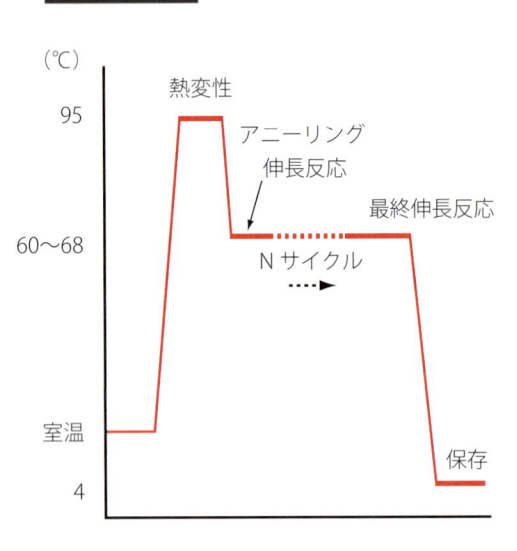

図1　PCRのサーマルサイクル
A）通常の3ステップサーマルサイクルで，熱変性，アニーリング，伸長反応の繰り返し，最終伸長反応および保存設定を示す．B）アニーリングと伸長反応を同じ温度で行う2ステップサーマルサイクルで，シャトルPCRとよばれている

ONE POINT　ユニット（U）

市販のDNAポリメラーゼの酵素量はユニットで表されている．ほとんどの酵素の1ユニットとは，74℃，30分間で10 nmol dNTPの酸不溶性分画〔トリクロロ酢酸（TCA）で洗った沈殿〕への取り込みを触媒するために必要な酵素量を指す．反応は50 mM Tris-HCl (pH 9.0, 25℃)，50 mM NaCl，5 mM $MgCl_2$，200 μM dATP, dCTP, dGTP，放射性標識[^{3}H] dTTP，無標識dTTP，0.1 mg/mL BSAを使用し，基質として10 μg活性化仔ウシ胸腺DNAを反応溶液50 μLに添加する条件で行われる．

きたが，基本的にPCRで要求される3つのステップ（熱変性，アニーリング，伸長反応）の温度と時間を正確かつ再現性よく維持できることが必須の条件である．詳細は，1章-2を参照されたい．反応チューブの材質や形状はサーマルサイクラーから反応液への温度伝達に影響するため，チューブは装置に適したもののみを使うことが必要である．

2 PCRの反応液の調製

図2Aに示したように，アガロースゲル電気泳動でPCR産物を調べるような標準的なPCRでは，経済性を考慮し，25μLのトータル反応量で行う．プライマーや鋳型DNAなどは0.5μLと少ない量を混ぜることになる．1つずつ混ぜるとピペッティングが大変である．そのため，最初に0.5μLの鋳型DNAを入れたチューブを用意し，10×PCRバッファー，dNTP mix，プライマー，超純水を混ぜたものを24μL加え，最後に酵素を0.5μL加えて混合することをすすめる．最後に酵素を入れる理由は，pHや塩濃度が調った反応溶液中では酵素の失活が少ないためである．この方法は，鋳型DNAが多いときに有効である．また，同じ鋳型DNAで多くのプライマーで調べたいときは，最初に0.5μLの鋳型DNAを入れたチューブを用意し，10×PCRバッファー，dNTP mix，超純水を混ぜたものを23μL加え，次に2種のプライマーを混ぜたものを1μL加え，最後に酵素を0.5μL加える方法がよい．このように，目的に合わせ，直前にPCRプレミックスをつくる習慣を身に付けることが，実験の効率化とコンタミネーションの防止に役立つ．

表2に，PCR反応液組成の濃度変化が与える影響について示した．参考にしていただきたい．

3 通常のPCRのサーマルサイクルとサイクル数

図2Bに通常のPCRのサーマルサイクルを示した．以下，3つのステップ（熱変性，アニーリング，伸長反応）の温度と時間の設定の仕方を詳細に解説する．

A) PCRの反応液

10×PCRバッファー	2.5μL
dNTP mix（各2.5 mM）	2.0μL
プライマー forward（100 pmol/μL）	0.5μL
プライマー reverse（100 pmol/μL）	0.5μL
鋳型DNA	0.5μL
Taq DNAポリメラーゼ（5U/μL）	0.5μL
超純水	18.5μL
Total	25μL

（反応チューブ1本あたり）

B) PCRの温度・時間・サイクル数

熱変性	95℃	5分
↓		
熱変性	95℃	1分
アニーリング	55℃	1分
伸長反応	72℃	1分
↓		
伸長反応	72℃	10分
↓		
保存	4℃	∞

熱変性／アニーリング／伸長反応の3ステップ：25サイクル

（鋳型DNAのサイズ：1 kbp）

図2　標準的なPCRの反応液（A）と反応条件（B）

表2　PCR反応液組成の濃度変化が与える影響

	濃度を上げる	濃度を下げる
Mg^{2+}	DNAポリメラーゼの忠実度が下がるが増幅効率は上がる	1.5 mMから下げることはない
dNTP	通常の200 μMは過剰なので，さらに上げると忠実度が下がる	忠実度が上がる
プライマー	非特異的な反応が増加する	特異性は増加するが収量は減る．ただし，わずかに発現する遺伝子のRT-PCRでは収量よりも特異性が重要
鋳型DNA	多すぎると非特異的な反応が増加する	1〜1,000分子の鋳型があれば増幅できるので，濃度を1/5〜1/10にしても2〜3サイクル増やせばよく，特に影響は受けない
DNAポリメラーゼ	不経済なので通常は上げない	1/2にする程度で問題はない．むしろ経済的

●熱変性

　鋳型DNAの最初の熱変性は，95℃（94〜96℃の範囲でよい）で行い，ヒトゲノムDNAでも1分，プラスミドやcDNAなどでは20〜30秒で十分である．

●アニーリング

　プライマーのアニーリング温度の選択は，特異性の高いPCRを行ううえで最も重要な因子である．1章-4で説明したプライマーの**Tm値**（計算式またはプライマー設計ソフトで計算）**から2〜5℃低く設定する**．そのため，1対のプライマーのTm値は同程度にしたい．近似式でGC含量50％の20塩基のTmを計算すると$4 \times 10 + 2 \times 10 + 35 - 2 \times 20 = 55$℃となる．哺乳類のゲノムDNAのGC含量は60％弱なので，アニーリング温度は55℃を標準に，50〜65℃で最適化される．時間は30〜60秒で行う．

●伸長反応

　伸長反応は，耐熱性DNAポリメラーゼの至適反応温度の72℃で行う．Taq DNAポリメラーゼは，1秒間に約60塩基を取り込むので，0.5 kb以下を増幅するときは20秒，**1 kbまでは1分で十分**である．5 kbのDNAを増幅したい場合は，約3分の伸長反応を行うことになる．通常の耐熱性DNAポリメラーゼでは，5 kbが限界である．それより長い断片を増幅したい場合は，LA-PCR（long and accurate PCR）に適したDNAポリメラーゼを用いる（1章-5参照）．伸長反応は10分以上になることもある．

●サイクル数

　サイクル数は，PCRの反応条件が至適に近ければ，40サイクルで10分子以下の鋳型（ヒトのゲノムDNAでは100 pg以下）から増幅し，PCR産物をエチジウムブロマイド染色で検出できる．したがって，**25〜35サイクルの範囲で行うのが通常**である．最終伸長反応は，72℃で5〜15分間行い，ほぼ完全な二本鎖を形成させる．最後に，4℃の保存設定を行う．

　1章-4のプライマーの設計で少し触れたように，増幅サイズを短く（80〜150 bp）設定すると3ステップの時間をさらに短くできる．多検体を解析する場合には，高速PCR用の装置を使うことを検討するとよい（1章-2，-5参照）．

4 シャトルPCRのサーマルサイクル

　　耐熱性DNAポリメラーゼの至適温度は，72℃であるが，60〜68℃でも十分な活性を示す．プライマーのアニーリング温度がこの範囲にあれば，図1Bに示したように，アニーリングと伸長反応を同じ温度で行えるため，2ステップのサーマルサイクルでPCRを行うことができる．このようなPCRを**2ステップPCR**または**シャトルPCR**とよぶ．このタイプのPCRを行えば，時間の短縮と酵素の失活を遅らせることができる．前述の伸長反応時間が長くかかるLA-PCRでは酵素の失活が問題になるので長めのプライマー（30〜35 bp）を設計し，シャトルPCRを行うことが秘訣である．特定の遺伝子の発現を多検体で解析しやすように，シャトルPCRを導入したリアルタイムRT-PCRキット（Perfect Real Time，タカラバイオ社）も市販されている．また，GC含量が70％以上のプライマー（少し長めがよい）を設計できれば，アニーリング温度を上げられるためシャトルPCRを行うことができる．全ゲノムDNAを増幅する場合にも適用されている[1)2)]．

④ その他の基本事項

　　反応液の蒸発は，上記のDNAポリメラーゼ，$MgCl_2$，プライマーの濃度の上昇をもたらし，反応特異性を低下させる．初期の装置では，ミネラルオイルを1滴加えることで防止していた．現在は，蒸発を防ぐ工夫がされているオイルフリーのサーマルサイクラーが主流になった（1章-2参照）．

　　また，抗体でDNAポリメラーゼとその他の反応液を分離し，最初の熱変性ステップまで

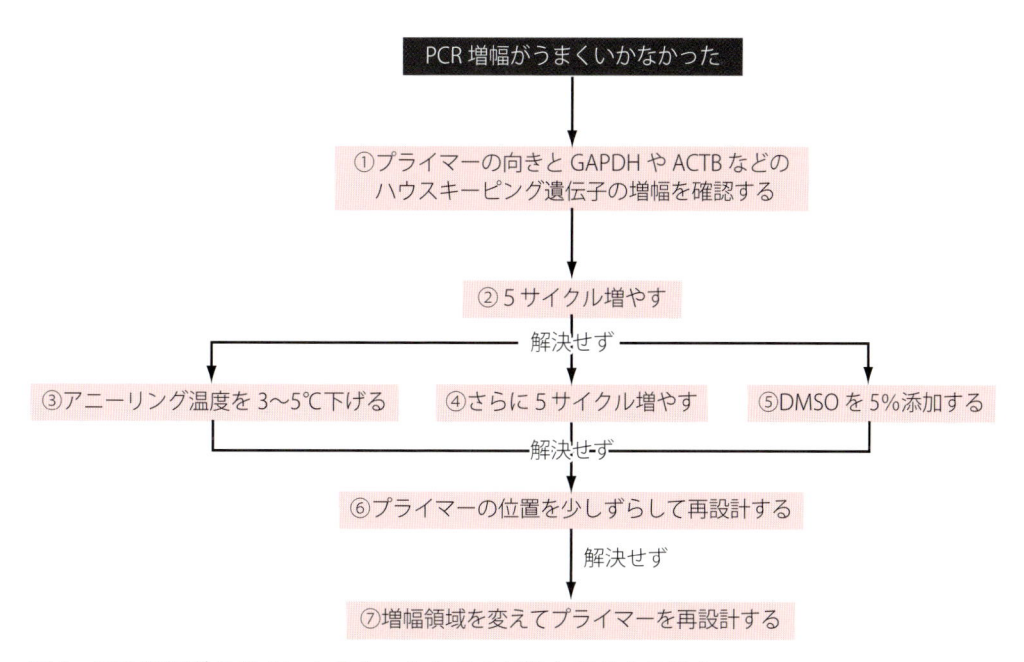

図3　PCR増幅がうまくいかなかったときの対処と考え方の基本

に非特異的なDNA合成が起こるのを防止する方法が普及している．これは，ホットスタートPCRとよばれ，目的のDNA配列のみを，より特異的に増幅することに役立つ（1章-5参照）．PCRは，感度の高い反応であるため，プライマー，PCR産物，鋳型のクロスコンタミネーションを避けるよう細心の注意をはらう必要がある．まめに分注するなどの，サンプル管理を徹底したい．

　最後に，PCR増幅がうまくいかなかったときの対処と考え方の基本を図3にフローチャートで示した．

　PCR増幅がうまくいかなかったときに確認する最初の項目は，設計したプライマーの向きと解糖系の酵素（GAPDH）や構造タンパク質（ACTB，β-actin）などのハウスキーピング遺伝子を用いた鋳型DNA/cDNAで増幅されるか確認することである．その後，サイクル数を増やしたり，5％DMSOを添加したり，アニーリング温度を下げても解決しないときは，増幅領域を大幅に変えることなくプライマーの位置を変えて再設計する．それでも解決しない場合は，増幅領域を完全に変えるか，短めにして再設計する．PCRの原理と特徴上，鋳型DNAの量を増やすことは通常しない．増幅領域やプライマー配列のGC含量の高さによる高アニーリング温度の設定やGCバッファーの使用などは個別対処である．最後に注意したいのは，プライマーの設計の最初のステップである公共ゲノムデータベースからダウンロードするリファレンス配列の取得に関するものである．遺伝子の名前は，正式名（Official Symbol）と別名（Other Aliases）があり，別名は複数の遺伝子に対応する場合がよくあるので，正式名で検索する．また正式名は更新されることも多いので，NCBIのEntrez Gene（http://www.ncbi.nlm.nih.gov/gene）で確認する．

参考文献

1) Aoyagi, K. et al.：Biochem. Biophys. Res. Commun., 300：915-920, 2003
2) Tanabe, C. et al.：Genes Chromosome Cancer, 38：168-176, 2003
3) 青柳一彦，佐々木博己：腫瘍をめぐるQ＆A「1個の細胞からPCRができる可能性について教えてください」，Surgery Frontier, 17, pp78-81, メディカルレビュー社, 2010

2章

目的遺伝子を増やす・伸ばす・単離する

1節　ゲノムPCR
2節　生体試料（コロニー，血液，細胞，組織）からのPCR
3節　RT-PCR
4節　微量検体からのPCR, RT-PCR

2章 目的遺伝子を増やす・伸ばす・単離する

1 ゲノムPCR

佐々木博己

> **特徴**
> - 短時間，低コスト，最も基本的なPCRの利用法．
> - 自ら調製または市販のゲノムDNAから目的のDNA断片を増幅する方法．
> - 増幅したDNAは，シークエンス解析や各種ベクターにサブ・クローニングするのが主な目的だが，ノーザンまたはサザンハイブリダイゼーションのプローブにもなる．

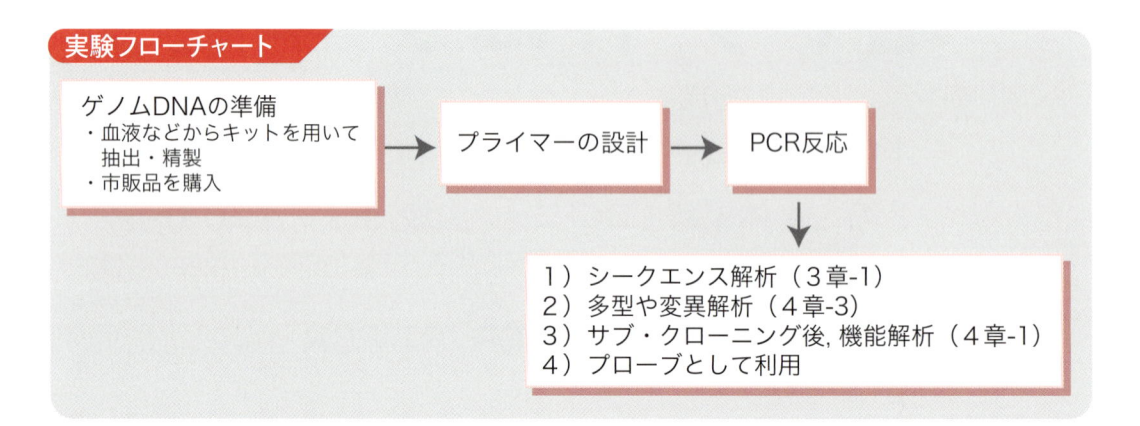

実験フローチャート

ゲノムDNAの準備
・血液などからキットを用いて抽出・精製
・市販品を購入
→ プライマーの設計 → PCR反応
↓
1）シークエンス解析（3章-1）
2）多型や変異解析（4章-3）
3）サブ・クローニング後，機能解析（4章-1）
4）プローブとして利用

① 実験の概略

　1980年代までは，ゲノムDNAから目的のDNA断片を得るためには，ゲノムDNAライブラリーをスクリーニングするという技術・時間を要する方法を行う必要があった．現在は，目的のDNA断片を本項で紹介する**ゲノムPCR法**により増幅する方法が一般的に行われるようになっている．増幅したDNAは，シークエンス解析（3章–1参照）や各種ベクターにサブ・クローニングする（4章–1参照）のが主な目的だが，ノーザンまたはサザンハイブリダイゼーションのプローブにもなる．具体的には，プロモーターやエンハンサーなどの転写調節領域や機能的ゲノム配列の同定や遺伝子ターゲティングベクターの作製にも必須である．ゲノム医学の分野では，遺伝子多型や変異部位の多検体解析（4章–3参照）で汎用されている．DNAのメチル化特異的PCRはゲノムPCR法の応用技術（3章–3で解説）である．

② 原　理

　ゲノムPCR法とは，ゲノムDNAを鋳型とする通常のPCR反応のことである．ヒトゲノム

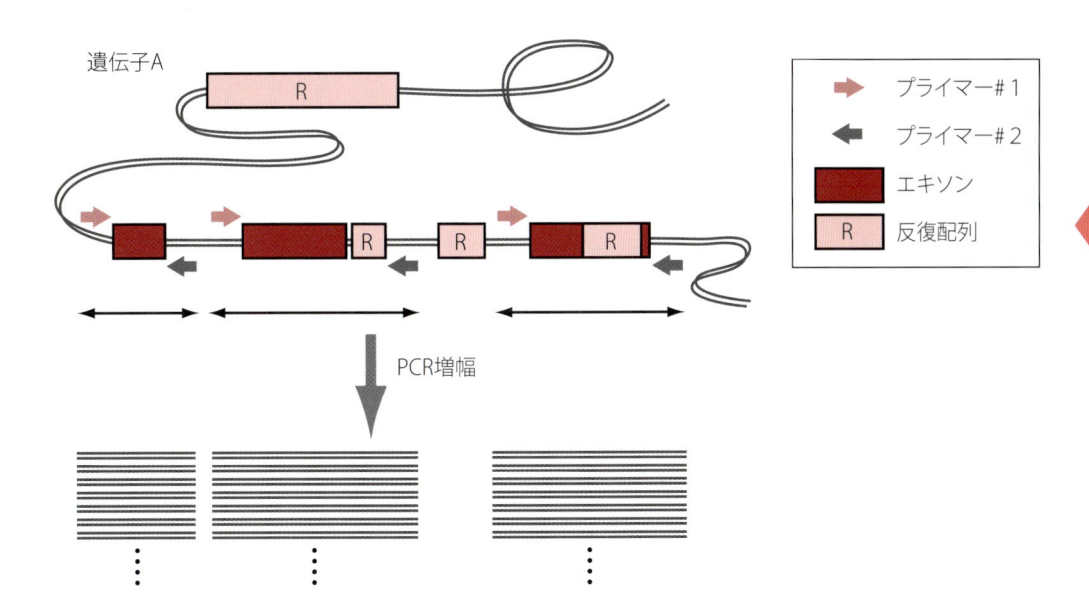

図1 ゲノムPCR法の原理
本図では，遺伝子のエキソン部分の増幅について示した．反復配列上にプライマーを設定していないことに注目していただきたい．

でいえば，そのサイズは**3×10^9塩基対**であるので，ある300塩基対のDNA断片を増幅するということは，$1/10^7$（$= 300/3 \times 10^9$），つまり**1千万分の1**のゲノム部分を取り出していることになる．

ゲノムPCR法で最も重要なことは，目的のDNA断片だけを，効率よく増幅することに尽きる．例えば，ヒトのゲノムDNAには，**Alu**，**LINE**など多くの反復配列（同じ場所に何度も繰り返しているだけではなく，さまざまな場所に散在して，ゲノム配列中に何度も繰り返し現れる配列）が存在する．よって，このような**反復配列内にPCRプライマーを設定しないよう細心の注意を払う必要がある**（図1）．その他，**遺伝子配列の相同性が高いファミリー遺伝子間では設計したプライマーが反応する可能性があるから注意する**．ゲノムPCRでは増幅が悪い（ない），複数のバンドが増幅されるなどの問題がしばしば生じる．われわれの経験では，プライマー配列，ゲノムDNAの質が最も大きく結果を左右する．よって，以下のことをまず中心に考えていくとよい．

プライマー配列は本当に至適なものであるか？解析対象となる配列の性質上，よいプライマー配列がとれない場合もあるが，そのなかでも最良のものを設定することが成功への近道である．増幅が芳しくない場合，まず，PCR条件を変えるよりも，プライマー配列の再確認が先決である（プライマー配列の設計については1章-4，-6参照）．

ゲノムDNAの質は大丈夫か？鋳型となるゲノムDNAの精製度が悪いと当然PCRで増幅しにくくなる．まずはゲノムDNAの質を確認するために，初めてゲノムPCRに用いるDNAでは，過去にPCR増幅に成功したプライマー，これまでの研究で頻繁に使われているプライマーで増幅できるか確認することが必要である．

鋳型の量については，通常は，10～100 ngのゲノムDNAを鋳型とする．種々の遺伝子

を増幅して，多型や変異を解析したい場合は，反応量を減らすなどで，1～10 ngで行う工夫が必要な場合もある．サブ・クローニングして，機能解析を行う場合は，逆に1 μgと多めに使いPCRサイクル数を減らし，取り込みエラーを低下させることもよく行われる．

　本項では，ヒトゲノムDNAに生じた多型や変異部位を調べる際に用いる標準的なプロトコールを紹介する．この方法で増幅されたPCR産物は，塩基配列の決定や遺伝子多型・変異の検出など（3章-1, 4章-3参照）に用いることができる．一方，実験材料として用いるため，ゲノムDNA断片をプラスミドベクターなどにサブ・クローニングする際（4章-1参照）には，**PCR反応の際に生じる人工的な塩基置換（取り込みエラー）をできるだけ避ける工夫が必要である**．前述のように，まず，PCR反応のサイクル数を減らすため，鋳型DNA量を1 μgに増やし，20～25サイクル程度で増幅する方法をすすめる．そして，サブ・クローニングされたDNA断片の**塩基配列を決定し，変異が生じていないことを確認する**ことが不可欠である（3章-1参照）．また，この目的のためには，1章-5に記したように，忠実度の高い耐熱性DNAポリメラーゼを用いることも重要である．ゲノムPCR法の全体的な参考として，文献5, 6も参照されたい．

準備するもの

● PCR試薬…耐熱性DNAポリメラーゼ，Mg^{2+}含有またはFreeバッファー，dNTP混合液がセットになっているもの
　PCR試薬については，プロモーターなどの調節領域をクローン化して，機能解析を行うことができる程度のグレードのものを選ぶことをすすめる．そのため，$3'→5'$エキソヌクレアーゼ活性（proof reading活性）をもつ，忠実度の高いDNAポリメラーゼを使う．
　例）TaKaRa Ex Taq（タカラバイオ社，#RR001Aまたは#RR01AM）（5 kb以上の長いDNA断片も増幅可能）

● ゲノムDNA（鋳型DNA）
　ゲノムDNAは，マウスなら組織から抽出するが，3T3細胞のようながん化していない培養細胞から抽出してもよい．ヒトの場合は，医学系の研究室や病理から正常組織を供与していただき，抽出する．ES細胞や正常線維芽細胞などの正常細胞から抽出してもよい．マウスやヒトの高分子ゲノムDNAは，メーカーからも入手できる（例：ヒト胎盤由来DNA #D4642，BALB/cマウス由来DNA #D4416，シグマ・アルドリッチ社；ヒトゲノムDNA #1691112，ロシュ・ダイアグノスティックス社）．他の生物種は，理化学研究所などのDNAバンクを利用して入手できる．

● 超純水
　例）MilliQ水をオートクレーブ滅菌したもの．

● TEバッファー…10 mM Tris-HCl（pH 7.5），1 mM EDTA

● サーマルサイクラー
　例）GeneAmp 9700, GeneAmp 9600（アプライドバイオシステムズ社），PCR Thermal Cycler SP（タカラバイオ社）（特にGeneAmp 9700は，使いやすく感じる）

● インターネットに接続可能なコンピュータ
　特に，自分でPCRプライマーを設計する際には必須となる．

プロトコール

ヒトゲノムDNAに生じた多型や変異部位を調べる際に，数百塩基対のDNA断片を増幅するのに用いる標準的なプロトコールを紹介する．

▶ 1) PCR プライマーの設計

ゲノムPCR法では，反復配列ではないシングルコピー配列[a]の中にPCRプライマーを設計することが必須である．そこで，ゲノム情報を活用し，より特異性の高いプライマーを作製する[b]．

❶ 反復配列部分のチェック

RepeatMasker[c]にアクセスし，増幅しようとするゲノム配列をRepeatMaskerプログラムで解析し，反復配列部分をチェックする[d]．

❷ プライマーペアの設計

反復配列でない箇所に，長さ18〜22 bp，Tm値が58〜62℃[e]のプライマーをペアで設計する[f]．

[a]「One Point」参照

[b] 論文などに記載されているプライマー配列を利用する場合，以降の❶〜❸は必要ない．また，遺伝子名がわかっている場合も，D12S1034など遺伝子座（locus）名のみがわかっている場合も，NCBI（http://www.ncbi.nlm.nih.gov/index.html）にアクセスし，プライマー配列を取得する．

[c] http://www.repeatmasker.org/

[d] 主な反復配列であるLINE，SINE（Alu），およびサテライト配列を見つけ出すRepeatMasker（Institute for Systems Biology）にアクセスし，画面左のRepeatMaskingをクリックする．次にSequenceボックスに調べたいゲノム配列（テキストでもワード形式でもよい）を入れ，Submitをクリックすれば結果が出る．結果のうちMasked fileを開くと図2に示したように反復配列がNNNNN…で表示される．調べたいゲノム配列は，NCBIのホームページからGeneを選択し，遺伝子名や座位名を入れ，画面下のRefSeqGeneからFASTAをクリックすると単純な配列情報が得られる．GenBankをクリックするとCDS（coding sequence）の位置がわかり，エキソンとイントロンの情報を得ることができる．これら2つの情報から自分が調べたい配列を取り出し，テキストまたはワードファイルにする．

[e] Tm値の計算については1章-4参照

[f] われわれは長さ20 bp，ACGTが適度に分散し，GもしくはCが11塩基，AもしくはTが9塩基のプライマー（Tm＝62℃）を理想とし，Primer3プログラム（1章-4参照）や目視により検索している．理想的な配列が見つからない場合は少し妥協し，長さ20 bp，GCが10塩基，ATが10塩基（Tm＝60℃），長さ19 bp，GCが11塩基，ATが8塩基（Tm＝60℃）などの条件で，設計していく．

ONE POINT　シングルコピー配列

ヒトゲノムDNAは約30億塩基対で構成されているが，ゲノム中に繰り返して存在する配列を**反復配列**という．一方，rRNAやtRNAのように数百〜数千繰り返して存在する遺伝子，機能も全体の構造も類似したファミリー遺伝子，機能やドメインが類似したスーパーファミリー遺伝子およびシングルコピー配列（タンパク質やmiRNAのような機能性small RNAをコードする遺伝子が含まれる）を**ユニーク配列**とよぶ．反復配列には，レトロトランスポゾン（逆転写反応で転移した配列）に由来するLINE（6 kbp以下の長鎖散在反復配列，ゲノム中21％）とSINE〔300 bp以下のAlu配列を主成分（ゲノム中13％）とした短鎖散在反復配列〕のような**分散型反復配**列と染色体の動原体にあるサテライトDNA，10〜100塩基の繰り返し単位からなるミニサテライトおよび数塩基の繰り返し単位からなるマイクロサテライトのような**単純反復配列**がある．ヒトのゲノムは，分散型反復配列が45％，単純反復配列が8％，ユニーク配列が47％で構成されている．既知遺伝子は約2万，予測遺伝子は約2千，さらに100アミノ酸以下のタンパク質遺伝子，シングルエキソン遺伝子，早く進化する遺伝子を加えて上限25,000遺伝子が存在すると予測されている．それでもタンパク質をコードする配列は全ゲノムの1.2％にすぎない．

```
・・・GGACTGTTACCGTGTGTCAAAGGCTTTGGAAATGTATATTTTACTGA
TGATGGTCATAGCACTTTGGAAAACTCAAAAGTGAAACGAAGAAAATAAA
TATCACCAAACTTTTTCCCAACCCCTCTCATCCTGCGGAAACCATTATAA
CTAATTTGGTNNNNNNNNNNNNNNNNNNNNNNNNNNNNNNNNNNNAACT
GTTTACTGTTTGGAATCTTGCTTTAAAAAACCTGACTTTATAATGCAAT
CATTTAACAGTCTATGAAATATTCTTCAGATACCTGATGATCCAGAATGT
AACTGTACCATAATTTAACACTTTATTGCTAGAATTTTATGCAGTTTTTG
ATTTCTTGCTACTACTTATCCATCTGTATTAATCTTTGTCAGAACCTTTC
TTTCCTTAGGATGATGCCTGAATATAAAATAGCTGAATGAAAGTGGATGG
GTTCATTTTAAAATACAAAATTGTTTTCTTGATGGTGAAGTGTTTAAGA
GGTGGATTAATCTCATTGGGCAACAAATAGAGAAGATATTAGTAGTTAGG
TATATGAGAATCAGAATTCAGATAATTTGTCTTAAAAATTCATATTCAAT
GTAAAATTTTATATTTAGAAAATGAAACTGTACCCATTGTTTATATAAC
TTAAACTGCCAAAATAAAGCACCACAAAAACTTTTTATCACGTTGGTTTT
TGTATCAGGCTGGGCTTTGCAGCAGATGGAGGAGCTAGGGNNNNNNNNNN
NNNNNNNNNNNNNNNNNNNNNNNNNNNNNNNNNNNNNNNNNNNNNNNNNN
NNNNNNNNNNNNNNNNNNNNNNNNNNNNNNNNNNNNNNNNNNNNNNNNNN
NNNNNNNNNNNNNNNNNNNNNNNNNNNNNNNNNNNNNNNNNNNNNNNNNN
NNNNNNNNNNNNNNNNNNNNNNNNNNNNNNNNNNNNNNNNNNNNNNNNNN
NNNNNNNNNGCCTACAGTGTTCTACTATGAAGTTTCAGTTTTAGTTCGGC
CTAGAATGTTTAGTACAGAAGGCAAGTGAGATTTTCTCTGTTTCTCCAA
GGACTTTTGAAAAAGTGTAAAAGCACTGGGCCCACTGTTGAACCTTGCTA
TAAAAAGTATTTTTGATACCATTTGTATCACTTTAGTAATAGGAGTTTTT
TCATATGTTGGGAAATGGTTTAGCTTAACTCTATCATGGTAGTTGATAG
TGATGAACTAACGTGGAATAATAGATCTGTAAACCATCATAGACGGTAAT
AGGCTATGTTGTTGCTACCTTAGGATCATAATGGACTTTCTAAAATT・・・
```

図2 RepeatMaskerで解析したCDKN2A/INK4A/p16遺伝子の配列の一部
主にLINEやSINE（Alu）反復配列がNNNNN…で表示される．RepeatMaskerでマスクされない反復配列や他のゲノム配列とホモロジーをもつ配列もあるので，増幅したい領域の両側の配列（プライマーを設計する部位）はblastnプログラムで調べる

❸設定したプライマーの特異性の確認[g]

❷で設計したプライマー配列をblastnプログラム[h]（databaseはnrを選択）で解析し，ゲノム中にプライマー配列と相同性の高い配列が存在しないことを確認する．存在する場合には，プライマー配列を少し前後にずらすなどして，なるべく特異性の高い配列を選択する[i]

❹プライマーの合成

ゲノムPCRに用いるプライマーは特に高い精製グレードを必要としないので，メーカーにオリゴヌクレオチド受託合成を依頼する．その際，精製グレードは脱塩または逆相カラムでよい（HPLC精製の必要なし）．PAGE（ポリアクリルアミドゲル電気泳動）による精製は，50〜200塩基の長い一本鎖DNA（2対合成し，アニーリングさせ，サブ・クローニングやゲルシフトアッセイなどに使用）を合成する場合には必要である

[g] RepeatMaskerプログラムで反復配列と定義されない配列でも，ゲノム中に複数コピー存在し，特異的なPCR増幅がみられないことがあるため，この手順を行う．

[h] http://www.ncbi.nlm.nih.gov/BLAST/

[i] 重要 特にプライマー配列の3′側は，PCR反応の特異性を決定する最も重要な部分である．よって，よい配列が選択できないような場合でも，少なくとも，3′側数塩基は特異性が高くなるよう工夫するとよい．

▶2）PCR反応

❶ゲノムDNAの抽出[j]
血液や非凍結手術組織は市販のDNA調製キットを用いてゲノムDNAを抽出・精製する（1章-3，付録①も参照）．凍結組織からのゲノムDNAの抽出・精製は1章-3で紹介した方法をすすめる．4℃で保存する．ゲノムPCRだけに使う場合は，一部を−20℃で保存してもよい．短いDNA断片を増幅することが多いPCRでは，凍結融解によるせん断の影響はほとんどない

❷ゲノムDNAの希釈
TEバッファーで10 ng/μLに希釈する[k]

❸ゲノムDNAをPCRチューブへ分注
8連チューブ，もしくは96穴プレートにゲノムDNAを1 μLずつ分注する[l][m]．分注後は，氷上に置いておく

❹PCR反応液の調製
われわれが行った経験上，最も再現性の高い20 μLスケールのPCRについて示す．

1.5 mLチューブに下記の溶液を上から順に加え，1,000 μLのピペッターでゆっくり出し入れし，反応液をよく混合する[n]

	1本分	例：反応液48本分（50本分調製）[o]
超純水	14.9 μL	745 μL
10×PCRバッファー（Mg^{2+}含有）	2.0 μL	100 μL
dNTP mix（各2.5 mM）	1.6 μL	80 μL
プライマー#1（100 pmol/μL）	0.2 μL	10 μL
プライマー#2（100 pmol/μL）	0.2 μL	10 μL
Taq DNAポリメラーゼ（5U/μL）	0.1 μL	5 μL
Total	19 μL	950 μL

[j] 調製の仕方はさまざまであるが，特に，全血液，手術組織からのDNAの調製は以下のキットがおすすめである．
全血液：QIAamp DNA blood Mini kit（キアゲン社，#51104）
手術組織：QIAamp DNA Mini kit（キアゲン社，#51304）

[k] 200 μLチューブに分注し，8連チューブ（96穴プレート）幅に配置できる箱に入れると整理しやすい．

[l] ネガティブコントロールとして，必ずゲノムDNAを含まないTEバッファーを加えたチューブをつくる．

[m] PCRチューブの底に確実に分注すること．確認を怠らないこと．うまく底に分注できなかった場合は，チューブを軽く遠心するとよい．Matrix社の電動ピペッター，IMPCT-12.5 μLは液切れがよく，少量DNAの分注には非常に使い勝手がよい．

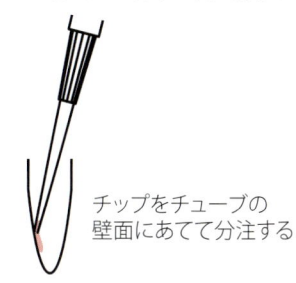

チップをチューブの壁面にあてて分注する

[n] 激しく混合すると酵素（Taq DNAポリメラーゼ）が失活する恐れがある．

[o] 目的の本数分よりも少し多めのPCR反応液を調製する．

❺ **PCR反応液の分注**

❸のゲノムDNAが1μL分注された8連チューブ，もしくは96穴プレートに，❹で調製したPCR反応液を19μLずつ分注する．20μLのピペッターでゆっくり出し入れし，ゲノムDNAと反応液をよく混合する．混合後は，氷上に置いておく

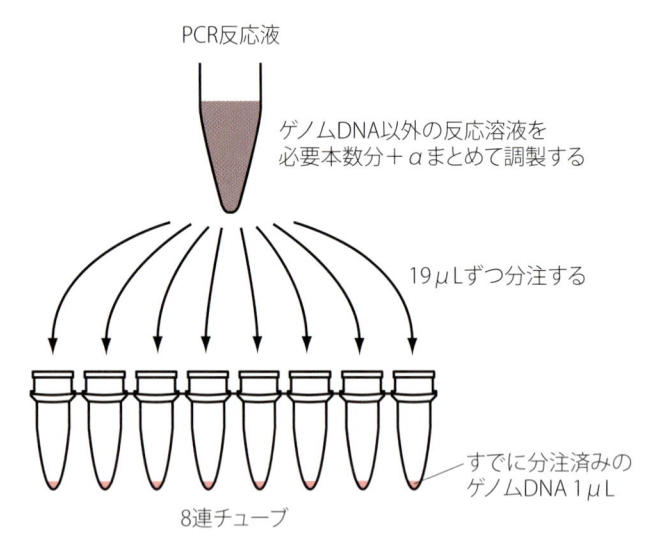

PCR反応液

ゲノムDNA以外の反応溶液を必要本数分+αまとめて調製する

19μLずつ分注する

すでに分注済みのゲノムDNA 1μL

8連チューブ

❻ **サーマルサイクラーのセット**

PCR条件を以下のように入力し，スタートさせる

＜PCR条件＞

熱変性	95℃ⓟ	5分	
↓			
熱変性	95℃ⓟ	1分 ⓠ	
アニーリング	55℃ (or 50, 60℃)	1分	30 (or 35) サイクル
伸長反応	72℃	1 (〜3) 分	
↓			
伸長反応	72℃	15分	
↓			
保存	4℃	∞	

サーマルサイクラー内の温度が95℃に達したら，8連チューブ，96穴プレートをセットするⓡ

❼ **PCR増幅の確認**

PCR産物の5〜10μLを用いてアガロースゲル電気泳動を行い，エチジウムブロマイド染色により可視化し，予想サイズのDNA断片が増幅していること，また，ネガティブコントロールのチューブからはDNA断片が増幅していないことを確認するⓢ

ⓟ 94〜96℃ならどの温度でもよい（1章-1，-6参照）．

ⓠ ゲノムDNAの場合，熱変性は1分ほどと長めにする．

ⓡ 標準的には，アニーリング温度55℃，伸長反応時間1.5分，サイクル数30を選択するとよい．増幅が悪いときには，サイクル数を増やす，アニーリング温度を変えるなど，条件を変えてみる．また，1kb以上の断片を増幅する際には伸長反応時間を2分（〜2kb），3分（〜3kb）に増加する．

ⓢ 数が多いときは，8連ピペッターでのサンプルのアプライに至適化された泳動層〔例：ワイド・サブマージ電気泳動層 AEP-850型（アトー社）〕を用いると効率がよい．

実験例

遺伝子プロモーター解析，遺伝子多型の検索，がん細胞における体細胞変異，染色体欠失の検出など，本方法は幅広く用いられている[1)～4)]．

一例として，50 ngの末梢血DNAを鋳型に50 μLで30サイクルのゲノムPCRを行い，ヒト*APC*遺伝子の全エキソンを増幅した結果を図3に示す．PCR産物10 μLを2％アガロースゲルで電気泳動し，エチジウムブロマイド染色をした写真で，そのサイズは0.2～1.5 kbpである．増えにくい配列（レーン12，c）や非特異的な増幅（レーン1，7，15-4，15-11，15-12，15-15，15-17，15-19）もみられる．

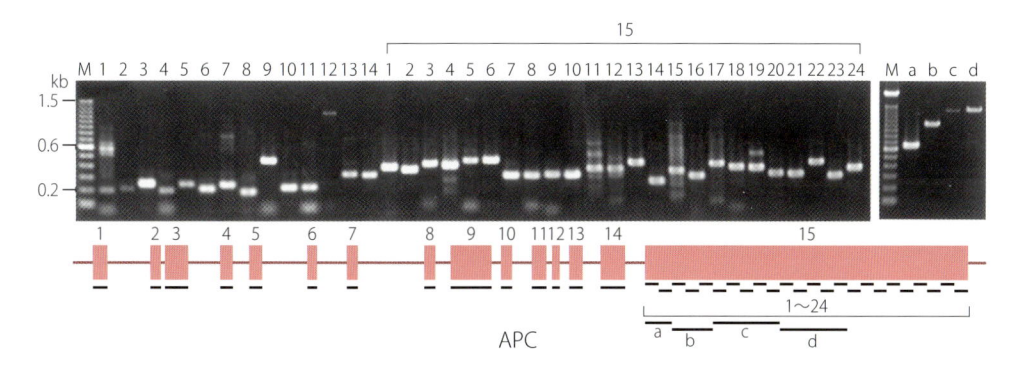

図3　ヒト*APC*遺伝子の全エキソンのゲノムPCR

ゲノムPCR トラブルシューティング

⚠ 増幅が悪い，もしくは複数のバンドが現れる

原因
❶プライマー配列の特異性が低い．
❷GC含量の高い配列など，PCR反応に適さない配列を増幅している．
❸ゲノムDNAの質が悪い，もしくは量が不適切．

原因の究明と対処法

❶プライマー配列を再確認する（悪ければ配列を変え，再合成する）．アニーリング温度を変えてみることも検討したい．例えば，増幅が悪ければ2℃ぐらいずつ下げてみる．複数のバンドが現れる場合は2～3℃上げてみる．特異性を高めるPCR試薬を利用するのも手である〔TaKaRa Ex Taq Hot Start Version（タカラバイオ社），AccuPrime system（インビトロジェン社）など〕

❷特殊PCR試薬の利用〔TaKaRa LA Taq with GC Buffer（タカラバイオ社）など〕やTm値を下げるのに一般的に使われるDMSOを反応液全体の5～10％になるように加える．

❸ゲノムDNAの質が原因のときは，0.5～0.7％アガロースゲルで電気泳動し，壊れているか直接調べるか，ポジティブコントロールプライマーを用いて通常のサイクルで増幅されるかチェックする．またゲノムDNAは粘性が高いので，ストック溶液が不均一な場合が多い．そのようなストックから分注された鋳型DNAの濃度は極端に薄くなり，PCR増幅できない．ゆっくりとマイクロピペットで吸って分注することは基本だが，それよりもPCR用のストックDNA溶液の濃度は100 ng/μL程度の薄いものにするのが鉄則である．

ONE POINT 汚染（contamination）にはご注意を

ゲノムDNAの入っていないネガティブコントロールのチューブからDNA断片が増幅するというトラブルが発生することがある．通常，一人の人が同じPCR反応実験を繰り返し行うことが多いため，得られたPCR産物がピペッターなどの実験器具に付着し，次のPCRの際に汚染（contamination）が生じることが原因である．鋳型DNA試料は慎重に扱っていても，PCR産物はしばしばラフに扱いがちになる．本文❷原理の項目で記したように，ゲノムPCR産物は鋳型ゲノムDNA中のDNA断片を1千万倍濃縮したものであるので，ごくごく微量の付着も大きな汚染を引き起こすことを肝に銘ずる必要がある．なお，このような汚染が生じてしまった際には，何が汚染したのか原因究明するよりも，すべてのPCR試薬を廃棄し，器具を浄化した方が賢明である．

参考文献

1）Saeki, N. et al.：Oncogene, 26：6488-6498, 2007
2）Nishioka, M. et al.：Oncogene, 19：6251-6260, 2000
3）Shinmura, K. et al.：Cancer Lett., 166：65-69, 2001
4）Kitagawa, Y. et al.：J. Biol. Chem., 277：46289-46297, 2002
5）『バイオ実験イラストレイテッド3＋ 本当にふえるPCR』（中山広樹/著），秀潤社，1996
6）『無敵のバイオテクニカルシリーズ：改訂PCR実験ノート』（谷口武利/編），羊土社，2005

2章 目的遺伝子を増やす・伸ばす・単離する

2 生体試料（コロニー，血液，細胞，組織）からのPCR

佐々木博己

特徴
- 短時間でできる．
- DNAやRNAの精製なしでPCRまたはRT-PCRが行える．
- コロニーやファージからのPCRではクローンのインサートDNAの確認，組換え体からのプローブの取得，cDNAライブラリーなどの平均鎖長の測定，およびヒト全遺伝子cDNAプローブのコレクションに利用可能．

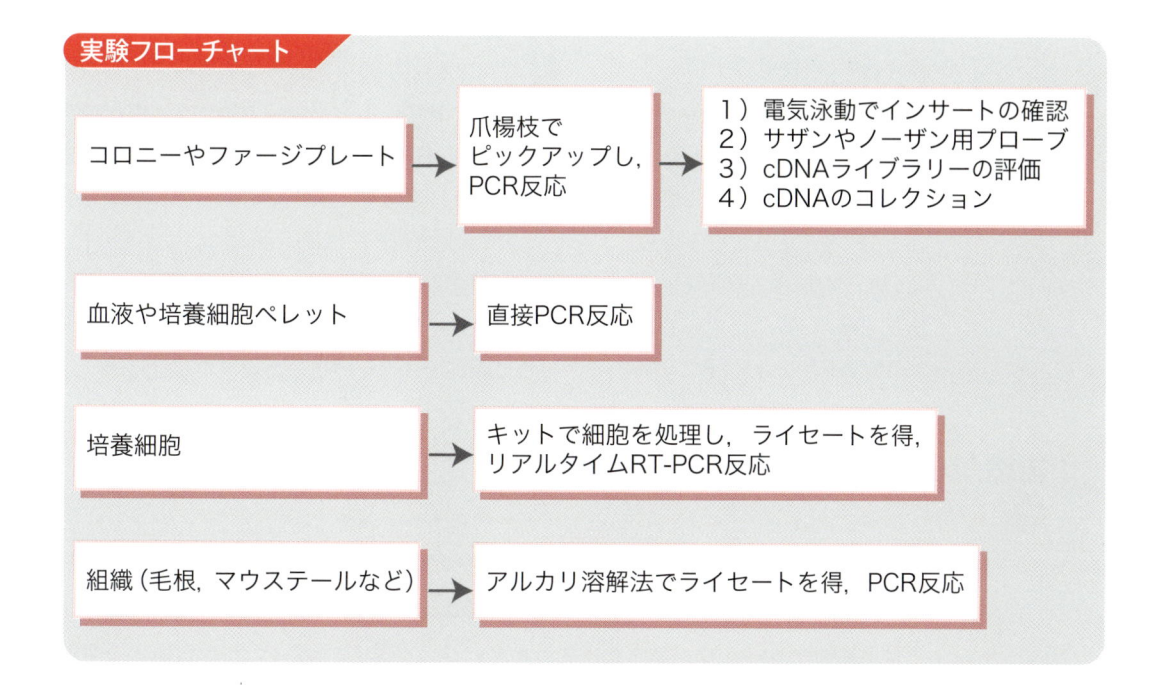

実験フローチャート

試料	処理	用途
コロニーやファージプレート	→ 爪楊枝でピックアップし，PCR反応	→ 1) 電気泳動でインサートの確認 2) サザンやノーザン用プローブ 3) cDNAライブラリーの評価 4) cDNAのコレクション
血液や培養細胞ペレット	→ 直接PCR反応	
培養細胞	→ キットで細胞を処理し，ライセートを得，リアルタイムRT-PCR反応	
組織（毛根，マウステールなど）	→ アルカリ溶解法でライセートを得，PCR反応	

❶ 実験の概略

1 コロニー，プラークからのPCR

大腸菌や酵母のコロニーからのプラスミドDNAやプラークからのファージDNAの精製（所要時間2日間）を行うことなく，爪楊枝でピックアップしてPCRするだけで，遺伝子組換え体のインサートDNAを増幅することができる方法である．1章-5で解説した校正機能をもつTaKaRa Ex TaqやLA Taq（タカラバイオ社），EXL DNA polymerase（東洋紡績）

などで十分に長いDNA（3～10 kb）を増幅できる．アガロースゲル電気泳動を行い，各組換え体（クローン）のインサートDNAの有無やサイズを確認できる．またサザンやノーザン用のプローブの取得，cDNAライブラリーなどの平均鎖長の測定，およびヒト全遺伝子cDNAプローブのコレクションに利用可能である．

2 血液からのPCR

遺伝子組換え生物（主にマウスやラット）の微量の血液を直接PCRすることで，発現ベクターや遺伝子ターゲットベクターがゲノムDNAに挿入されているかを確認することができる．また，ヒトの血液で遺伝子検査をする場合にも使える．血液から増幅する場合は，不純物の影響があるので，KOD FX（東洋紡績）のような増幅効率の高い酵素がよい．

3 細胞からのPCR

細胞ペレット（10^3～10^4個）を直接PCRすることで，遺伝子導入した培養細胞からインサートDNAを確認する方法である．血液の場合と同様に，KOD FX（東洋紡績）のような増幅効率の高い酵素がよい．一方，遺伝子（mRNA）発現データを示すには，リアルタイムRT-PCR（3章-2参照）が必須になっている．特に，培養細胞に遺伝子やsiRNAを導入し，強制発現させたり，遺伝子発現を抑制したりする実験または各種薬剤を添加する実験で，種々の遺伝子発現を定量する機会は多い．その場合，遺伝子発現の変動に関する濃度や時間依存性を調べることも必要となる．すなわち，相当多数のRT-PCRを同時に行う必要が出てくる．このような場合，細胞を回収し，RNAを精製することなく，適当な試薬で細胞を溶解した細胞ライセートから，直接リアルタイムRT-PCRを行うために，本項で紹介する方法が有効となる．各種キットも出ているので，場合に応じてうまく活用したい（本項③参照）．

4 組織からのPCR

非凍結組織（尾部や毛根）からアルカリ溶解法やキットで溶解液（ライセート）を得，その遠心上清を直接PCRすることによって発現ベクターや遺伝子ターゲットベクターがゲノムDNAに挿入されているかを確認することができる（本項③参照）．ただし，組織のライセートは不純物が多いので，RNA抽出を行わずにリアルタイムRT-PCRでmRNAの発現を調べることはおすすめできない．

② 原　理

生体試料（コロニー，血液，細胞，組織）からのPCRの原理は，まさに3ステップ連鎖反応の繰り返し反応であるための効率・感度のよさにある．すなわち大腸菌や動物細胞そのもの，細胞や組織の溶解液の上清（例えばパラフィン固定組織切片をプロテアーゼ処理しただけの上清），さらには粗精製DNAなど，**多少の不純物が混入していても，最初に95℃で5**

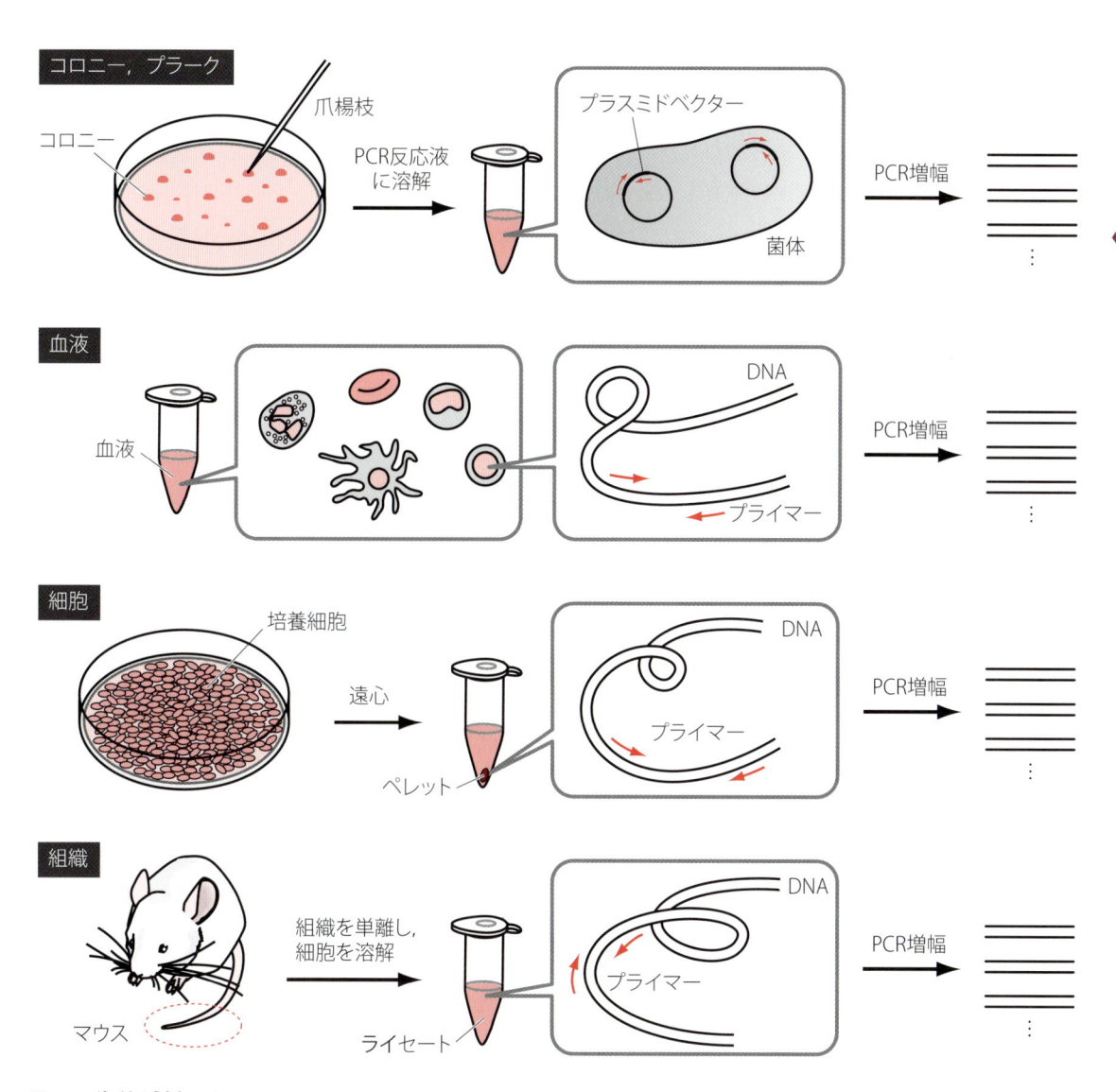

図1 生体試料からのPCRの原理

分ほど加熱するだけでDNAがPCR反応溶液に出てくるため，それを逃さず増幅できる点にある．つまり，反応阻害物質の混入の程度と鋳型DNAのダメージや量によっては，DNAの精製をせずに，PCRを行うことができることを意味する．これが生体試料からのPCRの原理である．

図1に示したように，**大腸菌のコロニーやプラーク**は，爪楊枝で触れてPCR反応液に入れれば，数kbまでの組換え体（プラスミド）のインサートDNAを増幅することができる．酵母の場合は，熱変性で細胞壁が十分に壊れないのでZymolyaseという酵素で処理を行ってからPCRを行うのが最もよい[1]．このように，精製したDNAを鋳型としない，いわば直接PCR法は，**動物の血液**（10 μLほど）や**培養細胞のペレット**（1,000細胞，10 ng DNA相当）にも適用できる．また**非凍結組織**（尾部の1 mm角ほどの筋組織や5本ほどの毛根など）では，アルカリ溶解法でライセートを得，その遠心上清をPCRに使用できる．

冒頭の①実験の概略で記載したように，培養細胞なら粗精製RNAからリアルタイムRT-PCRによる遺伝子発現解析が可能である．

本項では，基本的なコロニー／プラークPCRの実験を具体的に紹介し，次に血液，培養細胞，および組織（マウス尾部やヒト毛根）から行えるPCRのキット，さらに培養細胞ペレットからのリアルタイムRT-PCRキットを紹介する．

準備するもの

1) 試薬

- コロニーまたはプラークを形成させた大腸菌のプレート
- 校正機能をもつDNAポリメラーゼ
  TaKaRa Ex Taq（タカラバイオ社），KOD FX DNA polymerase（東洋紡績）など
- SM溶液
  5.8 g NaCl, 2 g $MgSO_4・7H_2O$, 50 mL 1 M Tris-HCl (pH 7.5), 5 mL 2% gelatinを1 Lの超純水に溶解, 50 mLずつに分けオートクレーブしてストックする．

【キット（プレミックスされた反応液）を使う場合】

- Insert Check-Ready-, Insert Check-Ready-Blue（東洋紡績）
  プライマーは，汎用性の高いM13プライマー（P7, P8），合成速度，増幅効率の高いKOD Dash DNA polymeraseを用いている．10 kbまでは増幅できる．後者のキットは，色素入りで，反応後すぐに電気泳動できる．
- One Shot Insert Check PCR Mix, Perfect Shot Insert Check PCR Mix（タカラバイオ社）
  プライマーは，汎用性の高いM13プライマー（M4, RV），上のキットと同様に，pUC, pBluescript, pT7Blue, pGEM, λZAPなどに使える．10 kbまでは増幅できる．後者のキットは，色素入りで，反応後すぐに電気泳動できる．

2) 装置

- サーマルサイクラー
  TaKaRa PCR Thermal Cycler Dice（タカラバイオ社），GeneAmp PCR System 9700（アプライドバイオシステムズ社）など

プロトコール

▶コロニー＆プラークPCR

【コロニーの場合】

❶爪楊枝またはチップの先をコロニーにつけ，100 μLの脱イオン水に懸濁する[a]

[a] 直接PCR反応液に，チップの先を懸濁してもPCRはうまくいく．ただし，ヌクレアーゼやプロテアーゼを不活性化するため，酵素は95℃，1分処理してからPCR反応液に加えることをすすめる．

【プラークの場合】

❶ チップでプラークを突き刺し，100 μLの脱イオン水またはSM溶液に懸濁し，1〜2時間放置する ⓑ

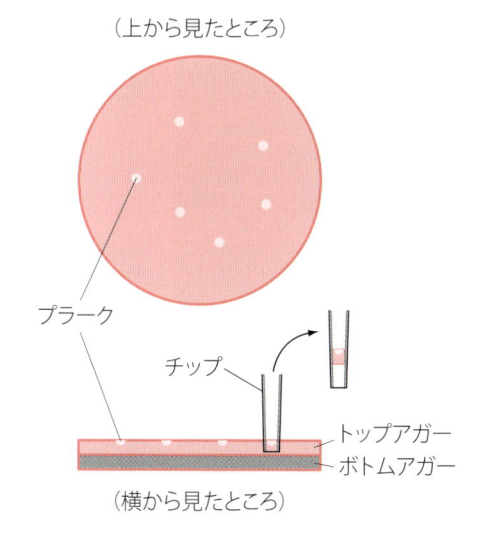

（上から見たところ）

プラーク
チップ
トップアガー
ボトムアガー
（横から見たところ）

ⓑ ファージ粒子を安定化するのにMg^{2+}イオンが必要で，SM溶液は4℃での保存液として使われている（−80℃で長期保存する場合はグリセロールを20〜50％となるように加える）．このステップでは，その日または前日につくった新鮮なプラークからファージ粒子を1〜2時間の放置で流出させるだけなので，脱イオン水で十分である．しかし，PCRには1 μLのみ使うので，残り99 μLのファージ液は保存可能である．そのため，筆者はSM溶液を使用している．

❷ 下記のような組成の溶液を調製する

コロニー，プラーク懸濁液	1 μL
10×PCRバッファー	5 μL
dNTP（400 μM）	8 μL
M13プライマー-P7（20 μM）	0.5 μL
M13プライマー-P8（20 μM）	0.5 μL
Ex Taq（5U/μL）	0.5 μL
超純水	34.5 μL
Total	50 μL ⓒ

❸ 下記の条件でPCR反応を行う

＜PCR条件＞

熱変性	95℃	1分
↓		
熱変性	95℃	20秒
アニーリング	55℃	20秒
伸長反応	72℃	20秒

20〜30サイクル ⓓ

↓		
伸長反応	72℃	10分
↓		
保存	4℃	∞

ⓒ 通常のPCR（ゲノムPCRやRT-PCR）では，プライマーや酵素の有効利用を考慮し，反応液の量は10〜25 μLと少なめで行うことが多い．コロニーやプラークPCRでは不純物やSM溶液（Mg^{2+}イオンなどを含む）の持ち込みを考慮し，50 μLと多めの量で行うことをすすめる．

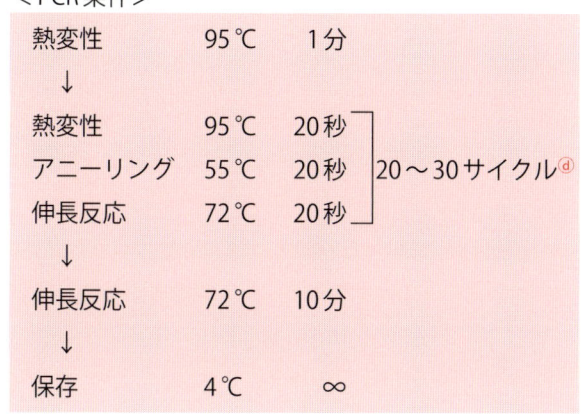

ⓓ 「準備するもの」の項目で紹介したキットは，増幅効率がよいため，反応時間を短くできる．例えば，増幅したいサイズが1 kbなら熱変性，アニーリング，伸長反応を，5秒，5秒，10秒としても問題ない．

❹ PCR溶液の5μLを使い，アガロースゲル電気泳動を行い，増幅の様子を確認する

図2にpBluescriptプラスミドにサブ・クローニングした多数のコロニーを一気にPCRした結果を示す

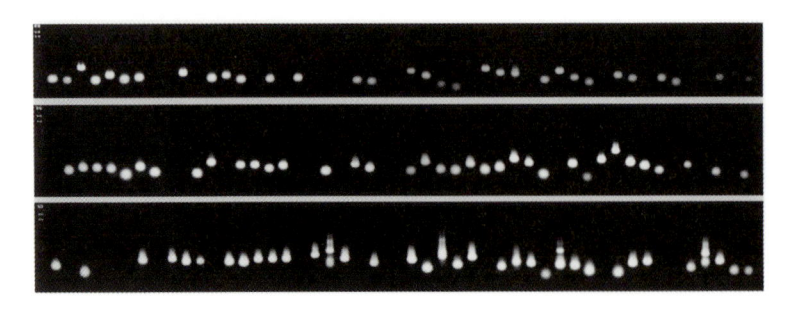

図2　コロニーPCRの泳動結果の例
まずクローン化したいDNA断片をpBluescriptプラスミドとライゲーションし，アンピシリン培地でコロニーを形成させた．次に，144個のコロニーを爪楊枝で軽く触れ，反応溶液に移し，20サイクルPCRを行った．反応液5μLを1.5％アガロースゲル電気泳動した．インサートDNAがエチジウムブロマイドで発色した組換え体の出現頻度は70％を超えていたので，以後PCRで確認することなく多検体のシークエンスを行えることがわかった

③ キットを用いた実験例

1 動物生体試料からのPCRとRT-PCR

● KOD FX DNA polymerase（東洋紡績）の利用

東洋紡績ライフサイエンス事業部で販売しているKOD FXは増幅効率が高く，生体試料の溶解液や細胞懸濁液からGC含量が高い配列でも増幅することができる．伸長性もよく，ゲノムDNAから20 kb以上，cDNAから13 kbの断片を増幅する実績をもつ．また，ホットスタートPCRの成績も良好で，特異性も高い．以上のような特徴から，DNAを精製することなく多くの生体試料の前処理のみでPCRを行うことができる．主な前処理を含む増幅実験例はホームページ（http://www.toyobo.co.jp/seihin/xr/lifescience/）で紹介されているが，血液，培養細胞，および組織（マウス尾部やヒト毛根）から行った方法が多くの読者に有用と思われるので，簡単にコメントしたい．

・血液

1〜4μLの血液をそのまま用い，50μLの反応液で8.5 kbのβ-globin遺伝子断片の増幅に成功している．

血液に関しては，Ampdirect（島津製作所）を加える方法が非常に有効である[2]．ヒト，マウスを問わず，新鮮血液，ヘパリン存在下での冷蔵・冷凍保存血，濾紙血や乾燥した血液でも使える．島津製作所のホームページ（http://www.an.shimadzu.co.jp/bio/reagents/amp/）では詳細な実験例などのデータ集のPDFを得ることもできる．

- 動物の培養細胞

    2×10^4 細胞を遠心し，$10\,\mu$Lほどの超純水に懸濁し，同様に$50\,\mu$Lの反応液で増幅に成功している．細胞数は，$10 \sim 10^4$で可能とされているが，筆者の経験では$10^3 \sim 10^4$個で行うのが妥当である．

- マウス尾部（マウステール）

    マウステール（筋組織が主）からのライセートの調製はアルカリ溶解法とプロテアーゼ処理法がある．後者は約3 mmの長さに切ったものを$500\,\mu$Lの溶解液〔100 mM Tris-HCl (pH8.5)，5 mM EDTA，200 mM NaCl，1 mM $CaCl_2$，0.2% SDS，100 μg/mL Proteinase K〕に56℃で一晩インキュベートする必要があるので，1時間程度で済む前者のアルカリ溶解法〔約3 mmの長さのテールを1.5 mLチューブに入れ，50 mM NaOHを$180\,\mu$L加え，ボルテックスでよく撹拌，95℃で10分処理し，1 M Tris-HCl (pH8.0) を$20\,\mu$L加え，また撹拌後，12,000 rpm（13,000 G），10分の遠心で上清$0.5 \sim 2\,\mu$Lを$50\,\mu$Lの反応系でPCRを行う〕をすすめる．

- 毛根

    このライセートもアルカリ溶解法でよい．毛を5本ほど抜き，根元の2 mmほどを1.5 mLチューブに入れ，50 mM NaOHを$18\,\mu$L加え，ボルテックスでよく撹拌，95℃で10分処理し，1 M Tris-HCl (pH8.0) を$2\,\mu$L加え，また撹拌後，12,000 rpm（13,000 G），10分の遠心で上清$2\,\mu$Lを$50\,\mu$Lの反応系でPCRを行う．

● **短時間でDNA粗抽出液（上清）を得る試薬**

SimplePrep reagent for DNA（タカラバイオ社）は，上記生体試料からPCRを行うためのDNA粗抽出液（上清）を調製する試薬である．PCRの酵素は，Ex Taq Hot Start VersionまたはPrimeSTAR GXL DNA Polymeraseが推奨されている．

2 細胞ライセートからの定量的リアルタイムRT-PCR

TaqMan Gene Expression Cells-to-CT Kit（アプライドバイオシステムズ社）やCellAmp Direct Prep Kit for RT-PCR（Real Time）& Protein Analysis（タカラバイオ社）などのキットが利用可能である．

リアルタイムPCRのもつ感度や特異性を保ったまま，培養細胞からのRNA抽出を省き，細胞ライセートからリアルタイムRT-PCRができる．詳細は各社ホームページから簡単に知ることができるが，主な特徴と注意点を以下に示す．

迅速：サンプル処理は7〜10分．
簡単：サンプル調製はDNase処理を含めて室温で，シングルチューブでも96穴の培養用プレート上でも処理できる．
性能：$10 \sim 10^5$細胞から遺伝子発現解析ができる．
注意点：筆者の経験では，転写因子のように少量で機能する遺伝子の発現解析には10^4細胞は使った方がよい．96穴プレートで培養，解析する場合は，細胞数をできるだけ一定にし，3点の実験データ（同じ反応を3穴で行う）をとる．できれば独立に3回実験を行いたい（3点3連）．

3 動物生体試料からのPCRとRT-PCR全体の注意点

血液や細胞ペレットからのゲノムPCRは，細胞数を間違えないかぎり失敗はない．毛根やマウステールのアルカリ溶解法がうまくいかないときは，付録①で紹介したDNA抽出キットを用いるのが無難である．培養細胞ライセートからのリアルタイムRT-PCRは薬剤のスクリーニングやタイムコースの実験などサンプル数が多いときには，ぜひとも実験条件（主に細胞数と細胞の状態）をコントロールし，再現性のあるデータをとりたいが，数十サンプル以上の多検体を扱う実験なら，再現性を高めるためにしっかりRNAを精製した方がよい．

生体試料（コロニー，血液，細胞，組織）からのPCR トラブルシューティング

⚠ 1 kb程度のDNAなのに，増えない

原因
① コロニー（もしくはプラーク）が古くなったものを使った．
② プライマーが壊れてしまった．
③ 伸長反応時間が適切でなかった．

原因の究明と対処法

① コロニーもプラークも37℃で2日間以上かけて形成させると宿主の大腸菌が死滅し，プロテアーゼやヌクレアーゼが出てきてDNAを分解することがある．4℃で保存した場合でも早めに行う（筆者の経験では1週間以上保存しないことをすすめる）．新鮮なコロニー，プラークをつくり直す．

② よく使うプライマーは4℃で保存しがちだが，しばしばキャップの内側に素手で触れると汗などからヌクレアーゼが混入して分解することがある．このような場合，プライマーを新たに合成し，−20℃で保存する．またプライマーは，すべてのサブ・クローニングに使えるベクタープライマー（M13プライマーなどベクター配列から設計したプライマー）がよい．アダプター付き（cDNA合成後，制限酵素サイトを外側にもつ二本鎖オリゴヌクレオチドをライゲーションし，ベクターに組み込むことが多い．このオリゴヌクレオチドをアダプターとよぶ）のcDNAが組み込まれていれば，ベクタープライマーと同様に1種類のアダプタープライマーで増幅できる．

③ 伸長反応時間は，通常20〜30秒で問題ないが，コロニーやプラークが古かった場合，40〜60秒に伸ばすことも必要である．また，増やしたいDNAがヘアピンループなどの分子内二次構造をとる場合は，DNAポリメラーゼが働きにくいことがあるので，このような場合は40〜60秒に伸ばすこととアニーリング温度を60℃前後に上げることも必要である．

⚠ PCR産物がスメアしたり，非特異的バンドが多い

原因
① コロニーの取りすぎ．
② サイクル数が多すぎる．

原因の究明と対処法

① プラークは決まった直径のチップやガラスピペットで取るのでサンプリングにばらつきは少ないが，大きなコロニーの場合，初心者ほどPCRで増幅できるか不安があるため，菌体を余計に取る傾向がある．これでは鋳型DNAが多すぎ，PCR産物がスメアしたり，非特異的バンドが多

くなる．根こそぎ取ったら不純物が多すぎPCR自体を阻害する．爪楊枝やチップで軽く触れる程度で，組換え大腸菌を移す．
❷コロニーやプラークPCRでは，20〜30サイクルで行うが，通常は20サイクルで十分である．新鮮なコロニーやプラークから得られる鋳型DNAのコピー数は非常に多いので，ゲノムPCRのように30サイクルを必要としない．

参考文献
1）小松原秀介，他：『PCR Tips』（真木寿治/編），pp102-108，秀潤社，1999
2）西村直行：『ここまでできるPCR最新活用マニュアル』（佐々木博己/編），pp47-54，羊土社，2003

2章 目的遺伝子を増やす・伸ばす・単離する

3 RT-PCR

青柳一彦

> **特徴**
> - 逆転写反応とPCRの2段階でRNAを二本鎖cDNAとして増幅する方法．
> - サンプル間で目的遺伝子のmRNA発現量を比較できる．
> - PCR産物の塩基配列を決定することにより目的の遺伝子の構造解析ができる．
> - mRNAの5′末端を構造解析することにより，遺伝子の転写開始点を同定できる．
> - PCR産物をプローブとして使用できる．

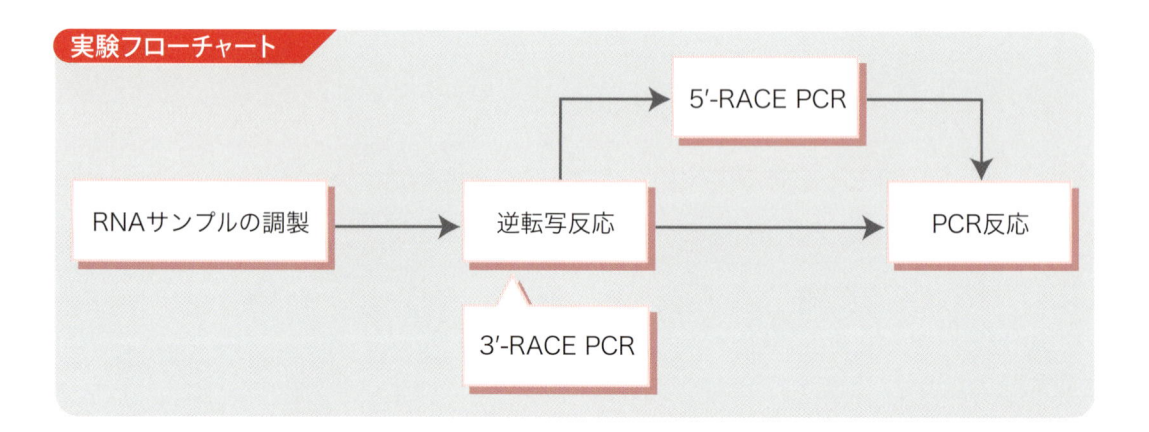

実験フローチャート

RNAサンプルの調製 → 逆転写反応 → PCR反応
逆転写反応 → 5′-RACE PCR → PCR反応
逆転写反応 ← 3′-RACE PCR

① 実験の概略

　RT-PCRとは，RNAを一本鎖cDNA（ss-cDNA：single strand cDNA）にした後，PCRによって目的遺伝子の特定の領域を二本鎖cDNA（ds-cDNA：double strand cDNA）として増幅する方法である（図1）．名前のごとくRT（reverse transcription：逆転写）とPCRの2ステップを要する．**1ステップ目でRNAを鋳型に逆転写酵素（reverse transcriptase）を用いてss-cDNAを合成し，2ステップ目で目的とする特定の遺伝子のプライマーセットと耐熱性DNAポリメラーゼを用いたPCRによって目的遺伝子をds-cDNAとして増幅する．**

　RT-PCR法には，逆転写反応とPCRを別々のチューブで行う2ステップRT-PCR法と，1チューブで逆転写反応とPCRの両方を行う1ステップRT-PCR法（1章-5参照）の2つがある．1ステップRT-PCRは作業効率がよく，コンタミネーションの可能性も低くなる．しかし，使用できる耐熱性DNAポリメラーゼの幅が広いことから，2ステップRT-PCR法が広く行われている．

　本項では主に2ステップRT-PCR法を逆転写反応とPCR法に分け解説する．また，特殊な

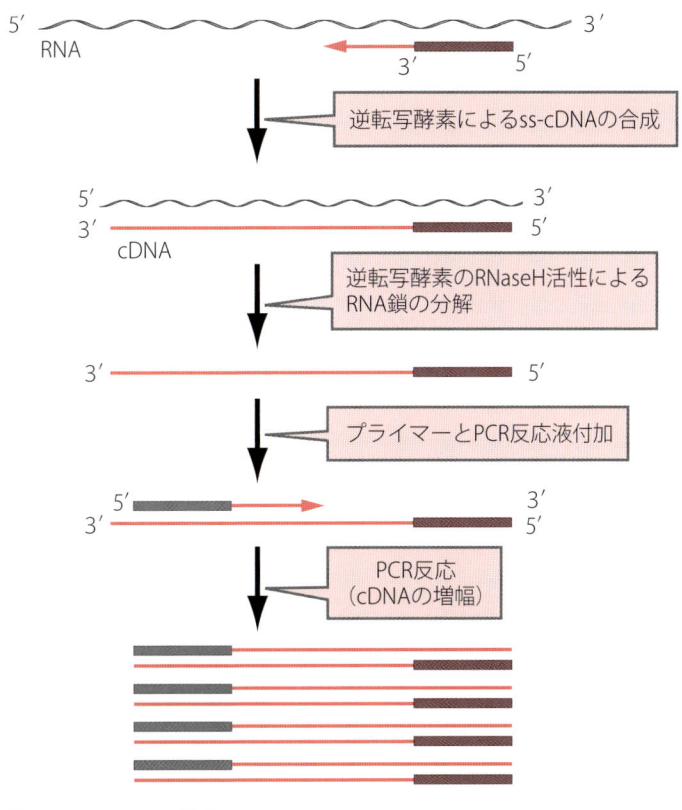

図1 RT-PCRの原理

RT-PCRとして，**5′-，3′-RACE（Rapid Amplification of cDNA end）PCR**とよばれる方法も紹介する．目的遺伝子のmRNAの5′, 3′末端を増幅する手法で，5′, 3′末端の構造解析ができ，それによってゲノムDNA上の遺伝子の転写開始点も同定できる．

❷ 原　理

1 逆転写反応による一本鎖cDNA合成

　逆転写反応とは，もともとレトロウイルス（一本鎖RNAウイルス）が自身のRNAゲノムを自らがもつ逆転写酵素によってDNAに置き換えて宿主細胞の染色体内に入り込む際に起こす反応である．感染した細胞は，恒久的にウイルスRNAを発現させるようになり，レトロウイルスが増殖する．この逆転写酵素を利用すれば，各種プライマーによりRNAを鋳型にしてss-cDNAを合成することができる．逆転写酵素については各社からいろいろと出されており，表1にまとめた．研究室ごとに主に使用しているものがあると思うが，使用する逆転写酵素によりss-cDNAの増幅効率や長さが異なる．高温耐性のあるものや，少量のRNAサンプルから効率よく合成できるものなどさまざまある．インビトロジェン社のSuperScript Ⅱがさまざまな実験に使用されることが多いが[1]，目的によって使い分けるのもよいだろう．

表1　いろいろな逆転写酵素

商品名	メーカー	RNaseH活性	特長（メーカー説明より抜粋）
AMV逆転写酵素（組換え型）	インビトロジェン社	有	42～60℃の高温で使用できる
M-MLV逆転写酵素	インビトロジェン社	有	mRNA 9.5 kbまでのcDNA合成が可能
SuperScript II	インビトロジェン社	無	50℃での反応が可能
SuperScript III	インビトロジェン社	無	50℃での半減期が220分，10 bから12 kbまでcDNAを合成可能
サーモスクリプト	インビトロジェン社	無	65℃という高温での反応が可能，AMVよりも約100倍感度が高い
Omniscript RT Kit	キアゲン社	有	感度が高く，反応あたり50 ng～2 μgの少量RNAを用いた逆転写反応で効率がよい
Sensiscript RT Kit	キアゲン社	有	感度が高く，反応あたり50 ng未満の微量RNAを用いた逆転写反応で効率がよい
PrimeScript II 1st strand cDNA Synthesis Kit	タカラバイオ社	無	42℃での反応が可能，アクセサリータンパク質によりプライマーミスマッチを抑えている
ReverTra Ace-α-	東洋紡績	無	M-MLV由来の逆転写酵素のRNaseH活性を欠失，伸長性・高温反応性・cDNA合成効率を向上
Transcriptor Reverse Transcriptase	ロシュ・ダイアグノスティックス社	無	65℃という高温での反応が可能，14 kbまでcDNAを合成可能
ImProm-II Reverse Transcriptase	プロメガ社	無	最大8.9 kbまでの鋳型RNAを逆転写可能，Cy3/Cy5などの標識されたヌクレオチドの取り込みに優れる
HIV Reverse Transcriptase	Ambion社（アプライドバイオシステムズ社）	有	HIVのRT（逆転写酵素）．M-MLV RTやAMV RTより高温で安定．50℃での反応が可能
First-Strand cDNA Synthesis Kit	GEヘルスケア社	有	鋳型とプライマーを加えるだけでcDNA合成可能なプレミックス
Ready-To-Go You-Prime First-Strand Beads	GEヘルスケア社	有	鋳型とプライマーを加えるだけでcDNA合成可能なプレミックス
Ready-To-Go T-Primed First-Strand Kit	GEヘルスケア社	有	Oligo（dT）プライマー入りプレミックス．鋳型を加えるだけでcDNA合成可能

　しかし，サンプル間での発現を比較する場合は逆転写に使用するキットを統一する．

　逆転写酵素には，AMV（Avian Myeloblastosis Virus）[2)3)]，M-MLV（Moloney Murine Leukemia Virus）[4)5)]，そしてHIV（Human Immunodeficiency Virus）[6)]由来のものがあり，AMVとM-MLV由来のものがよく使用される．**通常，RNaseH活性をもつが，この活性があると5 kbp以上の長いcDNA合成が困難になる**．なぜなら，RNaseH活性によりRNAとDNAの結合鎖のRNA鎖が分解されるので，逆転写反応の効率も落ちてしまうからである．また，ss-cDNAの収量も落ちることが知られている．M-MLV由来の逆転写酵素からRNaseH活性を欠失させた長距離合成用の酵素が各メーカーから販売されている．

　逆転写反応は，通常37℃で行うことが多いが，最近では，42～60℃という高温耐性をもつものが多数販売されており，高い温度で反応することによりRNAの二次構造を解消し，長い距離のcDNA合成ができる．遺伝子の全長をRT-PCRで増幅したい場合はおすすめであ

表2 逆転写反応に使用するプライマーの比較

	利点	欠点	適した用途
オリゴ（dT）プライマー	total RNA中のmRNAのみをss-cDNAにできるので，PCRにおいて非特異的な増幅が少ない．条件次第では，遺伝子の全長をss-cDNAに変換することも可能である． 合成されたcDNAの汎用性は高く，どの遺伝子にも使用できる．	mRNA中にGCリッチな配列など二次構造をとりやすい配列があると逆転写反応がそこで止まってしまい，5'末端までss-cDNA合成できないので，標的配列をPCR増幅できないときがある．	長鎖のRT-PCR，3'-RACE PCR
ランダムヘキサマープライマー	RNA中いたるところに結合するので，GCリッチな配列など二次構造をとりやすい配列があっても，標的配列をss-cDNA変換できる． 合成されたcDNAの汎用性は高く，どの遺伝子にも使用できる．	total RNAをサンプルにした場合，mRNAだけでなくリボソームRNAもss-cDNAに変換してしまうため効率が悪く，PCRのときに非特異的増幅が多くなる． 合成されるss-cDNAの平均鎖長は1〜2kb程度であり，長鎖のPCRには向かない．	二次構造をとりやすい配列をもつ遺伝子のRT-PCR，5'-RACE PCR
遺伝子特異的プライマー	total RNA中，目的のmRNAを主にss-cDNA変換ができる．	通常の逆転写反応の温度では非特異的な逆転写反応が起こり，期待するほど特異度を上げることが難しい． 合成したss-cDNAは目的の遺伝子のPCRにしか使用できず，汎用性が低い．	目的遺伝子に特化したRT-PCR，5'-RACE PCR

る．しかし，遺伝子発現をサンプル間で比較する場合，長距離をPCR増幅しないので，長い距離 ss-cDNA合成したからといって結果に反映されないこともある．遺伝子発現解析の場合は，感度がよく，少量のRNAでも効率よくss-cDNA合成ができる酵素の方がよい場合もある．使用するプライマーには次の3種類があり，それぞれに一長一短あり，以下に詳しく説明する（表2）．

● **オリゴ（dT）プライマー**

オリゴ（dT）プライマーを使う場合，mRNAの3'末端に特異的なpoly（A）配列に結合（アニーリング）し，逆転写酵素によりss-cDNAが合成される（図2A）．total RNA中の2〜5％がmRNAであるといわれている．mRNAには3'末端にアデニン（A）の連続配列があり，これをpoly（A）配列とよぶ．チミン（T）の連続配列をデザインしたオリゴ（dT）プライマーを用いれば，大量に存在するリボソームRNAは鋳型として含まれず，poly（A）配列の付いたmRNAを特異的にss-cDNAに変換できる．

オリゴ（dT）プライマーは，その5'末端にプラスミドベクターに組み込むときに用いるためのアダプター配列が付加されている場合が多く，**直接3'-RACE PCRにも用いることができる**利点がある．オリゴ（dT）プライマーのTの数は20前後のものが多く，PCR増幅するときのプライマーに比べてアニーリング温度が低いので，PCR反応液への多少の持ち込みがあったとしてもPCR反応に影響は少ない．高品質のものが各メーカーより提供されており，通常はこれを使用する．一方，標的配列が非常に長く上流にまで及ぶ場合や，poly（A）配列と標的配列の間にGCリッチ領域が多く存在する場合などは，標的配列までss-cDNAが合成されにくいという短所も有する．

● **ランダムヘキサマープライマー**

ランダムヘキサマープライマーの場合，合成された6塩基のプライマーがRNA上の相補的な配列にランダムにアニーリングし，逆転写酵素によりss-cDNAが合成される（図2B）．ラ

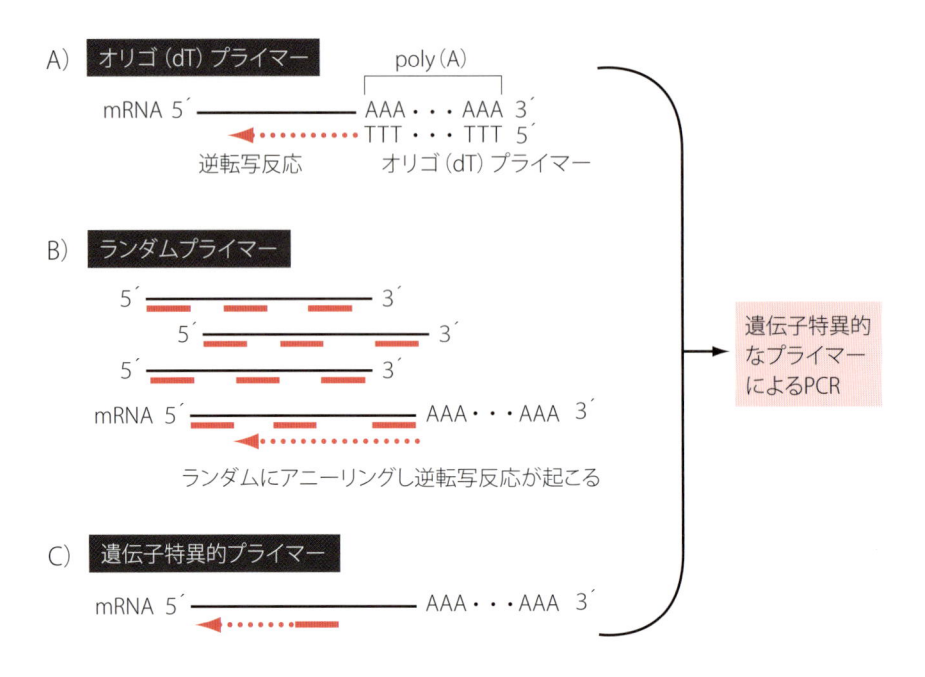

図2 逆転写反応に使用するプライマー

　ンダムヘキサマープライマーは，A，G，C，Tがランダムに6塩基つながったプライマーのミックスであり，RNAのいたるところに結合して，ss-cDNAを合成できる．よって，**オリゴ(dT)プライマーでは得にくい比較的5′末端上流の配列まで合成が可能である**．また，6塩基と短いことからPCR用のプライマーよりアニーリング温度が低く，PCR反応液への多少の持ち込みがあっても，PCR反応に影響が少ない．高品質のものが各メーカーより提供されており，通常はこれを使用する．cRNAからでもss-cDNAの合成が可能である．cRNAとは，total RNA中のmRNAを一度3′末端にT7 promoterの配列が付加されたds-cDNAに変換し，ここからT7 RNA polymeraseを反応させることによりmRNAの3′末端2〜3 kbほどを増幅したものであり，微量なRNAサンプルで何度もRT-PCRを行いたいときに利用される（2章-4参照）．total RNAからもss-cDNAの合成が可能であるが，リボソームRNAも鋳型に含まれてしまうため目的とする遺伝子のcDNAの割合は低くなる．また，プライマーの濃度により合成されるss-cDNAの長さが異なってくるので，十分な注意が必要となる．濃度が濃い（終濃度0.2 μg/μL程度）と同一RNAの近隣にプライマーが多数結合するので互いに干渉し合い，短いss-cDNAが合成される．逆に濃度が薄い（終濃度1 ng/μL程度）と，ss-cDNA全体の平均鎖長が長くなるが，発現量の少ない遺伝子が欠落する．

● 遺伝子特異的プライマー

　遺伝子特異的プライマーの場合，目的とする遺伝子のmRNA上にアニーリングし，逆転写酵素によりss-cDNAが合成される（図2C）．目的とする遺伝子に特徴的な相補鎖配列をプライマーとしてss-cDNAを合成する．出来上がったss-cDNAは1つの遺伝子専用にしか使えないので，汎用性に乏しい．また，一見，目的とする遺伝子に特異的なss-cDNAが効率よく合成されるように見えるが，通常37〜42℃で逆転写反応を行うため非特異的アニーリン

グも意外に多く，第2ステップのPCRで多くの非特異的ds-cDNAが増幅されてしまうことが多々ある．通常の2ステップのRT-PCRの第1ステップである逆転写反応のプライマーとしてはあまり活用されない．しかし，1ステップRT-PCRや，5′-RACE PCRに使用すると効果がある場合がある．オリゴ（dT）プライマーやランダムヘキサマープライマーとは異なり，自分で設計しなくてはならず，うまく機能するか否か検討する必要がある．

2 PCRによる二本鎖cDNA合成

どの逆転写反応用のプライマーを使用するか決めたら，続いて，目的とする遺伝子のmRNAの配列をもとにPCRで増幅したい領域（ds-cDNAを合成したい領域）を挟んで5′上流と3′下流にそれぞれプライマーを設計する．第1段階でss-cDNAを加熱して鎖を解離，つまり伸びきった状態にさせる．第2段階でss-cDNAとプライマーを結合させる．第3段階で耐熱性DNAポリメラーゼとdNTPにより，目的遺伝子の塩基配列をもつds-cDNAが増幅される（図1参照）．

● プライマーの設計

PCRの成否はプライマーによって左右される（1章–4参照）．既知の遺伝子に関しては，論文などを検索し，目的とする遺伝子の増幅が証明されているプライマーセットを用いることも1つの手段であり確実な方法である．自分で設計する場合は，自分なりの一定条件をもって設計すると，後のアニーリング温度などの設定も一定となり，実験をスムーズに進めることができる．

プライマー設計に際しては，**プライマーの設計位置，デザイン（塩基配列と長さ），プライマー間の距離**が注意すべきポイントになる．まず，プライマーの設計位置であるが，基本的にタンパク質に翻訳される部分であるORF（open reading frame）内に設計すれば，目的としない遺伝子と相同性が低い特異的なプライマーが設計できる．しかし，逆転写の方法により合成されるss-cDNAの領域や鎖長が異なるので，逆転写に利用したプライマーも考慮してPCR用プライマーの位置を設定しなければならない．例えば，オリゴ（dT）プライマーで逆転写したss-cDNAは，mRNAの3′末端側が主になり，長い遺伝子の5′領域のPCR増幅効率が悪いので注意されたい．次にデザインであるが，GC含量が高いほどアニーリング温度が高くなり，非特異的反応の割合も高くなるため，プライマー設計に際してはGCとAT比が等しい方が効率がよい．そのためわれわれの研究室では，20塩基前後の鎖長でGC含量が40～60％程度になるよう設定している．また，以下の点に注意してデザインするとプライマーダイマーや増幅効率の低下，非特異的結合が避けられる（1章–4も参照）．

A）3′末端で3塩基以上の結合の可能性があるプライマーセットは避ける．
B）反復配列は避ける．
C）3′末端はアニーリングしやすいようにGC含量を多くする．

最後にプライマー間の距離については，発現量の比較をする場合，長距離を増幅しない方がよい．長すぎると二次構造の影響が出てくるためである．また，逆転写により合成・増幅されるss-cDNAの平均鎖長を考慮すると1 kb以上は増幅効率が下がる．可能であれば200～400 bp間で設定すれば効率よく増幅できる．

●**温度条件の設定**

アニーリング温度はプライマーに次いでPCRの成否を左右する因子である（1章-6参照）．アニーリング温度はプライマーの長さと，GCとATの比によって決定される．核酸の二本鎖間の結合は水素結合の数に左右され，GC間が3本に対してAT間は2本である．そのためGC含量が高いほど二本鎖間の結合力が強い，つまりTm（melting temperature）が高くなる．Tmの計算式にはいろいろあるが，プライマーの場合，4×GCの塩基数＋2×ATの塩基数が一般的であるが（1章-4参照），40＋2×GC塩基数という簡単な計算式もある．また，熱変性と伸長反応の温度と時間が問題となることはほとんどないため，特別なことがない限り一定に設定している．最近では，プライマー設計受託業者が各プライマーに応じたアニーリング温度を計算してくれるため，自分で計算する機会は減少した．サイクル数に関しては25～30サイクルで試みるのが妥当であろう．

3 5′-，3′-RACE PCR

通常のRT-PCRでは，mRNAの5′，3′末端は一方のプライマーの設計ができないので，そのままでは増幅ができない．そこで，5′-，3′-RACE PCRという特殊なPCRを行う．**図3A**に5′-RACE PCRの手順を示す．まず，ランダムプライマー，あるいは，遺伝子特異的プライマーでss-cDNA合成を行う．次に，ss-cDNAをRNAリガーゼで環状化，またはコンカテマー形成させる．コンカテマーとは，同一の単位が連結した構造体を意味し，この場合，同一のcDNA断片が連結した状態のことをいう．そして最後に，5′末端領域を挟むようにしてPCRを行う．

図3Bに3′-RACE PCRの手順を示す．作業自体はオリゴ（dT）プライマーを用いた通常のRT-PCRと同じである．まず，オリゴ（dT）プライマーの5′末端に特異的な塩基配列をデザインしておき，これを用いてss-cDNAを合成する．ss-cDNAの5′末端にはこの特異的な配列が付加された状態になる（相補配列なので，mRNAとしては3′末端領域となる）．そこで，この特異的な配列に結合できるプライマーと目的遺伝子特異的なプライマーでPCRを行う．

以降では，実際のRT-PCRのプロトコールと5′-RACE PCR用の鋳型の調製方法について紹介する．

準備するもの

1）RNAサンプル（鋳型RNA）

とにかく品質のよいRNAを精製することが大切である（調製法については1章-3参照）．total RNA，mRNA，または後述する増幅したcRNAも鋳型として使用できる．cRNAの場合はpoly（A）配列がないので，オリゴ（dT）プライマーは使用できないので注意してもらいたい．

2）RT-PCRキット

● SuperScript First-Strand Synthesis System for RT-PCR…インビトロジェン社，#11904-018[1]）を使用した場合を本項では紹介する．

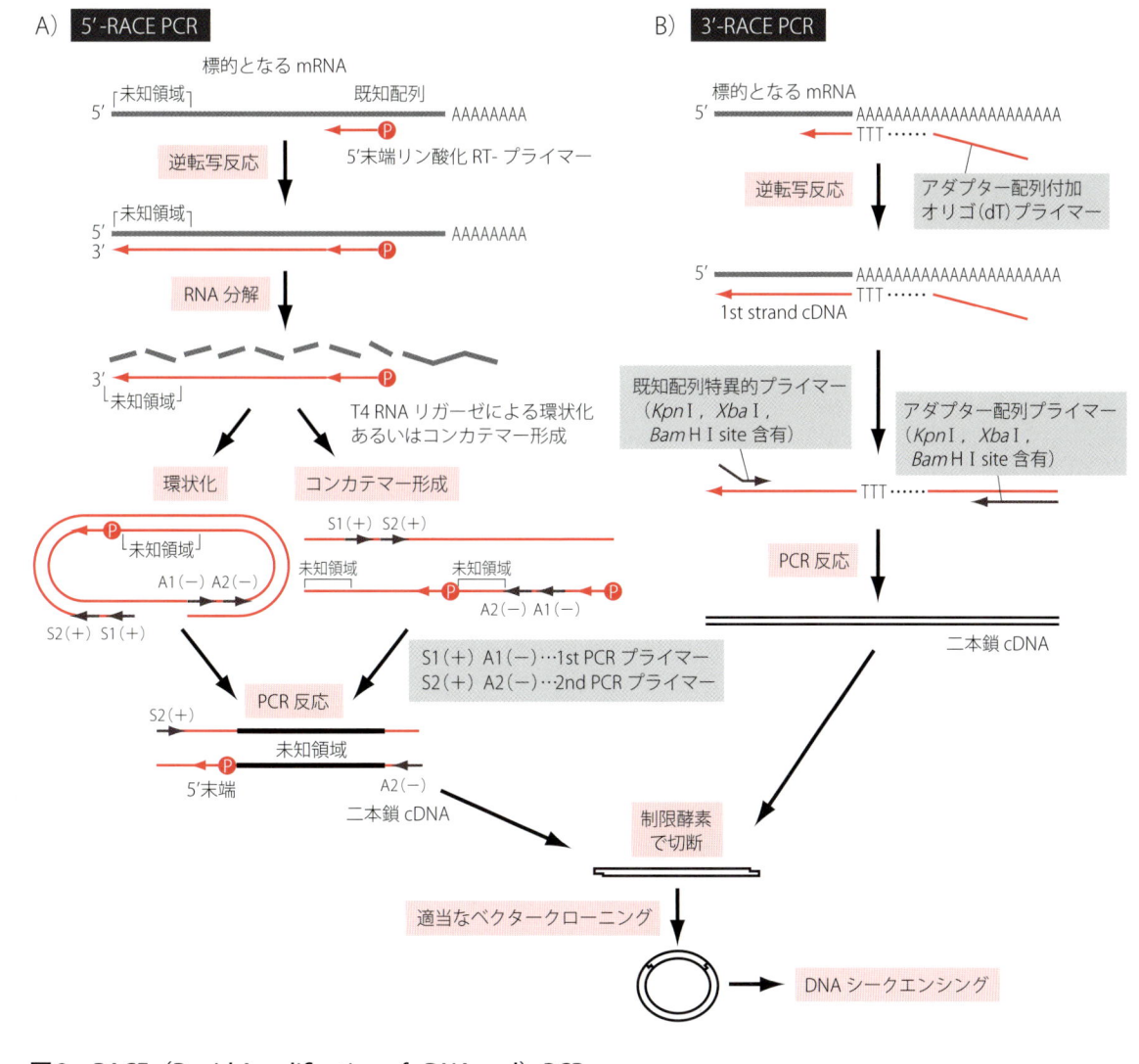

図3 RACE（Rapid Amplification of cDNA end）PCR

3）プライマー
- 逆転写反応用オリゴ（dT）プライマーまたはランダムヘキサマープライマー
  RT-PCRキットに付加されているものを使用する．
- 遺伝子特異的 forward & reverse プライマー
  各メーカーの受託サービスを利用して合成する．

4）5′-，3′-RACE PCR キット
- 5′-Full RACE Core Set …タカラバイオ社，#6122 など
- 3′-Full RACE Core Set …タカラバイオ社，#6121 など
  3′-RACE PCR は，RTのプライマーを変えるだけで行えるが，キットとしても販売されている[7]

5）装置
- ヒートブロック
- サーマルサイクラー（1章-2参照）

プロトコール

▶逆転写反応（3'-RACE PCRのためのテンプレート調製を含む）

ここでは，インビトロジェン社のSuperScript First-Strand Synthesis System for RT-PCRを使用した場合について説明する[1]．

❶下記反応液を調製する

サンプルRNA溶液[a]	x μL
プライマー（濃度はプライマーの種類による）[b][c][d]	1～5 μL
10 mM dNTP	1 μL
Total	10 μL

[a] この反応系で推奨されているスタートサンプルはtotal RNAで1～5 μg, mRNAやcRNAで50～500 ngである．発現量の低い遺伝子ほどたくさんのRNAが必要になるが，われわれの研究室では，できるだけ多いRNAサンプルからss-cDNAを合成し，分割して使用している．

[b] オリゴ（dT）プライマーや，遺伝子特異的プライマーの場合は，濃度0.5 μg/μLのものを1 μL, ランダムヘキサマープライマーの場合は50 ng/μLのものを1 μLでよい．

[c] ランダムヘキサマープライマーの場合，効率が悪いときは5 μLまで増やすことができる．ただし，短いss-cDNAとなってしまうので，長距離のPCRには向かない．

[d] 3'-RACE PCRを行う場合は，オリゴ（dT）プライマーの5'末端に特異的な塩基配列をデザインしたものを使用する．

❷65℃で10分間保温してRNAを変性させる．その後，氷上で2分以上置く

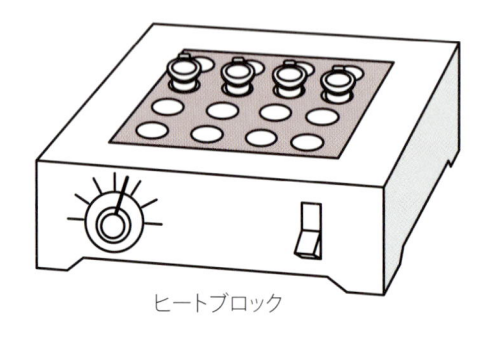

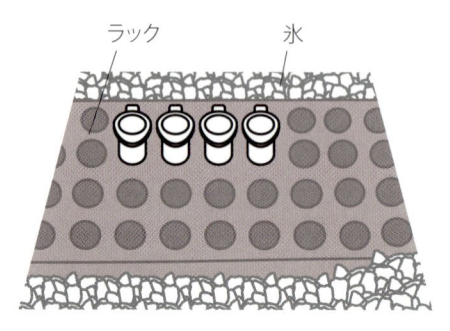

ヒートブロック

ラック　氷

❸下記を加えた後，プライマーをアニーリングさせるため，37℃で2分間保温する

5×RT buffer	4 μL
0.1M DTT[e]	2 μL
RNase inhibitor（40 U/μL）	1 μL

[e] DTTは還元剤であり，酵素が酸化により失活するのを防ぐ．RNase inhibitorや逆転写酵素の活性維持のために加えられる．

❹ SuperScript II RT（逆転写酵素）を 1 μL 加え，37 ℃で 1 時間保温する

❺ RNase H を 1 μL 加え，37 ℃で 20 分間保温し⒡，RNA と cDNA を解離させるため 95 ℃で 2 分間保温する．その後，氷上で冷やす．この ss-cDNA 反応液は－ 20 ℃以下で保存可能である

▶ PCR による増幅

❻ 下記反応液を調製する

ss-cDNA 反応液⒢⒣	～5 μL
10×PCR バッファー⒤	5 μL
dNTP mix	4 μL
プライマー forward	1 μL
プライマー reverse	1 μL
Taq DNA ポリメラーゼ	1 μL
超純水　38 －（ss-cDNA の量）μL	
Total	50 μL

❼ サーマルサイクラーで以下の反応を実行する

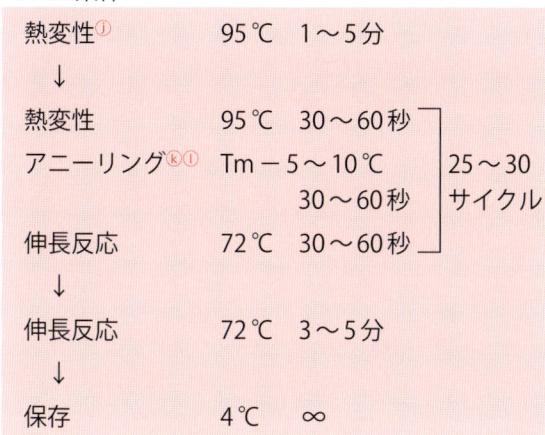

＜PCR 条件＞

熱変性⒥	95 ℃	1～5 分	
↓			
熱変性	95 ℃	30～60 秒	
アニーリング⒦⒧	Tm － 5～10 ℃ 30～60 秒		25～30 サイクル
伸長反応	72 ℃	30～60 秒	
↓			
伸長反応	72 ℃	3～5 分	
↓			
保存	4 ℃	∞	

⒡ RNaseH は RNA と DNA の結合鎖に働いて RNA を分解する活性をもっており，この操作により，鋳型 RNA を分解して ss-cDNA とする．

⒢ ss-cDNA の量は目的の遺伝子の発現量にもよるし，PCR 後はハウスキーピング遺伝子の発現量をコントロールに比較することになるのだが，比較したいサンプル間でも同量の RNA となるようにした方がよい．われわれの研究室では，元の total RNA の量に直して 0.1～1 μg 分，mRNA や cRNA の場合は 5～50 ng 分使用している．

⒣ ss-cDNA 溶液の液量は，PCR 反応溶液の 1/10 以下に抑える．プライマーの濃度は 100 pmol/μL に調製し 0.5～1 μL 使用している．設計したプライマーセットは，mRNA 上 5′末端側を forward プライマー，3′末端側を reverse プライマーとよぶ．forward プライマーは mRNA と同じ順配列になっており，reverse プライマーは mRNA と相補的な逆配列となっている．

⒤ 至適 Mg^{2+} 濃度は鋳型 DNA とプライマーによって決定されるが，通常付加されてくるバッファーは 20 mM 前後である（終濃度 2 mM）．cDNA 合成の材料となる dNTP の濃度が低い方が精度正しく増幅されるが，Mg^{2+} 濃度が上がると dNTP の至適濃度が下がり，また，二本鎖 DNA の安定度が高まる．増幅効率を上げるため Mg^{2+} 濃度を高くする場合もあるが，非特異的な増幅が増え，増幅される配列が変化してしまう傾向がある．われわれの研究室では，高温のアニーリング温度で PCR を行う際，終濃度 3 mM まで上げて行っている．

⒥ はじめの熱変性は，ゲノム DNA のような長い配列であっても 3 分程度で十分である．

⒦ 多くの遺伝子の発現を確認するときはプライマーのアニーリング条件を一定にすることにより，実験工程をスムーズに行うことができる．

⒧ アニーリング温度とサイクル数は，2～3 刻みで調整する．

▶ 5′-RACE PCR のためのテンプレート調製

　　　　3′-RACE PCR は，オリゴ（dT）プライマーを用いた通常の RT-PCR の手法に準ずるので割愛する．ここでは，RT 後の ss-cDNA をどのように加工すれば，5′-RACE PCR ができるのか，その方法を説明する．以下，タカラバイオ社の 5′-Full RACE Core Set を用いた手順を示す[7]．

❶下記反応液を調製する

mRNA or total RNA（0.5〜5 μg）	x μL ⓜ
10 × RT Buffer	1.5 μL
RNase inhibitor（40 U/μL）	0.5 μL
AMV Reverse Transcriptase XL（5 U/μL）	1 μL
5'末端リン酸化RT-プライマー（200 pmol/μL）ⓝ	1 μL
超純水	11 − x μL
Total	15 μL

ⓜ mRNAなら0.5 μg，total RNAなら5 μgに至適化されている実験系である．

ⓝ 5'末端がリン酸基修飾されている逆転写用のプライマーであり，これにより合成されたss-cDNAの5'末端にもリン酸基が付加された状態になる．後のコンカテマー形成の際，ss-cDNAとss-cDNAの結合は，一方のss-cDNAの5'末端ともう一方のss-cDNAの3'末端が結合するわけだが，その際，5'末端にリン酸基がなければ成立しない．

❷サーマルサイクラーで以下の反応を実行する

アニーリング&伸長反応	30℃	10分
↓		
熱変性&伸長反応	50℃	30〜60分
↓		
酵素失活	80℃	2分
↓		
保存	4℃	∞

❸下記反応液を調製し，30℃で1時間反応を行う ⓞ

❷のcDNA反応液	15 μL
5 × Hybrid RNA Degradation Buffer	15 μL
超純水	45 μL
RNaseH	1 μL
Total	76 μL

ⓞ RNaseHはRNAとDNAの結合鎖に働いてRNAを分解する活性をもっており，この操作により，鋳型RNAを分解してss-cDNAとする．

❹エタノール沈殿ⓟにより精製するために，まずDNA溶液に対し1/10量の3M CH₃COONa（pH5.2）を加える

❺冷100% エタノールをDNA溶液の2.5倍量加える

❻均等に混ざるよう，よく撹拌する

❼室温で10分間放置する

❽15,000 rpm（20,400 G）ⓠ，4℃，10分間遠心する

❾DNA沈殿を残して，ピペッターで上清を取り除く ⓡ

❿冷70% エタノールを適量加える ⓢ

⓫DNA沈殿を崩さないように穏やかに撹拌する

⓬15,000 rpm（20,400 G）ⓠ，4℃，10分間遠心する

ⓟ 手順❹〜⓯までがエタノール沈殿に相当する．ライゲーションなど効率の低い酵素反応を行うときはエタノール沈殿を2回繰り返す．

ⓠ 回転数はトミー精工社のラックインローター TMA-300とローターラックAR015-24の組み合わせの場合．

ⓡ 沈殿を紛失しないように気をつける．

ⓢ 残存している上清を除ければよい．最初のDNA溶液の量の2〜3倍は入れたい．通常，1.5 mLのチューブで500〜1000 μL程度である．

⓭ DNA沈殿を残して，ピペッターで上清を取り除く ⓣ
⓮ DNA沈殿を風乾させる ⓤⓥ
⓯ 超純水またはTE溶液に溶かす
⓰ 下記反応液を調製し，⓯に加えて，ボルテックスやピペッティングでよく混和する

5×RNA（ssDNA）Ligation Buffer	8 μL
40% PEG #6000 ⓦ	20 μL
超純水	12 μL
Total	40 μL

⓱ T4 RNA Ligaseを1 μL加え，15℃で一晩（15〜18時間）反応させる ⓧⓨ
⓲ PCRによる増幅を行う．上述の「▶PCRによる増幅」に準ずるので細かな手法については割愛するが，ネステッドPCRを行う ⓩ

ⓣ 沈殿を紛失しないように気をつける．DNA沈殿に触らないようできるだけ取り除く．

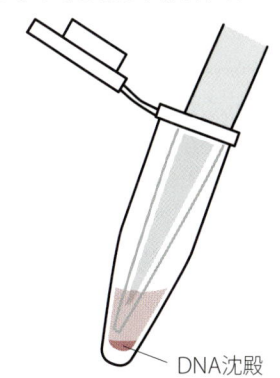

ⓤ バキュームをかけて乾かす場合もあるが，DNA沈殿を乾燥させすぎると次の溶液に溶解しなくなる場合があるので，われわれは使用していない．

ⓥ DNA沈殿の乾燥の目安は，水気がなくなって白っぽく半透明になった時点．

ⓦ PEGを加えるのは，分子クラウディング効果による酵素活性の上昇を期待してのことである．細胞内ではタンパク質などのさまざまな高分子が高濃度であり，その高濃度状態がそれら分子の性質を変化させて本来の働きをしている状態にある（分子クラウディング状態）．しかし，実験室内では薄い単一の酵素で反応させるので，実際よりもかなり低い活性となる場合があり，これを改善するための方法である．

ⓧ ss-cDNAの環状化，コンカテマー形成をさせる過程である．T4 RNA Ligaseによってss-cDNA同士が結合する．

ⓨ 酵素が失活しないように，反応を開始するまで−20℃で保存する．

ⓩ ネステッドPCRとは，1回目のPCR溶液をサンプルに2回目のPCRを行うことで，感度，特異度を飛躍的に上げることができる方法である．このとき，2回目のプライマーセットは，1回目の増幅に使用したプライマーセットの内側に設定する（図4）．1回目のPCRでは，環状化（コンカテマー形成）反応液を1 μL使用する．2回目のPCRでは，1回目のPCR反応液を1 μL使用するが，1回目PCR反応液の原液，10倍希釈液，100倍希釈液，と3通り行った方がよい．ただし，PCRを繰り返すので，塩基配列が変化してしまう可能性は高くなる．また，プライマーを設計するとき，プライマーの向きに注意が必要である（図3A）．

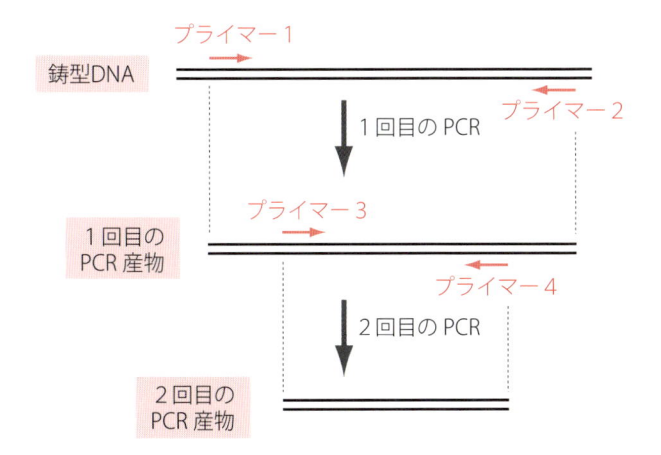

図4 ネステッド（Nested）PCR

RT-PCR トラブルシューティング

⚠ 目的とした遺伝子の発現が確認されない

原因 発現を認めない場合は，本当に発現を認めない場合もあるが，プライマーの親和性が低いことと，逆転写反応がうまくいっていないことが考えられる．

原因の究明と対処法

❶ 目的の遺伝子が発現していることが明らかなポジティブコントロールをおき，自分の実験系で増幅できるか否か確かめる．特に，プライマーの設計ミス，サンプルRNAの品質が問題になっている場合が多い．時に，キット，機械に問題がある場合もあるので，コントロールとなるハウスキーピング遺伝子などを最初に増幅する．

❷ 発現量がきわめて低いと予測されるなら，ss-cDNAの量を増やしてみる．それでだめなら，前述したネステッドPCR法を試みる．

❸ プライマーの親和性が低いと予想される場合は，プライマーのアニーリング温度を低くしてみる．それでだめなら，プライマーを再設定する．

❹ 逆転写反応がうまくいかない場合，最も大きな要因は，RNAの質と量である（1章-3参照）．電気泳動でRNAの質を確認し，28S，18SリボソームRNAのバンドの濃さを比較し，28S/18Sが1を下回るようなら新たにRNAを取り直した方がよい．RNAの質がそれほど悪くないのに反応がうまくいかない場合は，精製度合いが悪いことが考えられる．例えば血液の場合，PCRを阻害する物質が多く含まれていることや，採血時に使用するヘパリンがPCRを阻害することが広く知られている．また，他の臓器であっても，精製過程で加えるタンパク質変性剤などが残っていて，これがPCRの阻害要因となっていることもある．反応阻害をする物質が残っていると，正しい濃度が測定できないこともある．こうした場合は再精製を行う．はじめに精製した方法と異なる精製方法を行った方が精製度合いを上げることができる．

⚠ 非特異的発現を多く認める

原因 プライマーのミスアニーリングが多い．

原因の究明と対処法

❶ ホットスタート法を試みる（1章-5参照）．高温でPCRを開始することにより，低い温度や昇温過程でのプライマーのミスアニーリングを防ぐ方法である．

❷ プライマーを再設定する．数塩基ずらしただけでも特異度が変化する．

❸ ネステッドPCR法を試みる．

❹ あまり知られていないが，オリゴ（dT）プライマーで調製したss-cDNA溶液にオリゴ（dT）プライマーが多量に残っている場合，3′末端付近で設計したPCRプライマーで増幅を行うと，オリゴ（dT）プライマーと，5′末端側のPCRプライマーの間で増幅産物ができてしまうので注意してほしい．PCRプライマーを3′末端付近で設計した場合は，ランダムヘキサマープライマーを用いてss-cDNAを調製する方がよい．

⚠ サンプル間の遺伝子の発現量の比較において，データが安定しない

原因 RNAの品質に問題があるか，ss-cDNAの調製方法が一定でない．

> 原因の究明と対処法

❶ RNAの品質が悪いものは使用せず，また，ss-cDNAの調製方法を一定にする．
❷ オリゴ（dT）プライマーで調製したss-cDNAを遺伝子の5'末端付近で設計したプライマーでPCR増幅した場合，実験ごとにデータがばらつく場合がある．ランダムヘキサマープライマーを用いてss-cDNAを調製するか，PCRプライマーを3'末端付近で設計する．

⚠ マイクロアレイ・データとの相関性が低い

原因
❶ サンプルの調製方法の違い．
❷ マイクロアレイ上にのっているプローブとPCRに用いるプライマーの位置が異なる．
❸ マイクロアレイとRT-PCRの感度が低い．

> 原因の究明と対処法

❶ マイクロアレイを用いた遺伝子発現解析におけるサンプル調製では，mRNAをcRNAとして増幅し（2章-4参照），このときに標識を取り込ませる手法が一般的になりつつある．この場合，増幅されるのはmRNAの3'部分のpoly（A）配列から2～3 kb程度である．また，total RNAを用いて増幅しないで直接標識する場合，mRNAのみを標識するため，オリゴ（dT）プライマーを用いたcDNA合成を行い，その際に標識を取り込ませる．よって，5'側まで合成されない場合も多々ある．それゆえ，マイクロアレイではRNAの3'末端を標識する場合が多く，それに合わせてプローブが設計されている．よって，これに合わせるためにオリゴ（dT）プライマーを使ってss-cDNAを合成する．
❷ PCR用プライマーを設計する際，マイクロアレイにのっているプローブが目的遺伝子のどの位置に設定されているかを考慮する．
❸ 通常，マイクロアレイのデータを確認するためにRT-PCRが行われる．マイクロアレイはたくさんの遺伝子の発現データを1回の実験で得ることができるが，もともと感度が低く，微量しか発現していない遺伝子の発現データについては再現性が乏しい．一方，RT-PCRはマイクロアレイよりも感度が高く，RT-PCRのデータを信頼する．

参考文献＆ウェブサイト
1）インビトロジェン社のホームページ（http://www.invitrogen.jp/）
2）Kacian, D. L.：Meth. Virol., 6：143, 1977
3）Houts, G. E. et al.：J. Virol., 29：517, 1979
4）Roth, M. J. et al.：J. Biol. Chem., 260：9326, 1985
5）Verma, I. M.：In The Enzymes, Boyer, P. D., ed., Academic Press, 87, 1974
6）Ambion社（アプライドバイオシステムズ社）のホームページ
　（http://www.ambion.com/jp/）
7）タカラバイオ社のホームページ（http://www.takara-bio.co.jp/）

2章 目的遺伝子を増やす・伸ばす・単離する

4 微量検体からの PCR, RT-PCR

青柳一彦

特徴

- 微量均一サンプルを用いてのゲノムDNA構造解析ができる．
- 微量均一サンプルを用いての遺伝子発現解析ができる．
- 臨床情報がある病理サンプルなど，貴重なサンプルから抽出されたDNA，RNAを枯渇させることなく，たくさんの遺伝子についてさまざまな解析が何度でもできるようストックできる．

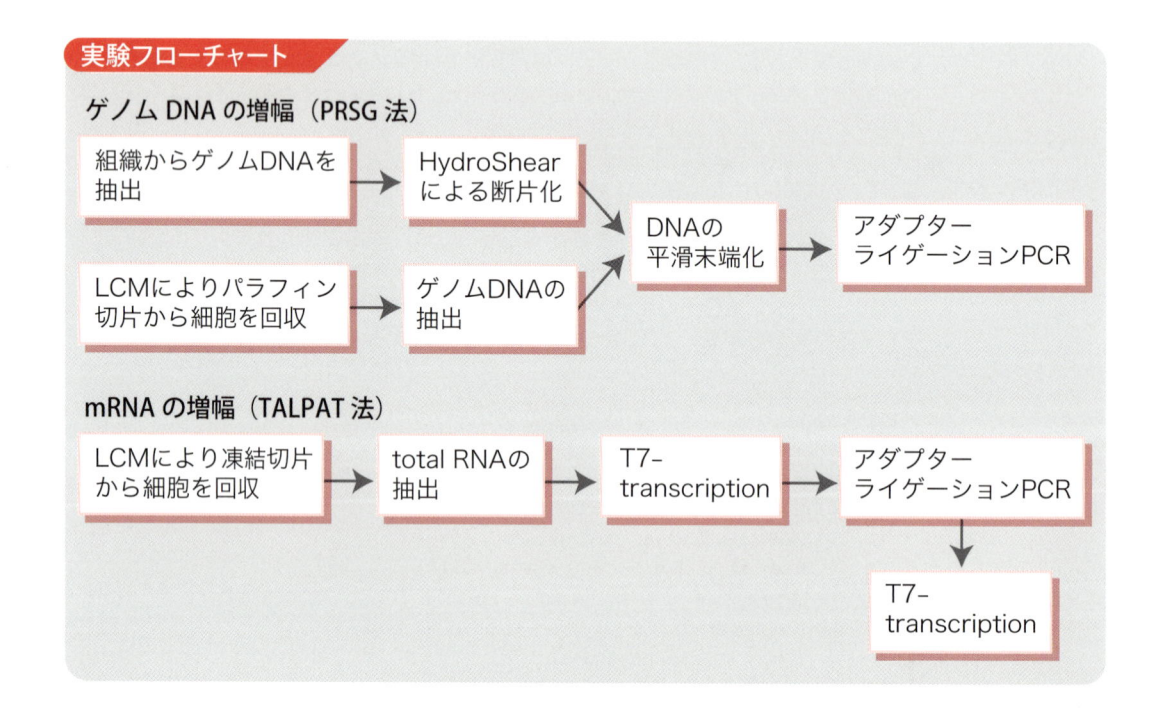

実験フローチャート

ゲノム DNA の増幅（PRSG 法）

組織からゲノムDNAを抽出 → HydroShearによる断片化 → DNAの平滑末端化 → アダプターライゲーションPCR

LCMによりパラフィン切片から細胞を回収 → ゲノムDNAの抽出 →（DNAの平滑末端化へ）

mRNA の増幅（TALPAT 法）

LCMにより凍結切片から細胞を回収 → total RNAの抽出 → T7-transcription → アダプターライゲーションPCR → T7-transcription

① 実験の概略

医学・発生生物学の研究において，実験サンプルの量は微量に限られる場合が多い．特にLCM（Laser captured microdissection）や，セルソーターなどを用いて得られる均一な細胞は数百～数千と微量であり，そこから抽出されるゲノムDNAやtotal RNAの量は，数ng～数十ngとごく微量である．PCR関連酵素や解析機器の改良によって，今日ではごく微量のサンプルから標的遺伝子を増幅・定量することが可能となっている[1]．しかし，ごく微量

のゲノムDNAやmRNAを，直接鋳型とした場合，調べられる遺伝子の数は限られる．また，ある程度解析に耐えうるサンプルの入手に成功したとしても，サンプルの枯渇は避けられない問題である．微量サンプルについて多数の遺伝子を解析したいというニーズから，全ゲノムDNAやtotal RNA中の全mRNAを増幅する技術が開発された．

1 微量なゲノムDNAの増幅法

ゲノムDNAの増幅の場合，PCRを利用することになる場合が多いが，PCRでは2 kbpを超える長いDNAや，二次構造をとりやすい配列をもつDNAは増幅効率が悪い．そのため，これを克服するためにさまざまな方法が開発されてきた．比較的新しい方法として，**DOP-PCR**（degenerate oligonucleotide primed PCR）[2]や**PEP-PCR**（primer extension preamplification PCR）法[3]がある（図1A）．これらの方法は，Degenerate（縮重）プライ

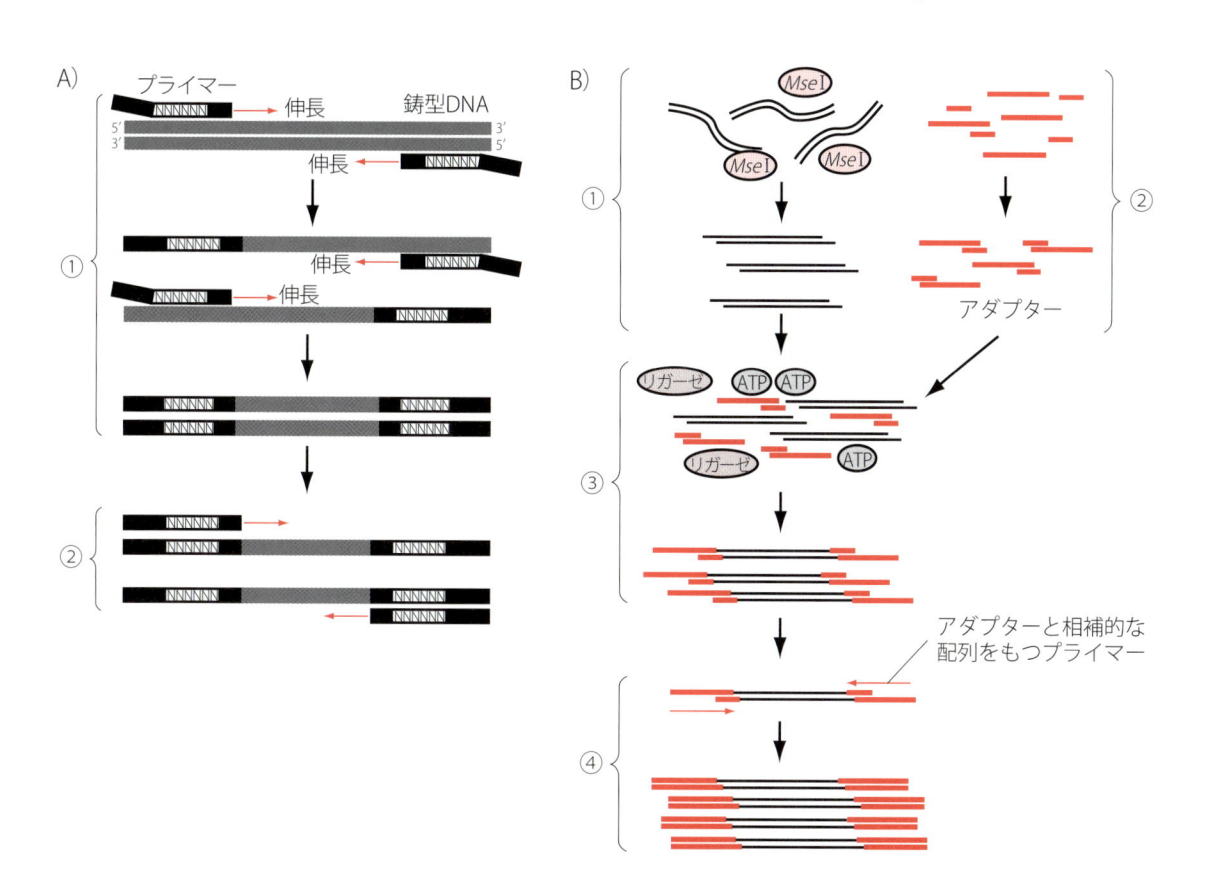

図1 DOP-PCR法，アダプターライゲーションPCR法によるゲノムDNAの増幅の原理

A）DOP-PCR法．①Degenerateプライマーを用いた低アニーリング温度によるPCR反応でゲノムDNA上をランダムに増幅すると，両末端に同一の配列がついたDNA断片が増幅される．②Degenerateプライマーを用いた通常のPCR反応による増幅．B）アダプターライゲーションPCR法．①ゲノムDNAの制限酵素（例としてMse I）による切断．②アダプターは市販されているものもあるが，合成オリゴDNAを用いて作製することもできる．市販のアダプターにはゲノムDNAと結合させたい側の5′末端がリン酸基修飾されているが，合成オリゴDNAを用いて自作する場合は，ゲノムDNAと結合させたい側の5′末端のリン酸基修飾が必要である．ここでは結合部分をMse Iサイトに合わせてあるが，市販されているのは平滑末端用のアダプターが多く，この方が汎用性は高い．平滑末端用のアダプターを用いる場合は，ゲノムDNA両末端の平滑にする処理が必要となる．③アダプターを，切断したゲノムDNA断片の両端に酵素（T4 DNAリガーゼ）を用いて付加する．T4 DNAリガーゼは，補酵素としてATPを要求する．④アダプターと相補的な配列をもつプライマーによるPCR増幅

マーをゲノムDNA上にランダムに結合させてPCR反応を行うことで，一本鎖DNAの合成を繰り返すことで増幅する方法である．この方法の欠点としては，大量にゲノムDNAを増幅できないことがあげられる．理由は，この方法でPCR反応を繰り返しすぎると短いDNA断片が増え，二次構造をとりやすい配列は増幅効率が落ちて欠落し，増幅されるゲノムDNA領域が不均等になるからである．

　増幅効率が比較的よい方法として，古くから**アダプターライゲーションPCR法**が利用されてきた[4) 5)]（図1B）．アダプターの配列を考慮して高いアニーリング温度でPCRできるようにすれば，配列による増幅の差異を軽減できる．しかし，この方法にも欠点があり，アダプターをライゲーションする前のゲノムDNAを断片化するステップに問題があった．多くは制限酵素による切断が主に行われてきたが，こうしたDNA断片は長さが不均一なために短い断片ばかり増幅されてしまう．また，制限酵素の切断箇所が希薄な領域は増幅されずに欠落してしまう．

　そこで，ランダムにゲノムDNAを0.5〜2 kbpにせん断し，アダプターライゲーションPCRを行うことにより，均質に大量にゲノムDNAを増やせる**PRSG**（PCR of randomly sheared genome DNA）法という方法が開発された（詳しくは後述）[6)]．ゲノムDNAのせん断化には2つの方法がある．まず，ゲノムDNAが1 μg以上得られる場合は，HydroShearという機器を用いる．これにより，0.5〜2 kbpに90％以上のゲノムDNAが入るようにせん断できる．もう1つの方法はLCMを使用したもので，メタノールまたはアメックスを用いて組織を固定し，パラフィン包埋した切片からゲノムDNAを回収する方法である．一連の作業でDNAの鎖長はすでに0.3〜1.5 kbpとなっている．本法では，**1 ngのゲノムDNAを10 μgまで増幅することが可能**である．

2　微量なRNAの増幅法

　RNAの増幅法としては，T7 RNAポリメラーゼを介した**T7-transcription**（T7 promoter mediated cRNA amplification）法とアダプターライゲーションPCR法が主に行われてきた．LCMやセルソーターによって得られる均一微量サンプルからのtotal RNAを用いてマイクロアレイ解析を行う場合，T7-transcription法が広く用いられてきた．T7-transcription法は，mRNAをcRNAとして増幅する方法であり，はじめの各種遺伝子由来mRNAの量比をあまり変えないで増幅することができるとされている（図2）．また，増幅効率もよく，1回の増幅で，もとのmRNA量の100〜10,000倍に増幅できると言われている．しかしながら，増幅の回数は3回までと限られ，近年の網羅的遺伝子発現解析に対応するだけのcRNA量を得るには不十分な場合が多々ある[7)]．

　アダプターライゲーションPCR法は，mRNAをcDNAとして増幅する方法であり，T7-transcription法より微量のサンプルから増幅できるという報告がなされているが，やはり十分量のサンプルを得るのは難しい[8)]．

　そこで，両者を組み合わせることにより，増幅効率を飛躍的に向上させた**TALPAT**（T7 RNA polymerase-mediated transcription, adaptor ligation, and PCR amplification followed by T7-transcription）法が開発された[9) 10)]．TALPAT法はT7-transcription法の工

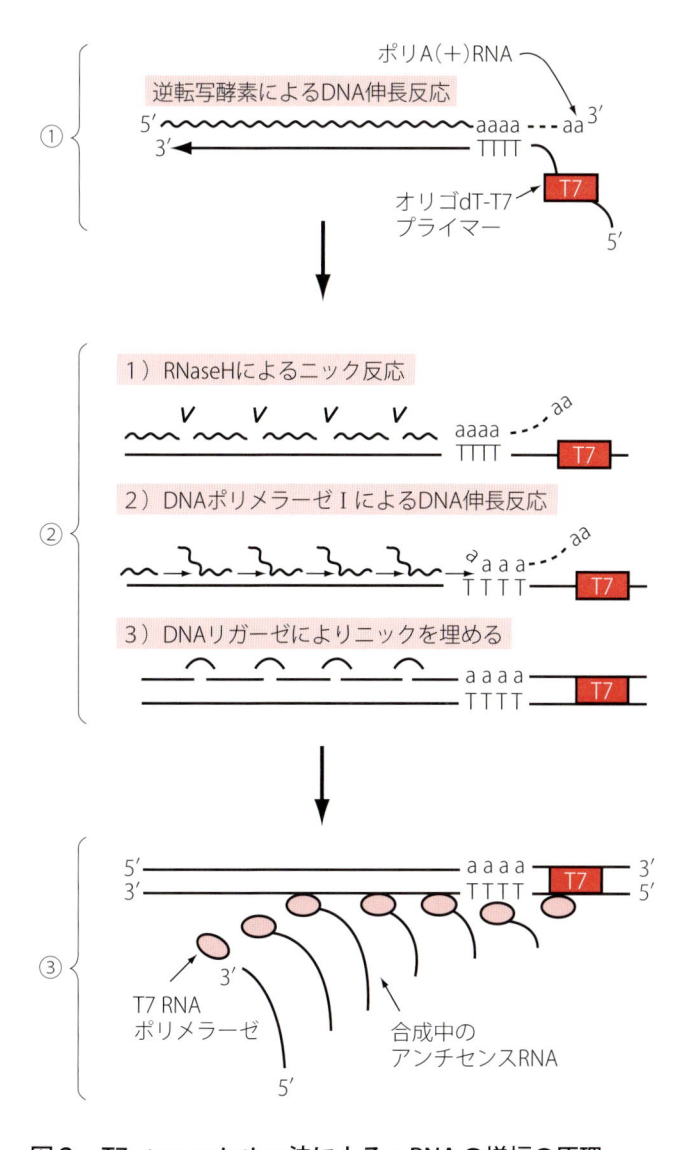

図2 T7-transcription法によるmRNAの増幅の原理
①第一鎖cDNA合成反応, ②第二鎖cDNA合成反応, ③ in vitro 転写反応

程を1, 2回行った後, cRNA合成を行う前のcDNAにアダプターライゲーションPCRを行い, その後, もう一度T7-transcriptionを行う方法である（詳しくは後述). これにより, 100～1,000細胞, **total RNAにして1～10 ngから10 mg以上という膨大な量のcRNAに増幅できる**. T7 RNAポリメラーゼ反応で合成できるcRNAの鎖長には限界があり, また, 途中ランダムヘキサマープライマーを用いたds-cDNA合成によっても鎖長が短くなり, 増幅されるcRNAはmRNA 3'末端から2～3 kb程度に限られるが, 高効率にmRNAを増幅できるので, 多数遺伝子のRT-PCR解析はもちろん, マイクロアレイ解析, cDNAサブトラクション, cRNAスロットブロット解析など応用範囲は広い.

❷ 原　理［DNAの増幅］

図3にHydroShearを使ったPRSG法の工程を示す．HydroShearによってDNAを切断する場合，約1μg分のDNA溶液をルビーに開けられた0.002インチほどの穴に10回ほど通すことによって行う（図4）．この機械による切断は塩基配列にもDNAの濃度にも依存せず，再現性も高い．数百kbpほどの高分子DNAを物理的な切断によって，0.5～2kbpの範囲に90％以上入るようにランダムに断片化でき，短すぎるDNA断片の混入も防止できる．

一方，図5にLCMを介したPRSG法の工程を示す．LCMによってパラフィン包埋組織切片からレーザー照射によってフィルムに転写した目的の細胞（約1,000～2,000細胞）からDNAを抽出する．パラフィン包埋組織切片を作製する段階でゲノムDNAはダメージを受け，数百bp～数kbpの間隔でランダムに切断されており，鎖長はすでに実質0.3～1.5kbpとなっている（電気泳動では見かけ上0.5～5kbp）．1,000個のがん細胞DNAから約10ngのゲノムDNAが得られる．組織の固定方法の違いでその後の増幅効率に違いが出る．DNAにあまり損傷を与えない**メタノール**（エタノールではないので注意）**やアメックスでの固定が推奨され，ホルマリンによる固定には問題が残る**．電気泳動上，メタノール固定でもホルマリン固定でもサンプルから得られるDNAは，見かけ上0.5～5kbpと同じサイズである．しかし，これら二本鎖DNAは，しばしば片側のDNA鎖に切れ目（ニック）がある状態であり，特にホルマリンを使用した方がより深刻なダメージを受けている．よって，ホルマリン固定パラフィン包埋切片からのDNAを鋳型に特定の領域をPCRによって増幅しても，通常

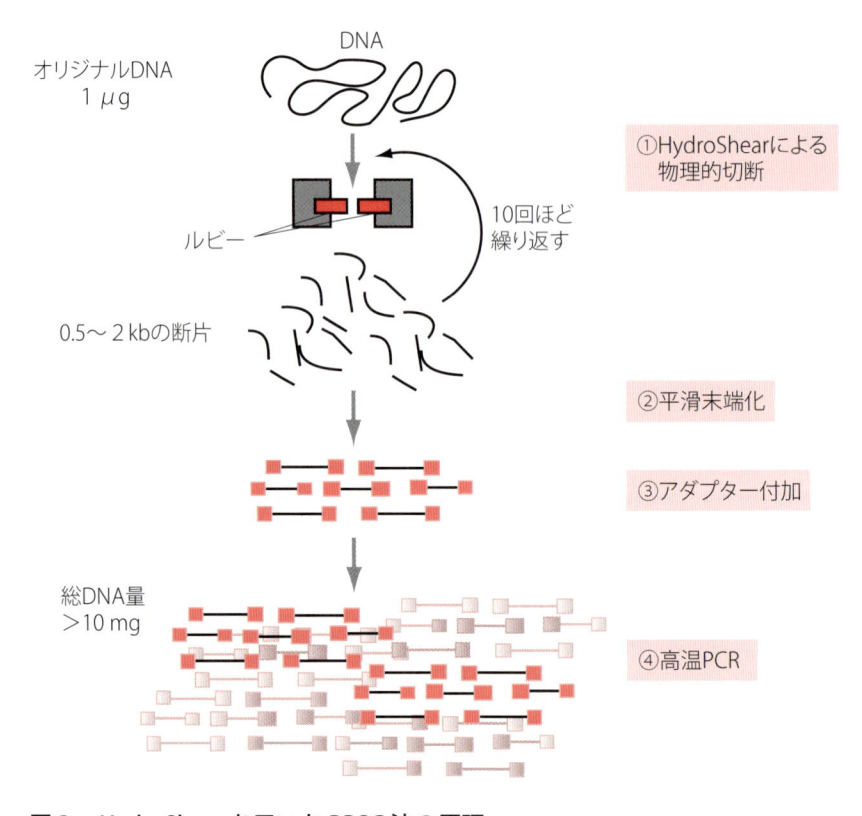

図3　HydroShearを用いたPRSG法の原理

は0.5 kbp以上のDNA断片は増えにくい．PRSG法でホルマリン固定パラフィン包埋切片から抽出したDNAを増幅すると，改善が認められるが，十分ではなく用途が限定される．改善の理由は，数少なく残っていたダメージの少なかったDNA断片が本法によって増幅されたためと考えられる．

　いずれにしてもこの手法のポイントは，**ランダムに切断されたゲノムDNAにアダプターを付加するために末端を平滑化することと，高温PCR**にある．アダプターとは，特異的な配列をもつ短いDNAの二本鎖断片である．そして，このアダプターを，断片化した全サンプルDNAの両末端に付加し，そのアダプター配列をプライマーにPCRを行うことによって全サンプルDNA断片の量比を保ったまま増幅する方法が，アダプターライゲーションPCRである（図1B参照）．アダプターをDNA末端に結合させるためには，平滑末端化が不可欠である．しかし，上記の断片化処理を行うといずれにしてもDNAの末端は制限酵素を用いた場合に比べて不揃いであり，また，DNA二本鎖の一方が切れて一本鎖の状態になってい

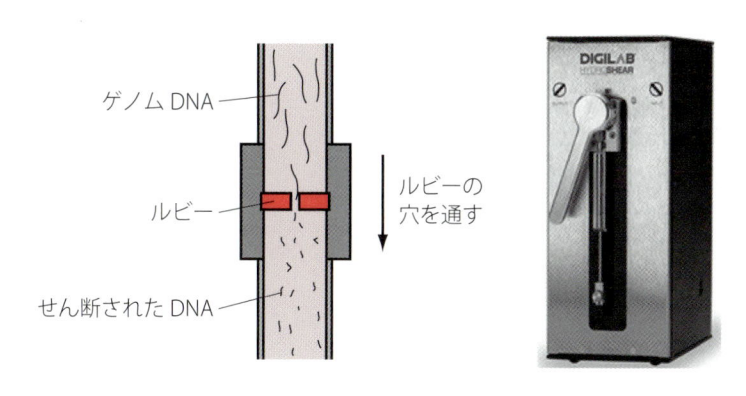

図4　HydroShear（デジラボ社）によるゲノムDNAせん断の原理

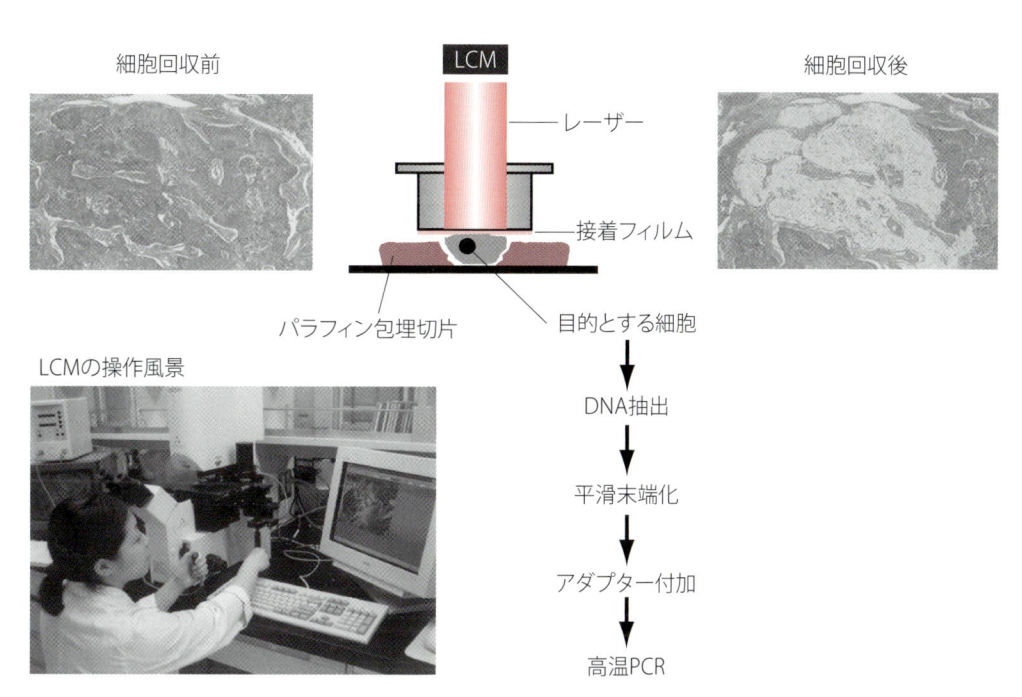

図5　LCMを用いたPRSG法の原理

る部分が散在している．よって，平滑末端化に通常使用されるT4 DNAポリメラーゼだけでは削ったり埋めたりしきれない．そこで，一本鎖DNAを特異的に効率よく分解するBAL31ヌクレアーゼを利用する．具体的には，はじめBAL31で末端の一本鎖DNAを削り，次にT4 DNAポリメラーゼで完全に平滑末端化する（図6）．

次に，アダプターライゲーションPCRを行う．DNAプールの平均鎖長が2 kbpを超えると，長いDNAと短いDNAの間で増幅効率に隔たりができてしまうが，パラフィン切片作製の過程ではすでに2 kbp以下になっており，問題となるのは二次構造である．DNAはその二次構造の違いにより，PCRで増えやすいものと増えにくいものがある．そこで，DNAの二次構造に影響されないように，**72℃という高温のアニーリング温度でPCRができるようにGC含量の高い特殊なアダプター配列を使用し，比較的高めなMg^{2+}濃度下（3 mM）でPCRを行う**．高温PCR耐性アダプターをライゲーションし，そのうちの1 ng分のDNAを

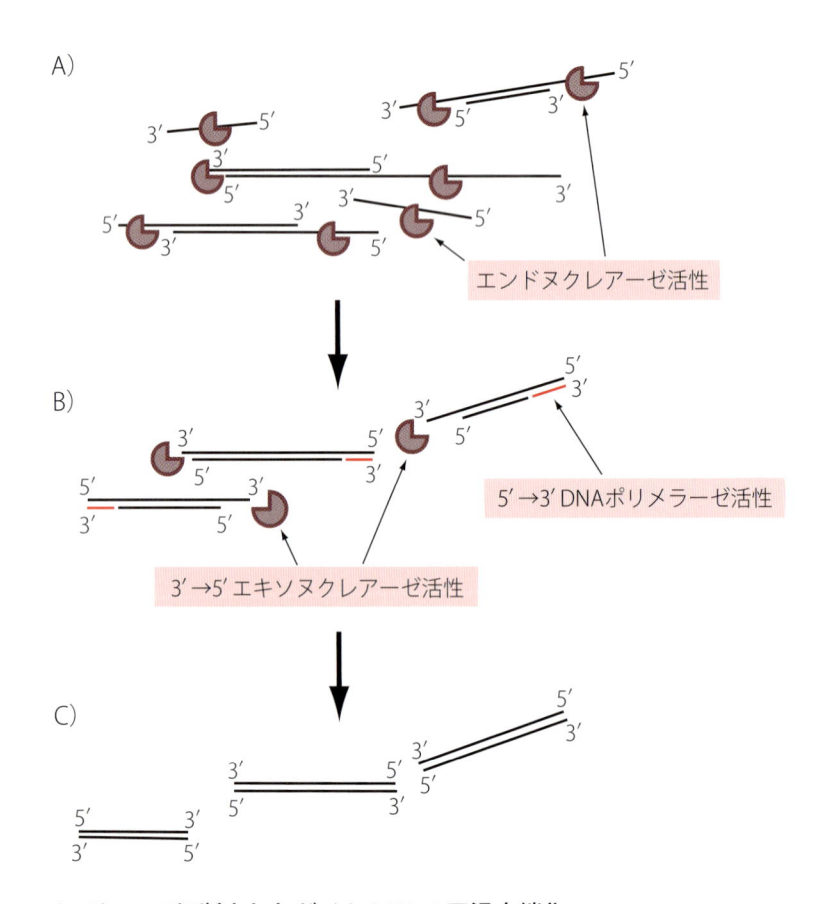

図6　HydroShearで切断されたゲノムDNAの平滑末端化
A) BAL 31ヌクレアーゼによる一本鎖DNA部分の分解．一本鎖DNA部分に作用して核酸配列の内部（endo-）で核酸を切断するエンドヌクレアーゼ（endonuclease）活性により分解していく．一本鎖部分がなくなると二本鎖部分に作用するようになり，5′→3′および3′→5′エキソヌクレアーゼ（exonuclease）活性により外側（exo-）から削るように分解するので注意が必要．B) T4 DNAポリメラーゼによる二本鎖DNAの平滑末端化．5′突出一本鎖部分を鋳型に作用して相補的なDNAを5′→3′方向に合成する．一方，3′突出一本鎖部分については，3′→5′エキソヌクレアーゼ（exonuclease）活性により，核酸配列の外側（exo-）から削るように分解する．二本鎖部分には反応せず，5′→3′エキソヌクレアーゼ活性はもたない．C) 平滑末端二本鎖DNA

2段階でPCRを行うことにより，約10μgのDNAを得ることができる．

以降では，HydroShearならびにLCMを介したPRSG法のプロトコールを紹介する．

準備するもの

1) 試薬（酵素はすべて反応バッファー付加商品である）
   - BAL31 Nuclease…タカラバイオ社，#2510A
   - T4 DNA Polymerase…タカラバイオ社，#2040
   - T4 DNA Ligase…タカラバイオ社，#2011A
   - TaKaRa Ex Taq…タカラバイオ社，#RR001A
   - Adaptor, EcoR I -Not I -BamH I （ENB adaptor）（1,000 pmol）
     …タカラバイオ社，#4510
   - プライマー（5′-GGAATTCGGCGGCCGCGGATCC-3′）
   - TE（10 mM Tris-HCl，1 mM EDTA，pH 7.5）

2) DNAサンプル
   - 末梢血，組織由来のゲノムDNA 1 μg/100 μL TE
   - LCMのためのパラフィン包埋組織切片（メタノールまたはアメックス固定，ホルマリン固定）

3) 機器
   - HydroShear…デジラボ社（本社：米国マサチューセッツ州，日本法人：横浜市）[11]
   - LCMマシン…PixCell XT LCM system（Arcturus社，図7参照）
   - サーマルサイクラー（1章-2参照）
   - ヒートブロック

プロトコール

▶ 1) HydroShearを用いたDNAの切断

❶ 以下の手順でHydroShearのラインを洗浄する

0.2 M HCl	2分
0.2 M NaOH	3分
超純水	5分

❷ 200 μL（1 μg/100 μL TE）のゲノムDNAを装置にセットし，スピードコード4または5，20サイクルの設定で切断する [a]

❸ 回収チューブを取り出し，通常のフェノール/クロロホルム抽出を行う

❹ イソプロパノール沈殿後，70％エタノールでリンスする [b]

❺ 風乾後，20 μLのTEに溶解する [c]

[a] スピードコードで流速を調節するが，流速が速くて詰まるのを回避するため，スピードコード1〜3は避ける．

[b] 7.5 M 酢酸アンモニウム 1/2倍量とキャリアーとして 1 μLグリコーゲン（20 μg/μL）を加え，よく混ぜる．さらに上記加えた量の2倍量のイソプロパノールを加えよく混ぜ，室温で15分間静置する．その後，室温で15,000 rpm（20,400 G），10分間遠心する．上清を除いてペレットを回収後，70％エタノールを500 μL前後加え，軽くボルテックスにかけ，室温で15,000 rpm（20,400 G），5分間遠心する．上清を除いてペレットを回収する．

[c] ロスなく回収できればDNAの濃度は約100 ng/μLとなる．

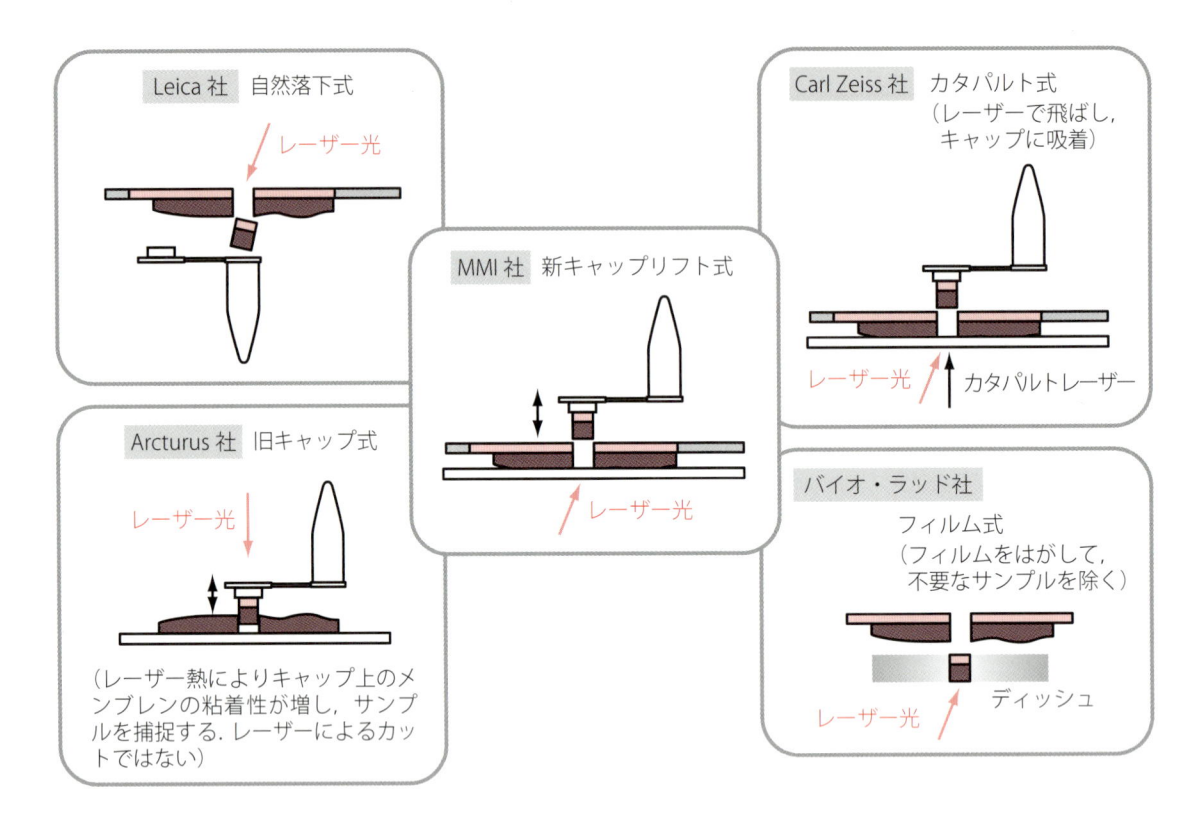

図7 さまざまなLCMのシステム
われわれの研究室ではArcturus社とMMI社の機器を使い分けている

▶ 2) LCMによる細胞の分離とDNA抽出（図7）

❶ クライオスタットで作製した8μmの切片から，PixCell XT LCM systemを使い，約1,000～2,000細胞をフィルムに転写する[d]

❷ 細胞を転写したフィルムを200μLの溶解液〔10 mM Tris-HCl（pH 7.5），1 mM EDTA，0.5％ SDS〕に入れ，室温でよく混ぜる

[d] 例えば，がん組織からがん細胞を分離する場合，照射するレーザーの直径はがん細胞と間質の状況で変化させ，うまくがん細胞を単離する．照射前後の写真は保存し，病理医に評価をお願いする．

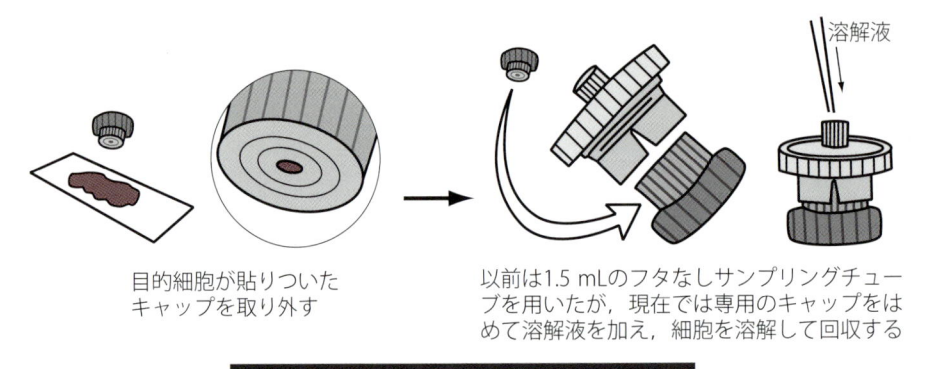

目的細胞が貼りついたキャップを取り外す

以前は1.5 mLのフタなしサンプリングチューブを用いたが，現在では専用のキャップをはめて溶解液を加え，細胞を溶解して回収する

LCM用キャップに転写された細胞の溶解と回収

❸通常のフェノール/クロロホルム抽出を行う
❹イソプロパノール沈殿後，70％エタノールでリンスする ⓑ
❺風乾後，10 μLのTEに溶解する ⓔ

ⓔ DNAの濃度は回収率を50％とすると，約0.5〜1 ng/μLとなる．

▶ 3）平滑末端化

❻下記の溶液を調製し，ヒートブロックを用いて70℃で5分，30℃で5分反応させる ⓕⓖ

切断DNA（0.5〜100 ng/μL）	5 μL
5×BAL31反応液	10 μL
超純水	35 μL

❼BAL31 Nuclease（1.5 U/μL）を1 μL加える ⓖ
❽30℃で1分反応させる ⓗ
❾TEを50 μL加え，通常のフェノール/クロロホルム抽出を行う
❿エタノール沈殿後，70％エタノールでリンスする
⓫風乾後，8 μLのTEに溶解する
⓬10×T4 DNA Polymerase反応液を1 μL加える
⓭70℃で5分，30℃で5分反応させる ⓕ
⓮T4 DNA Polymerase（1U/μL）を1 μL加える
⓯37℃で5分反応させる ⓘ
⓰TEを90 μL加え100 μLとし，通常のフェノール/クロロホルム抽出を行う
⓱イソプロパノール沈殿後，70％エタノールでリンスする ⓑ
⓲風乾後，5 μLのTEに溶解する ⓙ

ⓕ GCまたはATリッチな配列，T/C（polypyrimidine）やA/G（polypurine）が連続する配列，また，同じ配列の連続配列がDNA末端にあると二次構造を形成しやすい．二本鎖DNAであってもその末端部分にこの配列があると正常な相補的な結合ではなくなっている場合が多々あり（ギャップ構造），平滑末端化処理に支障が起きる．よって，酵素反応を行う前に熱変性と再結合を行い，二本鎖DNA末端部分を正常に戻す必要がある．熱をかけすぎるとすべて一本鎖になってしまうので比較的低い温度で行う．

ⓖ 反応条件と酵素量を厳守する．なぜなら，BAL31 Nucleaseは，一本鎖DNAがないときは二本鎖DNAに作用し，二本鎖DNAの両末端から同時に分解していくので（trimming活性），DNAに深刻なダメージを与えてしまう可能性がある．

ⓗ この操作により一本鎖DNA部分の分解が起こる．

ⓘ この操作により二本鎖DNAの平滑末端化が起こる．

ⓙ ロスなく回収できればDNAの濃度は約0.5〜1 ng/μLとなる．

▶ 4）アダプターライゲーションPCR

⓳以下のライゲーション反応液を調製し，15℃で12時間反応させる ⓚ

DNA（0.5〜1 ng/μL）	5 μL
ENB adaptor（10 pmol/μL）	1 μL
10×反応液（T4 DNA Ligaseに付加されてくるもの）	2 μL
T4 DNA Ligase（350 U/μL）	1 μL
10 mM ATP ⓛ	1 μL
超純水	10 μL
Total	20 μL

ⓚ この操作により平滑末端化したゲノムDNA末端にアダプターが付加される．

ⓛ T4 DNA Ligaseの補酵素として入れる．

❷⓿ ❶⓽のライゲーション反応液4 μLを用いて,以下の
PCR反応液を調製する[m]

DNA(0.5〜1 ng)[n]	4 μL
10×反応液(20 mM MgCl$_2$)[o]	10 μL
dNTP mix(各2.5 mM)	10 μL
ER1プライマー(100 μM)	1 μL
Ex Taq[p]	1 μL
超純水	74 μL
Total	100 μL

❷❶ サーマルサイクラーで以下の反応を実行する

＜PCR条件＞

熱変性	95℃	5分	
↓			
熱変性	95℃	1分	20サイクル
アニーリング&伸長反応	72℃	3分	
↓			
伸長反応	72℃	10分	

❷❷ 20 μLごと5本に分け,2回目のPCR反応液を以下
のように調製する[q]

DNA(❷❶の反応液)	20 μL
10×反応液(20 mM MgCl$_2$)[o]	10 μL
dNTP mix(各2.5 mM)	10 μL
ER1プライマー(100 μM)	1 μL
Ex Taq[p]	1 μL
超純水	58 μL
Total	100 μL

❷❸ サーマルサイクラーで以下の反応を実行する[r]

＜PCR条件＞

熱変性	95℃	5分	
↓			
熱変性	95℃	1分	10サイクル
アニーリング&伸長反応	72℃	3分	
↓			
伸長反応	72℃	10分	

[m] 残りは−20℃で凍結保存.

[n] PCRの鋳型は1 ng前後が至適,10 ngでは全く増幅しない.その理由として,熱変性で一本鎖になった鋳型DNA間の親和性の方がプライマーより高いのではないかと考えられている.つまり,鋳型DNAの両端にはアダプターが付加されており,アダプターと同じ配列のプライマーでこれをPCR増幅するが,鋳型DNAが過剰にあると鋳型DNA同士がプライマーより優位に結合してしまい,増幅できないのである.PRSGに限らず,アダプターライゲーションPCRでゲノムDNAを増幅するときは1チューブ1 ng前後が最適のようである[4)5)].しかし,cDNAをアダプターライゲーションPCRで増幅する場合には逆に10 ng以上ないとPCRが成立せず,明らかなことはわかっていない.

[o] **重要** Mg^{2+}濃度は,終濃度で2または3 mMに厳守する.

[p] Ex Taqポリメラーゼでは1 ngのDNAから10 μgまで増幅される.

[q] **重要** アダプターライゲーションPCRにおいては,すべてのDNA断片の両端に同じアダプターを付加し,アダプターと同じ配列をもつプライマーでPCRを行うので,すべてのDNA断片は競合しながらはじめのDNA断片間の量比を保ったまま増えていく(競合的PCRまたはQC-PCR:Quantitative Competitive-PCRとよぶ).複数のDNA断片がプライマーを奪い合って増えていくので,プライマーがすぐに枯渇してしまう.希薄なプライマー濃度で増幅を続けるとDNA断片間の量比がばらばらになってしまう.通常の実験系では,DNA断片間の量比を保ったままの増幅は30サイクルが限界であり,十分な量の増幅産物がほしければ途中でサンプルを希釈し,プライマーを増量しなくては期待通りのPCR増幅を続けられない.通常,PCRは2回に分けて行い,1回目30サイクル以下,2回目20サイクル以下,トータルで40サイクル以下となるよう条件検討する.実験条件の検討が煩雑で難しく,論文などに従った方が無難である.

[r] 末梢血およびがん細胞DNAを増幅して得られたDNA断片の特徴を図8に示す.多くの構造解析(塩基配列,マイクロサテライトの多型,LOH,遺伝子増幅・欠失)に使える.

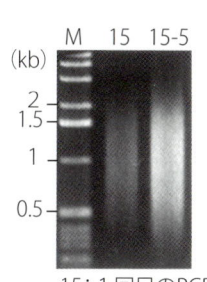

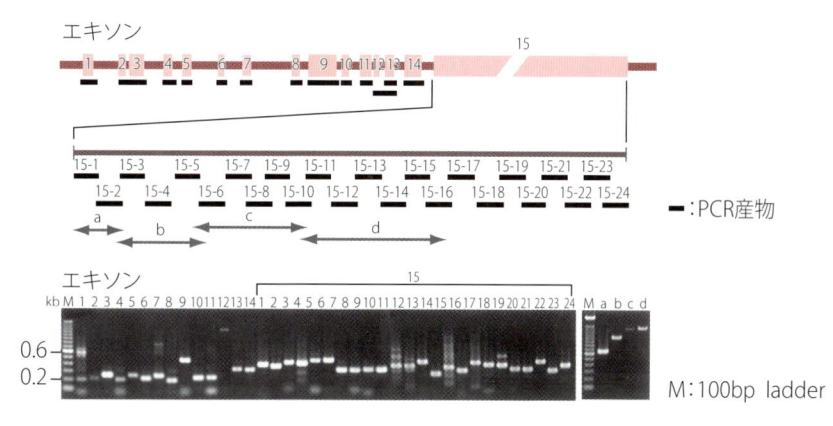

図8 PRSGで増幅したゲノムDNAの平均鎖長と領域の保持性

図の左は，アガロースゲル電気泳動で増幅したゲノムDNAのサイズを確認したものである．サイズは0.5～2.0 kbpになっている．増幅したゲノムDNAから，さまざまな遺伝子について，ゲノム上のエキソン領域すべてをPCR増幅することができる．図の右は*APC*遺伝子の全エキソンを増幅した例である

微量検体からのPCR，RT-PCR［DNAの増幅］

トラブルシューティング

⚠ 切断装置HydroShearのルビーの穴が詰まる

原因
❶固形の不溶化物の混入．
❷流速が速すぎる．

原因の究明と対処法
❶組織，末梢血DNA精製キットを使って調製してから装置にかける．
❷HydroShearのスピードコードが4または5になっていることを確認，違っていたらセットし直す．

⚠ HydroShearでせん断したDNAが，PCRで増えない，または，収量が低い

原因 ゲノムDNAの品質がよく，粘性が高いため定量困難となっており，定量不良が考えられる．

原因の究明と対処法
❶組織からの抽出過程で丁寧な操作を行えばダメージを最小限に食い止め，それだけ切断部分が少なく鎖長が長いゲノムDNAを抽出できる．ここでいう高品質ゲノムDNAは，これを指す．DNAは，同じ濃度であればその鎖長が長くなればなるほど粘性が出てくるので，品質がよければ粘性も増す．切断後，再定量し，その後の酵素反応を行う．その際，ナノドロップ（図10参照）など微量核酸定量装置を使って測定すれば，なおよい．
❷収量が少ない場合（1,000倍以下の増幅）は，PCRのサイクル数を，1回目は20～25，2回目は10～15で調整する．

⚠ HydroShearでせん断したDNAからPCRで増えたが，解析対象配列の保持が悪い
(増幅したゲノムDNAサンプルを鋳型DNAとして，ある遺伝子のエキソン部分を数百bp間隔でPCR増幅したとき，80％以下の部分しか増幅されてこない)

原因 保存ゲノムDNAサンプルの分解が重篤であった．

原因の究明と対処法
解決不能．可能ならもう一度サンプル調製からやり直す．

⚠ LCMサンプルがPCRで増えない

原因 DNA量を実際より多く見積もってしまっている．

原因の究明と対処法
多ければよいわけでなく，1チューブ1 ng前後が至適．1チューブ10 ngでは全く増幅しない．1回目のPCRの鋳型量を変える．LCMで回収した微量DNAを測定するのは困難であり，回収された細胞数から計算するが，前後，5～10倍濃度で試みる．

⚠ LCMサンプルからPCRで増えたが，解析対象配列の保持が悪い
(増幅したゲノムDNAサンプルを鋳型DNAとして，ある遺伝子のエキソン部分を数百bp間隔でPCR増幅したとき，80％以下の部分しか増幅されてこない)

原因 標本が厚いなど固定液の浸透が遅かったため，DNAにキズが付きすぎている．

原因の究明と対処法
解決不能，用途を限定する．

⚠ PCRによる塩基配列の変異が頻繁にある

原因 耐熱性DNAポリメラーゼの正確度が低い．

原因の究明と対処法
KODポリメラーゼなどα型の正確度の高い酵素を使用する（1章-5参照）．こうした酵素は至適条件の幅が狭く，PCRサイクルを少し多めにして対処する．1 ngから1 μg程度への増幅（1,000倍）の場合は，PCRのサイクル数を，1回目は15～20，2回目は5～10で調整し，5,000～10,000倍にする．

③ 原 理 ［RNAの増幅］

図9にTALPAT法の工程を示す．TALPAT法は全部で5つのステップからなる．ステップ1では，T7 promoterの配列が付いたオリゴ（dT）プライマーを用いて，3′末端にT7 promoterの配列が付加された二本鎖DNA（ds-cDNA：double strand cDNA）を合成する．次のステップ2では，このds-cDNAのT7 promoterの配列を利用してT7 RNAポリメラーゼを反応させることにより，total RNA中のmRNAをcRNAとして増幅する（1回目のT7-transcription）．

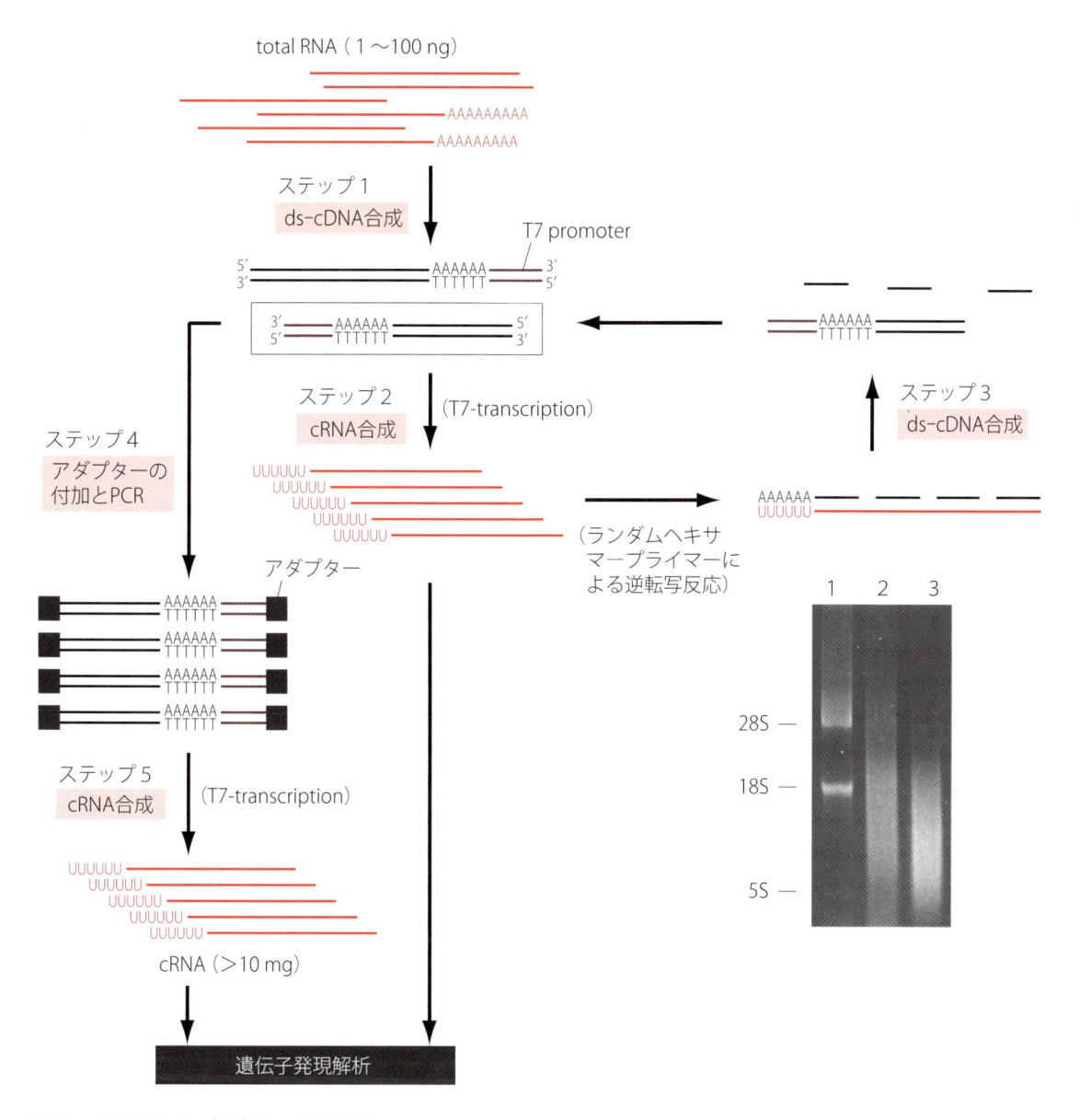

図9 TALPAT法（文献9より改変）
最終的に合成されたcRNAのサイズを確認する．レーン1はtotal RNA，レーン2はT7-transcription1回により増幅されたcRNA，レーン3はTALPAT法により増幅されたcRNAである．T7-transcription単独もTALPATもT7-transcriptionの回数が増えるほどcRNAの平均鎖長が短くなる．レーン2よりレーン3の方が短くなっているのは，TALPAT法においてT7-transcriptionを都合3回行っているからであり，PCRによるものではない

　ステップ3では，合成されたcRNAからもう一度T7 promoterの配列が付いたcDNAを合成することにより，T7-transcriptionを繰り返すことができる．しかし，2回目以降の増幅において，ds-cDNAを合成するときにランダムヘキサマープライマーを用いるため，**回を重ねるごとにcRNAの平均鎖長は短くなる．よって，増幅回数に限りがあり，3回までが限界とされている**．T7-transcription 3回で十分な量が得られればよいが，不十分な場合も往々にしてある．

表1 スタートサンプル量と得られるcRNAの量

細胞数	total RNA	cRNA量		
		TALPAT	T7-transcription 2回	T7-transcription 1回
10^5	1 μg	○	○	30～40 μg
10^4	100 ng	>10 mg	○	△
10^3	10 ng	>10 mg	15～50 μg	×
10^2	1 ng	>10 mg	×	×

数値は2回の平均．○：増幅可能，△：＜10 μg，×：困難

　そこで，TALPAT法では，ステップ4として，増幅効率改善のため，T7-transcription前のds-cDNAをアダプターライゲーションPCRで増幅する（本項②参照）．最後にステップ5であるが，増幅されたPCR産物ははじめに合成したds-cDNA同様T7 promoter配列を3′末端にもっており，ここからもう一度T7-transcriptionを行う．増幅されるcRNAはmRNA 3′末端200 bpから2 kb近くまであり，T7-transcriptionを繰り返した場合と変わらない．

　表1に，スタートに用いるtotal RNAサンプル量と，そこからTALPAT法とT7-transcriptionで増幅できるcRNA量についてまとめた．注意点として，マイクロアレイ解析による確認実験から，同一のサンプルであっても増幅方法の異なる間においては，データがばらつくことがあげられる．つまり，増幅方法を統一しなければ，サンプル間で目的遺伝子の発現量を比較できなくなってしまう．問題は，どのような状況で各増幅方法を適用すればよいか把握しておくことである．われわれの研究室では，2 μg以上サンプルがある場合はT7-transcriptionを1回行っている．1回の解析にtotal RNA 1 μg使用して，50～100 μgのcRNAができる．サンプル量が数十ng～2 μgにおいては，T7-transcriptionを2回行っている．凍結切片用に包埋した生サンプルから数枚切り出してtotal RNAを使用する際に有効である．サンプル量が10 ng～それ以下，また，LCMで細胞数が1,000を下回る場合は，TALPAT法を使用する．現在のところ，100細胞以下，1細胞分のtotal RNAからでも増幅可能であるが，マイクロアレイ解析を行ってみるとかなりの遺伝子が脱落してしまっている．増幅しない場合と比べて80～90％以上の遺伝子を解析できる増幅サンプルを得るには，100～1,000細胞以上，1～10 ngは必要である．

　以下，TALPATのプロトコールを紹介する．

準備するもの

1）プライマー

- T7-dT24プライマー（HPLC精製，5′-phosphate修飾）
  5′-GGCCAGTGAATTGTAATACGACTCACTATAGGGAGGCGGTTTTTTTTTTTTTTTTTTTTTTTT-3′
- ER1プライマー（カラム精製グレード）
  5′-GGAATTCGGCGGCCGCGGATCC-3′
- ランダムヘキサマー プライマー…GEヘルスケア社，#27-2166-01

2）cDNA合成
- SuperScript Ⅱ RT（逆転写酵素）…インビトロジェン社，#18064-014（5×First Strand Buffer付加商品）
- RNase inhibitor…タカラバイオ社，#2311A
- dNTP…GEヘルスケア社，#27-2035-01
- 5×Second Strand Buffer…インビトロジェン社，#10812-014
- *E. coli* RNaseH…インビトロジェン社，#18021-014
- *E. coli* DNA polymerase Ⅰ…インビトロジェン社，#18010-025
- *E. coli* DNA ligase…インビトロジェン社，#18052-019
- T4 DNA polymerase…インビトロジェン社，#18005-017

3）cRNA合成
- MEGA script in Vitro Transcription Kit, T7…Ambion社（アプライドバイオシステムズ社），#1334

4）アダプターライゲーションPCR
- T4 DNA Ligase…タカラバイオ社，#2011A
- Adaptor, *Eco*RⅠ-*Not*Ⅰ-*Bam*HⅠ（ENB adaptor）…タカラバイオ社，#4510
- TaKaRa Ex Taq（Mg^{2+} free Buffer）…タカラバイオ社，#RR01AM

5）核酸の精製[a]
- ISOGEN…ニッポンジーン社，#311-02501
- グリコーゲン…インビトロジェン社，#10814-010
- TE飽和フェノール…ニッポンジーン社，#319-90093

[a] cDNA, cRNA, PCR産物の精製はキアゲン社のカラム精製キットの使用も可能であるが，はじめのcDNA合成時の精製は，ごく微量なこともあり，本プロトコールに従った方が無難であろう．

6）RNAサンプル
増幅には時間がかかるので，total RNAの質には気を配りたい．われわれの研究室では，微量核酸解析用キャピラリー電気泳動装置で確認している（図11参照）．

7）機器
- サーマルサイクラー（1章-2参照）
- ヒートブロック
- 分光光度計[b]

[b] 微量核酸定量装置であればなおよい（図10）．

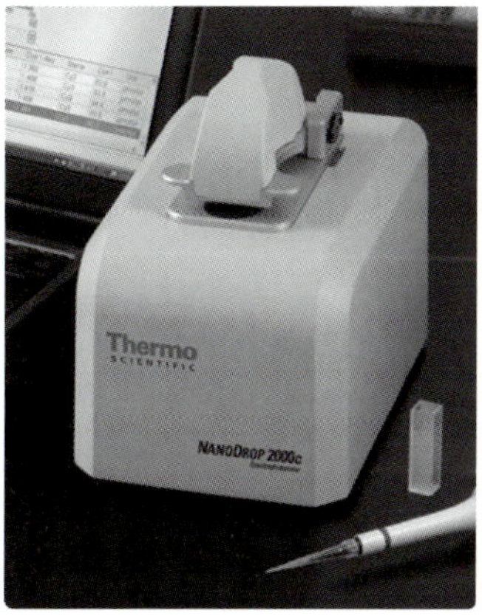

図10 微量核酸の定量装置
われわれの研究室で使用している微量核酸定量装置は，写真のスクラム社が取り扱っているNanoDrop 2000cである[13]．1μLあれば測定可能で，2 ng～15,000 ng/μLを検出できる

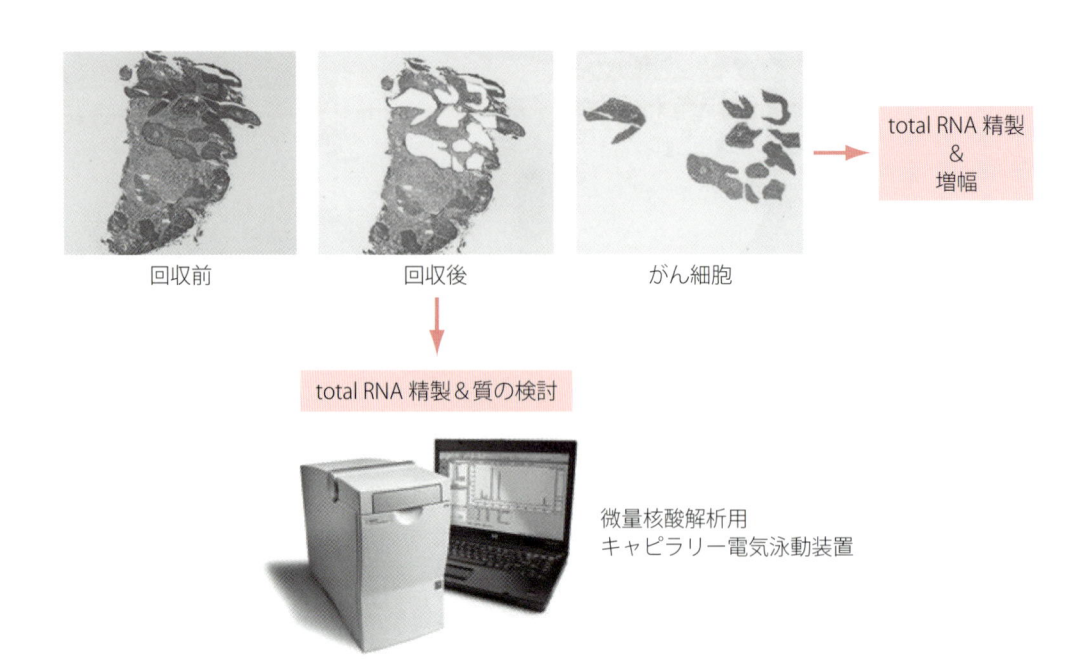

図11 LCMを用いて回収した同一組織標本の異なる部位のがん細胞の比較
回収した細胞はごく微量なので回収後の残りの組織標本を用いてtotal RNAの質を検討する．写真の微量核酸解析用キャピラリー電気泳動装置は，アジレント・テクノロジー社のバイオアナライザー2100である[12]

プロトコール

▶ステップ1（ds-cDNA合成）

❶ サンプル total RNA（1〜100 ng）を RNase free 水で10 μLに調製する[c]

❷ 100 μM T7-dT24 プライマーを1 μL加え，RNA を熱変性させるため，65℃で10分間インキュベーションし，氷上で急冷する

❸ 下記のように First Strand 反応液を調製し，37℃で2分間インキュベーションする

total RNA & T7-dT24 プライマー溶液	11 μL
5 × First Strand Buffer	4 μL
10 mM dNTP	1 μL
0.1 M DTT[d]	2 μL
RNase inhibitor	1 μL
Total	19 μL

❹ SuperScript II RT を1 μL加え（Total 20 μL），37℃で1時間インキュベーションして，逆転写反応により一本鎖 cDNA を合成する

[c] **重要** コントロールをおく．細胞株などから精製した品質確かなサンプルを希釈して1，10，100 ngに調製して同時に増幅する．サンプルの増幅がうまくいかなかったとき，増幅方法の問題なのか，サンプルの問題なのか判断できる．

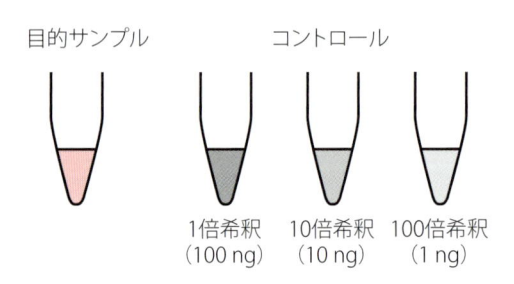

目的サンプル　　コントロール

1倍希釈　　10倍希釈　　100倍希釈
（100 ng）　（10 ng）　　（1 ng）

[d] DTT は還元剤であり，酵素が酸化により失活するのを防ぐ．RNase inhibitor や逆転写酵素の活性維持のために加えられる．

❺下記のようにSecond Strand反応液を調製し❡,16℃で2時間インキュベーションして,二本鎖cDNAを合成する

First Strand 反応液	20 μL
RNase free 水	91 μL
5 × Second Strand Buffer	30 μL
10 mM dNTP	3 μL
E. coli DNA ligase	1 μL
E. coli DNA polymerase I	4 μL
E. coli RNaseH	1 μL
Total	150 μL

❻T4 DNA polymeraseを2 μL加え,16℃で5分間インキュベーションして,二本鎖cDNAの両端を平滑末端にする

❼20 μg/μLのグリコーゲンを1 μL添加する❡

❽フェノール抽出/クロロホルム抽出を行う

❾イソプロパノール沈殿による精製と70%エタノールによるリンスを2回繰り返す❡

❿RNase free 水8 μLに溶解する

▶ステップ2（cRNA合成）

⓫ステップ1で合成したds-cDNA溶液に以下のように試薬,酵素を加え,37℃で5時間インキュベーションして,cRNAを合成する

ds-cDNA 溶液	8 μL
NTP mix	8 μL
10 × T7 RNA polymerase Buffer	2 μL
T7 RNA polymerase Enzyme mix	2 μL
Total	20 μL

⓬RNase free DNaseを1 μL加え,37℃で15分間インキュベーションして,鋳型となったds-cDNAを分解する

ⓔ氷上で操作すること.

ⓕ濃度が薄いDNAあるいはRNAをエタノール沈殿する場合,核酸共沈剤（キャリアー）の使用が推奨される.キャリアーはDNAやRNAと同じ条件下で共沈殿するため,エタノール沈殿の際,DNAやRNAの回収率が上がる.yeast tRNA,ニシン精子DNAなど他生物種の核酸を使用することもあるが,核酸を使用するとその後の酵素反応が阻害されたり,定量できなかったりと悪影響が懸念される.われわれの研究室ではグリコーゲンを使っている.

ⓖ7.5 M 酢酸アンモニウム 1/2倍量とキャリアーとして1 μLグリコーゲン（20 μg/μL）を加え,よく混ぜる.さらに上記を加えた量の2倍量のイソプロパノールを加えよく混ぜ,室温で15分間静置する.その後,室温で15,000 rpm（20,400 G）,10分間遠心する.上清を除いてペレットを回収後,70％エタノールを500 μL前後加え,軽くボルテックスにかけ,室温で15,000 rpm（20,400 G）,5分間遠心する.上清を除いてペレットを回収し,超純水100 μLで溶かし,もう一度繰り返す.

⓭ ISOGEN を 400 μL 加え，よく撹拌し(h)，室温で2分間放置する
⓮ クロロホルムを 100 μL 加え，よく撹拌し(h)，室温で2分間放置する

(h) ボルテックスまたはアップサイドダウンで均一になるまで静かに混ぜる．

押さえつける

ボルテックスによる撹拌

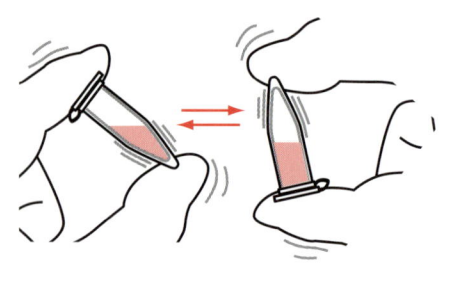

アップサイドダウンによる撹拌

⓯ 15,000 rpm（20,400 G）(i)で5分間遠心する
⓰ 上清を回収し，等量のイソプロパノールを加え，よく撹拌し(h)，15分間室温で静置する
⓱ 15,000 rpm（20,400 G）(i)で5分間遠心する
⓲ 70％エタノールでリンスする
⓳ RNase free 水 10 μL に溶解する(j)

(i) 回転数はトミー精工社のラックインローター TMA-300 とローターラック AR015-24 の組み合わせの場合．

▶ ステップ3（cRNA からの ds-cDNA 合成）
⓴ ステップ2で合成した cRNA 溶液に 0.2 μg/μL のランダムヘキサマープライマーを 1 μL 加え，68℃で10分間インキュベーション後，氷上で急冷する(k)
㉑ 下記のように First Strand 反応液を調製し，37℃で2分間インキュベーションする

(j) cRNA 精製ごとに，終了後の量と質を検定する．1/10～1/20量を使って分光光度計で定量する（図10）．量に余裕があるときは電気泳動も行って，平均鎖長を確認する（図12）．ステップ3では，合成された cRNA を 1 μg 以上使用しない．

(k) 分子の運動は高温で活発で低温で遅くなる．熱変性で一本鎖になった DNA をゆっくり冷却すると親和性の最も高い相補鎖と再会合して再び二本鎖になるが，急冷すると分子運動が急激に遅くなり相補鎖と再会合できずに一本鎖のままになる．

cRNA & ランダムヘキサマープライマー溶液(l)	
	11 μL
5 × First Strand Buffer	4 μL
10 mM dNTP	1 μL
0.1 M DTT	2 μL
RNase inhibitor	1 μL
Total	19 μL

(l) ランダムヘキサマープライマーの濃度は，できあがる cDNA プールの平均鎖長に影響する．濃度が濃いほど鎖長は短くなる．細胞株の total RNA などを用いて前実験を行い，T7-transcription を2回繰り返し，電気泳動を行い，cRNA プールの鎖長を確認し，鎖長が 200 b から 2 kb ぐらいになるようランダムヘキサマープライマーの濃度を調整する．

㉒ Super Script II RT を 1 μL 加え（Total 20 μL），37℃で1時間インキュベーションする
㉓ RNase H を 1 μL 加え，37℃で20分間インキュベーションして，鋳型となった cRNA を分解する

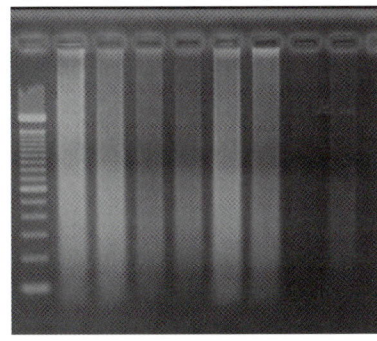

図12 アガロースゲル電気泳動による増幅したcRNAの質の確認
レーン7と8のサンプルが増幅効率が悪く，実際，微量核酸定量装置でも他に比べて1/5～1/10量であった

㉔ 95℃で2分間インキュベーション後，氷上で急冷して，合成された一本鎖cDNAを熱変性させる

㉕ 100μM T7-dT24プライマーを1μL加える

㉖ 65℃で5分間，引き続き42℃で10分間インキュベーションして，T7-dT24プライマーを一本鎖cDNAのpoly（A）配列部分に結合させる

㉗ 下記のようにSecond Strand反応液を調製し，16℃で2時間インキュベーションする⒨

First Strand 反応液	22μL
RNase free 水	90μL
5× Second Strand Buffer	30μL
10 mM dNTP	3μL
E. coli DNA polymerase	4μL
E. coli RNaseH	1μL
Total	150μL

㉘ T4 DNA polymeraseを2μL加え，37℃で5分間インキュベーションする⒩

㉙ フェノール抽出/クロロホルム抽出を行う

㉚ イソプロパノール沈殿による精製と70％エタノールによるリンスを2回繰り返す⒢

㉛ RNase free水14μLに溶解する⒪

⒨ ステップ1では，T7-dT24プライマーを用いて一本鎖cDNA合成を行い，次に鋳型となったmRNAをcDNAに置き換えることで相補鎖のcDNAを合成した．この方法だと，合成された相補鎖cDNAは断片状態なので，断片同士を結合するのに*E. coli* DNA ligaseが必要となる（図2を参照）．しかし，ステップ3ではランダムヘキサマープライマーを用いて一本鎖cDNA合成し，その後mRNAは完全に分解して取り除き，T7-dT24プライマーを基点として相補鎖のcDNAを合成する．この場合，相補鎖cDNAはつながった状態で合成されるので，*E. coli* DNA ligaseは必要ない．

⒩ アダプターをライゲーションするため，平滑末端化が完全に行われるよう1回目のcDNA合成のとき（手順❻）よりも温度を上げている．

⒪ ⒥でステップ3に使用できるcRNAが400 ng以下の場合，もう一度cRNA増幅（ステップ2＆3）を繰り返した方がよいだろう．

▶ステップ4（アダプターの付加とPCR，図1B参照）

㉜ ステップ3で合成したds-cDNAに，以下のようにアダプター，試薬，酵素を加え，16℃で16時間インキュベーションして，ds-cDNA両端にアダプターを付加する

ds-cDNA 溶液	14 μL
ENB adaptor（50 μM）	2 μL
10×Ligation Buffer	2 μL
10 mM ATP ⓟ	1 μL
T4 DNA Ligase	1 μL
Total	20 μL

ⓟ T4 DNA Ligase の補酵素として加える.

❸❸ 以下のように PCR 反応液を調製し，サーマルサイクラーにセットする

超純水	63 μL
10×Ex Taq Buffer（Mg^{2+} free）ⓠ	10 μL
25 mM MgCl$_2$	12 μL
dNTP mix（各 2.5 mM）	10 μL
ER1 プライマー（100 μM）	3 μL
鋳型 DNA（❸❷のライゲーション溶液）ⓡ	1 μL
Ex Taq	1 μL
Total	100 μL

ⓠ **重要** バッファーは MgCl$_2$ が別になっているものを使用し，終濃度 3 mM になるように調整する．ER1 プライマーを高温のアニーリング温度で反応させるために，MgCl$_2$ 濃度を通常より高めの 3 mM にすることが必要となる．

ⓡ PCR チューブあたりの予想される cDNA 量は数十〜数百 ng になるようにするとよい．PCR 前に少なくとも 200 ng は cDNA があると望ましい．

❸❹ 以下の PCR 反応を実行する

＜PCR 条件＞

熱変性	95 ℃	5 分
↓		
熱変性	95 ℃	1 分 ⎫
アニーリング&伸長反応	72 ℃	3 分 ⎬ 30 サイクル
↓		
伸長反応	72 ℃	10 分
↓		
保存	4 ℃	∞

❸❺ 20 μg/μL のグリコーゲンを 1 μL 添加する
❸❻ フェノール抽出/クロロホルム抽出を行う
❸❼ イソプロパノール沈殿による精製と 70％エタノールによるリンスを 2 回繰り返す ⓢ
❸❽ ドライアップする
❸❾ 次の cRNA 合成での反応液調製に都合がいいように，TE で濃度 0.5 μg/μL になるように溶解し，−20 ℃ で保存する

ⓢ 7.5 M 酢酸アンモニウム 1/2 倍量とキャリアーとして 1 μL グリコーゲン（20 μg/μL）を加え，よく混ぜる．さらに上記加えた量の 2 倍量のイソプロパノールを加えよく混ぜ，室温で 15 分間静置する．その後，室温で 15,000 rpm（20,400 G），10 分間遠心する．上清を除いてペレットを回収後，70％エタノールを 500 μL 前後加え，軽くボルテックスにかけ，室温で 15,000 rpm（20,400 G），5 分間遠心する．上清を除いてペレットを回収し，超純水 100 μL で溶かし，もう一度繰り返す．

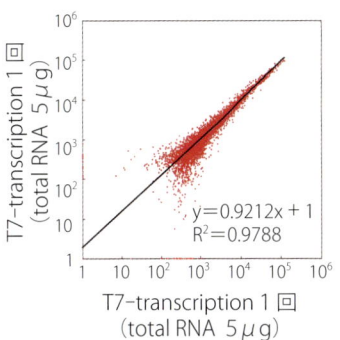

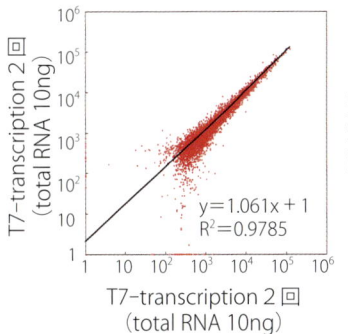

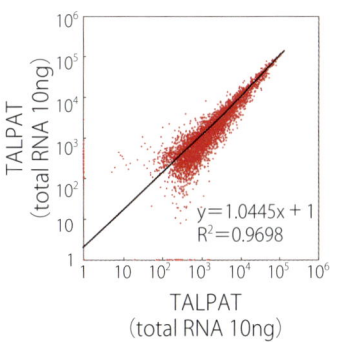

図13　増幅したRNAから得られる遺伝子発現プロファイルの再現性
同一の細胞株のtotal RNAから10 ngずつ1回，2回と個別に増幅し，Affymetrix社のヒト12,000遺伝子ののったGeneChipを用いて発現プロファイルを取得し，Scatter plotにより比較した．点は各遺伝子を示し，縦軸と横軸はシグナル強度を示す．ほとんどの遺伝子が1回目と2回目に増幅したcRNAのマイクロアレイ解析データ双方において発現強度に大きな変化はみられず，TALPATでRNAが再現性よく増幅できることがわかる

▶ステップ5（cRNA合成）

❹⓪ステップ2を繰り返す⒯

⒯ 最後にラベルを取り込ませればマイクロアレイ解析ができるし，取り込ませなければRT-PCRのサンプルとして使用できる．増幅されたcRNAの再現性については，図13にて説明する．

微量検体からのPCR, RT-PCR［RNAの増幅］　トラブルシューティング ⚠

⚠ 1）cRNAの増幅効率が悪い，または，品質が悪い

原因
❶ total RNAの精製に問題があり，RNAが分解している．
❷ total RNAを精製する前の組織の状態が悪く，RNAが分解している．
❸ RNAの精製度が低く，測定段階でRNA量が多く見積もられてしまい，スタートサンプルが足りない状態である．

原因の究明と対処法
❶ total RNAの精製方法は，1章-3を参照してもらいたい．
❷ 凍結融解があったなど組織の保存状態に問題がある場合は，解決不能である．
❸ 少なくとも1～10 ngの精製度の高いtotal RNAを用意する．

⚠ 2）増幅したcRNAの長さが短い

原因
❶ total RNAの質が悪い．
❷ cRNAからcDNAを合成するときの，ランダムヘキサマープライマーの濃度が濃すぎる．
❸ サーマルサイクラーの温度制御が正確になされていないと，短くなる場合がある．

原因の究明と対処法
❶ トラブルシューティング1）を参照．

❷ランダムヘキサマープライマーの濃度を調節する．二本鎖cDNAを合成するときは，はじめの一本鎖cDNA合成のための逆転写反応液中のランダムヘキサマープライマーの濃度を1〜15 ng/μLで調整する．しかし，あまり低濃度だと発現量の少ない遺伝子がcDNAとして合成されず欠落してしまうので，紹介したプロトコール上では濃いめの濃度（10 ng/μL）になっている．最終的に合成されたcRNAが電気泳動上で300 b〜2 kbにわたって見える程度（平均鎖長にして1.5 kbくらい）になるはずだが，平均鎖長が1 kbを切るような短いものが合成されるときは予備実験を行って調整する．ランダムヘキサマープライマーの終濃度25 ng/μL以外に，5〜20 ng/μLの反応液を1，2チューブ用意して比較する．
❸確かな温度制御ができるサーマルサイクラーを使用する．

⚠ 3）RT-PCRやマイクロアレイ解析において，データの再現性が低い

原因
❶total RNAの質が悪い．
❷cDNAを合成するときのRNA量が少なすぎる，または，多すぎる．
❸PCRのときの鋳型cDNA量が大きくずれている．
❹各種プライマーが傷んでいる．

原因の究明と対処法
❶トラブルシューティング1）を参照．
❷実験系ごとに最適のスタートRNA量がある（表1参照）．微量核酸定量装置や電気泳動を用いてRNAの質と量の確認を行い，各実験段階でのRNAの量と質を可能な限り均一にする．
❸PCRは1チューブに鋳型cDNAの量が10〜100 ng前後まで加えられることを想定しており，これに合わせる．
❹プライマーが傷んでいるとcRNAの長さが実験ごとに異なってしまう．凍結融解を繰り返した古いプライマーや，4℃で保存するなどした保存状態の悪いプライマーを使用しない．

参考文献＆ウェブサイト
 1）青柳一彦＆佐々木博己：Surgery Frontier, 17：78-81, 2010
 2）Huang, Q. et al.：Genes Chromosome Cancer, 28：395-403, 2000
 3）Dietmaier, W. et al.：Am. J. Pathol., 154：83-95, 1999
 4）Ko, M. S. H. et al.：Nucl. Acids Res., 18：4293-4294, 1990
 5）Lucito, R. et al.：Proc. Natl. Acad. Sci. USA, 95：4487-4492, 1998
 6）Tanabe, C. et al.：Genes Chromosome Cancer, 38：168-176, 2003
 7）Wang, E. L. et al.：Nat. Biotechnol., 18：457-459, 2000
 8）TietJen, I. et al.：Neuron, 38：161-175, 2003
 9）Aoyagi, K. et al.：Biochem. Biophys. Res. Commun., 300：915-920, 2003
10）Isohata, N. et al.：Int. J. Cancer, 125：1212-1221, 2009
11）デジラボ社のホームページ（http://www.digilabglobal.com/）
12）アジレント・テクノロジー社のホームページ（http://www.home.agilent.com/）
13）スクラム社のホームページ（http://www.scrum-net.co.jp/）

3章

遺伝子の構造・発現を解析する

1節　ダイレクトシークエンス
2節　リアルタイム PCR
3節　メチル化特異的 PCR（MSP）
4節　クロマチン免疫沈降（ChIP）

3章 遺伝子の構造・発現を解析する

1 ダイレクトシークエンス

河府和義

> **特徴**
> ・微量ゲノムDNAからのPCR産物をプラスミドベクターにサブ・クローニングする必要がなく，直接シークエンス解析が可能．
> ・多数検体のシークエンス解析にとって便利．
> ・PCR反応の際に生じる増幅エラーによる塩基置換の影響を受けにくい．

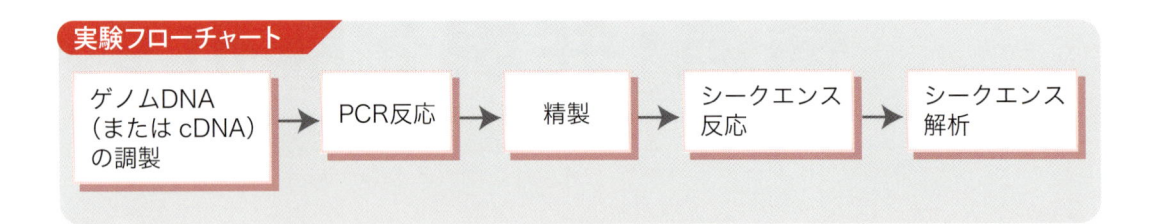

実験フローチャート

ゲノムDNA（またはcDNA）の調製 → PCR反応 → 精製 → シークエンス反応 → シークエンス解析

① 実験の概略

　微量検体から特定のゲノムDNAまたはcDNA配列における遺伝子変異・一塩基多型性などを同定するためには，これら検体からDNAをPCR増幅してからシークエンス解析する必要がある．以前はこのDNAをTAクローニング法によりプラスミドなどのベクターにサブ・クローニングし（4章–1参照），その後プラスミドにあらかじめ組み込まれているプライマー配列を利用してシークエンス反応を行い配列決定作業を行っていた．しかしPCR反応中の伸長ミス（misincorporation）により本来正常な配列のゲノム部位に変異が入ってしまうという問題があったため，サブ・クローニングしたクローン複数個（5～10クローン）の解析結果を照合する必要があった．この問題を解消するために忠実性（fidelity）の高いPCR酵素が多数開発・販売されてきた．

　ダイレクトシークエンスはクローニングというステップをスキップして，増幅したDNA断片を直接シークエンス反応に用いる技術である．これを実現するには非特異性増幅のない単一度の高い増幅断片を得ることや，増幅後の反応液から未反応のプライマーやdNTPを取り除く必要がある．一方，上述のようなプラスミドにクローニングする煩雑な方法に比較して，このダイレクトシークエンス法では増幅断片を精製してシークエンス解析を1回だけ行うことにより遺伝子変異・一塩基多型性を同定することができる（図1）．よって，**多数の検体（50～100）を一括して扱える**という利点がある．シークエンス解析は最も汎用されているダイデオキシ法（サンガー法ともいう．4章–1参照）を基本とした各社シークエンスシステムにより解析可能であり，シークエンサー機種に対応した波形解析ソフトが便利である．次世代ゲノムシークエンス（パイロシークエンス法）などが実用化し，複数検体の遺伝子変

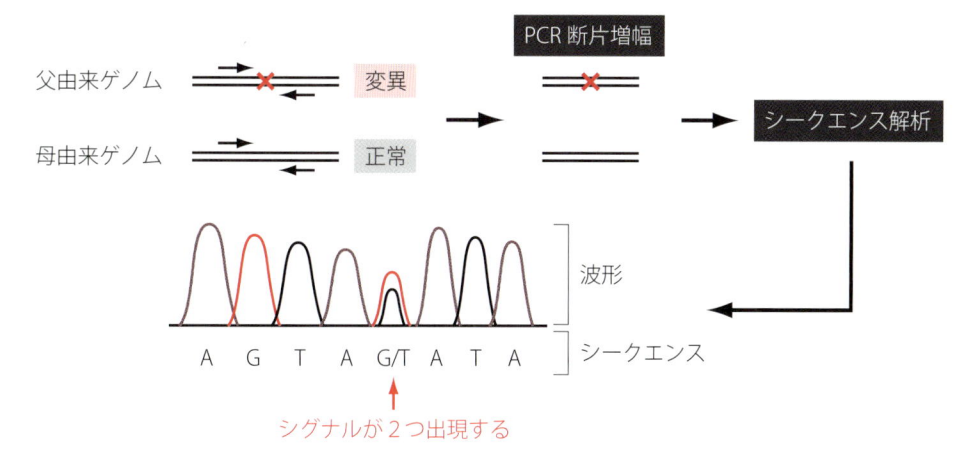

図1 ダイレクトシークエンス法による変異同定

異同定が可能になった現在でもなおこのダイレクトシークエンス法はゲノムサイエンスにおける重要な技術として汎用されている．

❷ 原　理

　ダイレクトシークエンス法は，図2のように，①PCR増幅および②PCR断片の精製，そして最後の③シークエンス解析の3ステップから構成されるが，基本的に最も重要なのは①のPCR増幅である．この増幅ステップにおいて目的の増幅断片以外に余分な断片が生じた場合には，シークエンスデータに複数の塩基配列情報が混ざることとなる．よって変異や多型を検出することは不可能である．PCR反応により均一性の高い1本の増幅バンドを得る方法については2章–1などを参照していただきたい．

　②の精製の目的は，未反応のプライマーおよびdNTPを除去することである．その理由としては，シークエンス解析のためのPCR反応液に必要のないプライマーが混入すると複数カ所からのシークエンスデータが重複してしまうことがあげられる．また一方，dNTPの混入によりdNTPの至適濃度が高くなりすぎる結果，dideoxyNTP（ddNTP）のtermination反応に影響が出るなどもあげられる．PCR増幅断片の精製は従来法であるところのアガロースゲル電気泳動を行い，ゲルからの目的バンドの切り出しを行い，その後抽出精製するのが確実な方法である．しかしこの手法では多数検体を扱うなどの場合には煩雑になることが問題となる．PCR断片を精製するためのキットも数多く市販されている〔PCR Purification Kit（キアゲン社），High Pure PCR Product Purification Kit（ロシュ・ダイアグノスティックス社）など〕が，この方法も多数検体を扱う際には労力のかかる方法である．

　一方，本項で紹介する**「ExoSAP-IT」を用いると，PCR反応を終えたサンプルに直接酵素溶液を加え熱処理するだけでプライマーとdNTPを除去・不活性化することが可能**である．ExoSAP-ITには，大腸菌由来のエキソヌクレアーゼⅠ（Exo Ⅰ）とシュリンプ由来アルカリホスファターゼ（SAP）が含まれている．Exo ⅠはPCR反応液に含まれる未反応プライマー（一本鎖DNA）を特異的に消化し，SAPは未反応dNTPsのリン酸基を除去してdNTPs

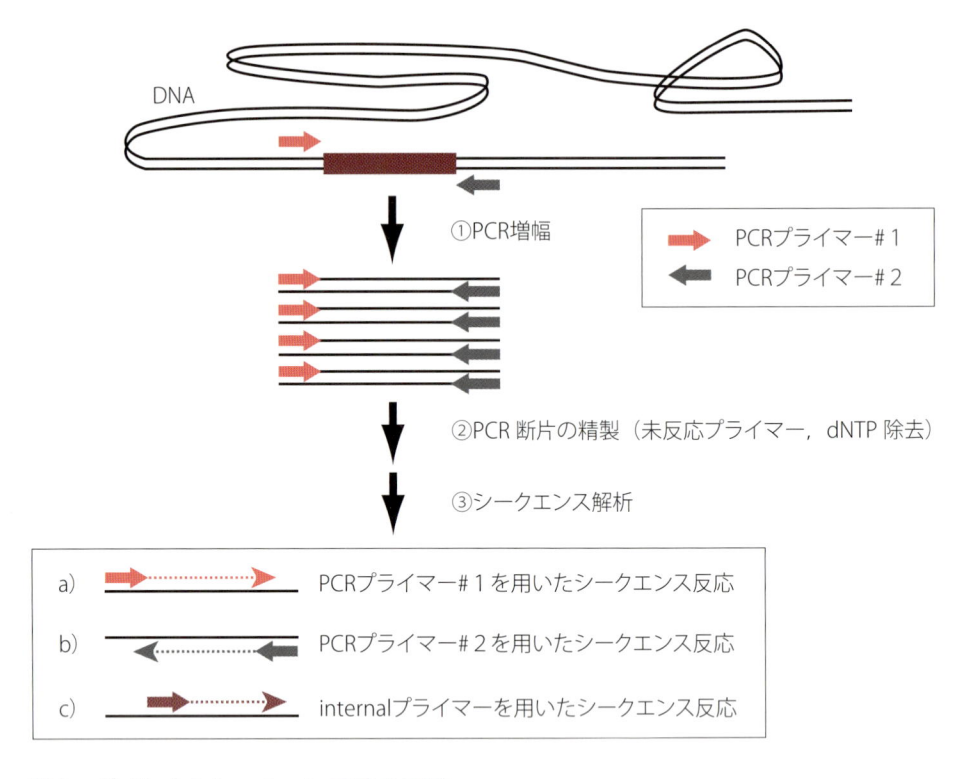

図2 ダイレクトシークエンス法の原理

を不活性化する．また80℃処理でこれらの酵素を失活させれば，前述のとおり直接シークエンス解析に使用することができる．シークエンス解析およびシークエンスデータ解析は各社から便利な酵素ミックスや解析ソフトウェアが市販されているのでそれらを利用する．

以降では，PCR増幅からシークエンス解析までの標準的なプロトコールを紹介する．

準備するもの

- ダイレクトシークエンス解析を行うサンプル（ゲノムDNA，cDNAなど）
- PCRのためのDNAポリメラーゼおよびバッファー系
  TaKaRa LA Taq with GC Buffer（タカラバイオ社）など
- アガロースゲル電気泳動一式（PCR増幅断片のチェック）
- PCR断片精製カラム…マイクロコン100（ミリポア社）など
- ExoSAP-ITキット（GEヘルスケア社，# US78200）
- シークエンス解析のためのキットなど
  ここではBigDye Terminator v3.1 Cycle Sequencing Kit（アプライドバイオシステムズ社），BigDye XTerminator 精製キット（アプライドバイオシステムズ社）を使用した例を示す．
- サーマルサイクラー
  GeneAmp 9700（アプライドバイオシステムズ社），PCR Thermal Cycler SP（タカラバイオ社），DNA engine PTC-0200（バイオ・ラッド社）など
- シークエンサー
  ABI PRISM 310/3100/3130/3500/3730 Genetic Analyzer（アプライドバイオシステムズ社）など

プロトコール

▶ 1）PCRおよびPCR増幅断片のチェック

PCR反応は典型的な例を示すが，他にも多数方法があるので1章を中心に他章も参照いただきたい．目的は均一なバンドを増幅することにあり，かつDNAポリメラーゼによる増幅エラーをできるだけ減らすために，PCRサイクル数をできるだけ少なくするのがポイントである．しかしゲノムPCRにより増幅する場合は最低でも30サイクルは必要となる．その場合にはできるだけ忠実性の高いポリメラーゼを採用する．また非特異的増幅を減らすためと68℃のアニーリング・伸長反応でも耐えうるように，30塩基程度のTm値が70℃前後のプライマーペアをデザインし，2ステップPCR法を採用することをすすめる．GC含量の高いゲノム領域を増幅する場合には通常のバッファーでは困難な場合がある．そのようなケースも想定して，第一選択プロトコールではTaKaRa LA Taq with GC Buffer（タカラバイオ社）などを用いる．基本的な注意事項であるが，2つのプライマーの配列が3′末端で相補しないように注意する．PCR伸長反応における増幅エラーの頻度やシークエンス解析の決定可能塩基数などを考慮すると，PCR増幅断片の長さは200〜400塩基程度に設計するべきである．

❶ チューブ1本あたり，下記の組成となるようにPCR反応液を調製する[a]

DNA（1〜10 ng）	5 μL
2×GC Buffer I [b]	25 μL
dNTP mix（各2.5 mM）	8 μL
プライマーforward（100 pmol/μL）	0.5 μL
プライマーreverse（100 pmol/μL）	0.5 μL
超純水	10 μL
LA Taq	1 μL
Total	50 μL

[a] ボリュームの大きなものから順に混和して，酵素を最後に加える．

[b] キット付属のバッファー．

❷ 下記の反応条件でPCRを行う

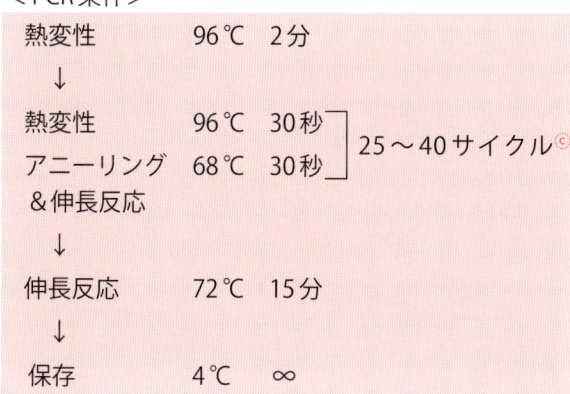

＜PCR条件＞

熱変性	96℃	2分
↓		
熱変性	96℃	30秒
アニーリング&伸長反応	68℃	30秒
↓		
伸長反応	72℃	15分
↓		
保存	4℃	∞

25〜40サイクル[c]

[c] サイクル数を25, 30, 35, 40にセットし，アガロースゲル電気泳動で増幅バンドが確認できる最小サイクル数に設定する（条件検討については1章-6も参照）．

3章 1 ダイレクトシークエンス

❸ アガロースゲル電気泳動を行う⒟　　　　　　　⒟ PCR反応液から多め（10 μL）のサンプルをアプライして非特異的増幅バンドがないことを確認する．

▶ 2）PCR反応液からのプライマー，dNTP除去

　　　　　PCR反応後の通常のDNA断片精製法はアガロースゲル電気泳動，バンド切り出しおよび抽出（4章–1参照）であるが，本項では多数検体を扱うための最も簡便なExoSAP-IT法を紹介する．

❹ ExoSAP-IT（100×）を氷上にて脱イオン水で20倍に希釈して5×酵素溶液を調製する⒠　　　　⒠ 必要量はPCR反応液の1/4量．

❺ PCR反応液に5×酵素溶液を1/4量加えて，終濃度が1×になるようにピペッティングで混ぜる

❻ 37℃で30分反応させる⒡　　　　　　　　　　⒡ この操作によりプライマー，dNTPの分解が起きる．
❼ 80℃で20分反応させる⒢　　　　　　　　　　⒢ この操作により酵素が不活性化する．
❽ 4℃（または－20℃）で保存する

▶ 3）シークエンス反応

　　　　　シークエンス解析はABI PRISMを用いて行う方法を紹介する．他社のシステムについては適宜各社から提供されるプロトコールを参照いただきたい．基本的に重要なポイントはどれだけの鋳型DNAをサイクルシークエンス（サーマルサイクラーを用いたシークエンス反応）に用いるかである．PCR産物すべてを常に定量してDNA濃度の条件を一定にする必要は必ずしもないが，1反応液中におよそ数10～100 ng程度のDNA断片が必要である．少なすぎるとシグナルが弱く，多すぎれば500塩基を超える長いシークエンスデータが得られにくくなる．

　　　　　PCR増幅断片のアガロースゲル電気泳動像から，DNA量の判明している分子量マーカーと比較しておよそのDNA量を推定し，シークエンス反応液に加えるPCR反応産物の量を適宜調整すべきである．

　　　　　PCR反応および精製後のサンプルからのシークエンスプロトコールを以下に示す．

❾ チューブ1本あたり，下記の組成となるようにシークエンス反応液を調製する

鋳型DNA（精製後のPCR反応液）	3 μL
BigDye terminator ver.3.1 ⒣	2 μL
プライマー（3.2 pmol/μL）	1 μL
希釈バッファー⒣	6 μL
超純水	8 μL
Total	20 μL

⒣ キットに付属している．BigDye terminatorは基質，酵素の混合液．

❿下記のサイクルシークエンス条件でPCRを行う

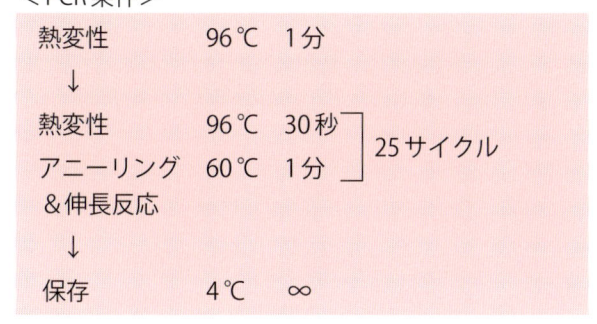

＜PCR条件＞

熱変性	96℃	1分	
↓			
熱変性	96℃	30秒	25サイクル
アニーリング &伸長反応	60℃	1分	
↓			
保存	4℃	∞	

▶4）シークエンス解析

　　　　　　　　　シークエンス反応液中に未反応の蛍光ターミネーター（蛍光ddNTP）が残っていると，シークエンスデータの低分子量領域にノイズピークが現れ，このノイズにより正確な塩基の読み取りが阻害されるだけでなく，移動度の補正やデータトリミングにも影響が出る．

　　使われなかった蛍光ターミネーターを完全に取り除くために，以下のBigDye XTerminator精製キットを推奨する．以下はそのプロトコールである．

⓫下記の溶液を調製する

❿の反応済みサンプル	20 μL
SAM溶液	90 μL
BigDye Xterminator溶液	20 μL
Total	130 μL

⓬96穴プレートをシール（例：3700用アルミシール P/NJP405）または8連チューブをキャップで密閉する

⓭プレートミキサーにセットし，スピード目盛りを最大にして30分間撹拌する

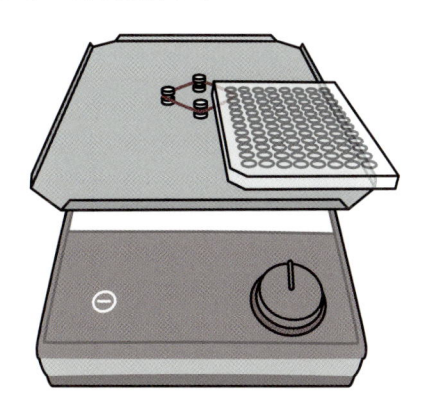

⓮ 1,000 G で 2 分間遠心する ⓘ

⓯ 上清全量（50 μL）を回収してシークエンサー用の 96 穴プレートに移し替える．シークエンスランのセッティングを行う ⓙ

ⓘ 蛍光ターミネーターがレジンとともに沈殿する．

ⓙ この段階で熱変性は決して行わないこと．容量が 50 μL を下回る場合には SAM 溶液を加えて 50 μL とする．

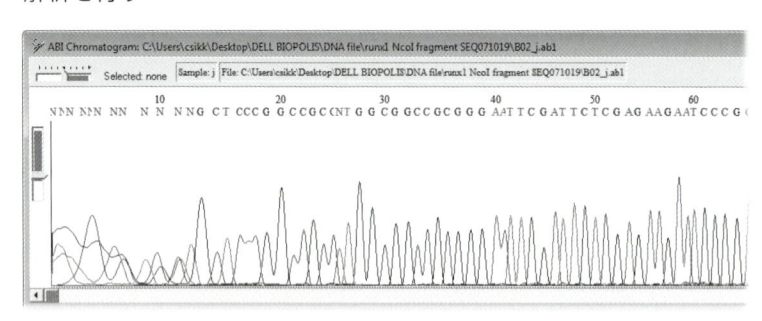

上清を回収する
レジンのペレット

⓰ シークエンス結果は BioEdit などのソフトを用いて解析を行う

ダイレクトシークエンス トラブルシューティング

⚠ ゲノム PCR で増幅断片が出ない

原因 鋳型または PCR 条件が十分でない．

原因の究明と対処法

これまでに PCR がうまくいくことがわかっている PCR プライマーペアをポジティブコントロールとして PCR を行う．もしもうまく PCR 増幅ができない場合にはゲノム DNA の精度などに問題がある．一方もしも PCR 増幅がうまくいけば，PCR 条件の検証を行う．詳しくは 1 章 -6, 2 章 -1 参照．

⚠ ゲノム PCR で増幅断片のほかに非特異的増幅が多くみられる

原因 アニーリング温度が 68 ℃の場合にはプライマー配列が原因の可能性がある．アニーリング温度が 50〜60 ℃の場合には最適温度ではない．

原因の究明と対処法

プライマー配列の 3' 末端 5〜6 塩基が目的のゲノム配列以外の配列に重複していないことを確認する．またアニーリング温度を 2 ℃ずつ変えた複数の条件を検証する．詳しくは 1 章 -4, 2 章 -1 参照．

⚠ シークエンスデータの波形が複数重なっている

原因 シークエンスに用いる PCR 増幅断片が単一でない．

原因の究明と対処法

PCR 増幅断片をアガロースゲル電気泳動などで精製し，単一になるようにする．

参考文献
『ここまでできる PCR 最新活用マニュアル』(佐々木博己/編)，羊土社，2003

3章　遺伝子の構造・発現を解析する

2 リアルタイムPCR

青柳一彦

特徴
- PCRによる増幅過程をリアルタイムにモニタリングする方法.
- mRNAやmiRNAの発現量の定量ができる.
- ゲノムDNAコピー数の解析が可能.
- SNPのタイピングに適している.

実験フローチャート

PCRまたはRT-PCRの反応液調製 → リアルタイムPCR用サーマルサイクラーによるPCR反応 → コンピュータによるデータ解析

① 実験の概略

1 PCRの定量性における問題点

　微量核酸の解析において，PCR法は最も有力な方法であるが，その定量性には問題があることが指摘されてきた．その原因として大きく3つの要因があげられる．

　まず，第一に，サンプル間のPCR産物量の比較を電気泳動で行うことである．この方法の具体的な手順としては，まず，電気泳動後にゲルを染色するとPCRで増幅したDNAがバンドとして確認できる．そして，そのDNAバンドの濃淡を比較することによってサンプル間の目的遺伝子の量の比較ができる．しかし，その比較は肉眼に頼るあいまいなものである場合が多く，微妙な差は検出できない．電気泳動で比較できるレンジの狭さも問題になる．多くのサンプルをそのレンジ内で比較するには，サンプル量を何度も変えて電気泳動を行わなくてはならない．また，電気泳動では目的DNAバンドの濃淡をサンプル間で相対的に比較しなくてはならない．よって，比較するすべてのサンプルのRNAまたはDNAが同じ量ずつ実験に供されている必要がある．単に濃度測定をして必要量使用するのでは不十分である．例えば，RT-PCRによって遺伝子発現解析をする場合など，サンプル間で発現量が変わらない内在性コントロール遺伝子（通常はハウスキーピング遺伝子）について別途PCRを行い，サンプルすべてが同じ量実験に供されていることを確認したうえで，目的遺伝子の増幅量の変化を検討しなくてはならない．

　要因の第二は，PCRによる増幅は，いつまでも一定に増え続けているわけではなく，実験系ごとにそれ以上増えない増幅の限界点（プラトー）があることである．すべてのサンプル

を検出限界以上からプラトーの間で比較するためには，PCRのサイクル数を変えて何度も電気泳動をしなくてはならない．この場合も当然，比較するサンプル間では同じサイクル数にしなくてはならないので，サンプル数が多いと相当な労力になる．

　要因の第三は，上記の煩雑な操作を繰り返すことで，手技によるデータのばらつきが大きくなることである．こうしたさまざまな問題を解決すべく開発されたのがリアルタイム（Real-time）PCR法である[1]．なお，mRNAの定量の場合は，正確にはリアルタイムRT-PCR法だが，厳密な使い分けはされていない．本項では総じてリアルタイムPCR法として説明していく（RT-PCRについては2章-3参照）．

2 リアルタイムPCRとは

　リアルタイムPCR法とは，**サーマルサイクラーと分光蛍光光度計を一体化した専用装置（1章-2参照）を用いて，PCRによる増幅過程をリアルタイムにモニタリングし，定量する方法**である．本法は，PCRにより産物が指数関数的に増幅している時期において，サンプル間の目的産物の増幅量を比較できるので精度が高い．そして，微量のサンプルを用いて，簡便に遺伝子の発現量を定量化することができ，さらに，多数のサンプルを同時に定量することができる．また，調べたいDNA断片の含有量がわかっているコントロールサンプルと比較すれば，実験サンプルに含まれる同DNA断片の含有量を正確に算出できる．同法は電気泳動と比べ，感度がよくダイナミックレンジも広い．また，電気泳動における煩雑な作業も不要であることから迅速かつ簡便に解析ができる．高価であった専用機器も一般化し，今やリアルタイムPCR法は，RNAやDNAの正確な定量にはなくてはならない方法となっている．mRNAやmiRNAの発現解析，ゲノムDNAのコピー数の定量，SNPのタイピングなど行う際の中心的な役割を担っている[2]．

② 原　理

　TaqManプローブを用いる方法，DNA結合色素（SYBR Green I）を用いる方法が主に用いられるが，**ハイブリダイゼーションプローブを用いる方法**などいくつかの方法が開発されている．図1，表1にそれぞれの特徴についてまとめた．

1 TaqManプローブを用いる方法

　TaqManプローブは両末端を蛍光ラベルした20〜30 mer（塩基）のオリゴヌクレオチドで，標的配列に特異的にハイブリダイズするように設計されている．TaqManプローブの5′末端はリポーター色素（F）で3′末端はクェンチャー色素（Q）でそれぞれラベルされ，プローブがインタクトな状態（図1A-a）ではリポーター色素の蛍光は蛍光共鳴エネルギー移動現象（fluorescence resonance energy transfer：FRET）によってクェンチャー色素に抑制されている．しかし，PCR反応の過程でTaq DNAポリメラーゼによってプローブが加水分解されるとリポーター色素がクェンチャー色素から遊離し（図1A-b），PCR産物の量に比

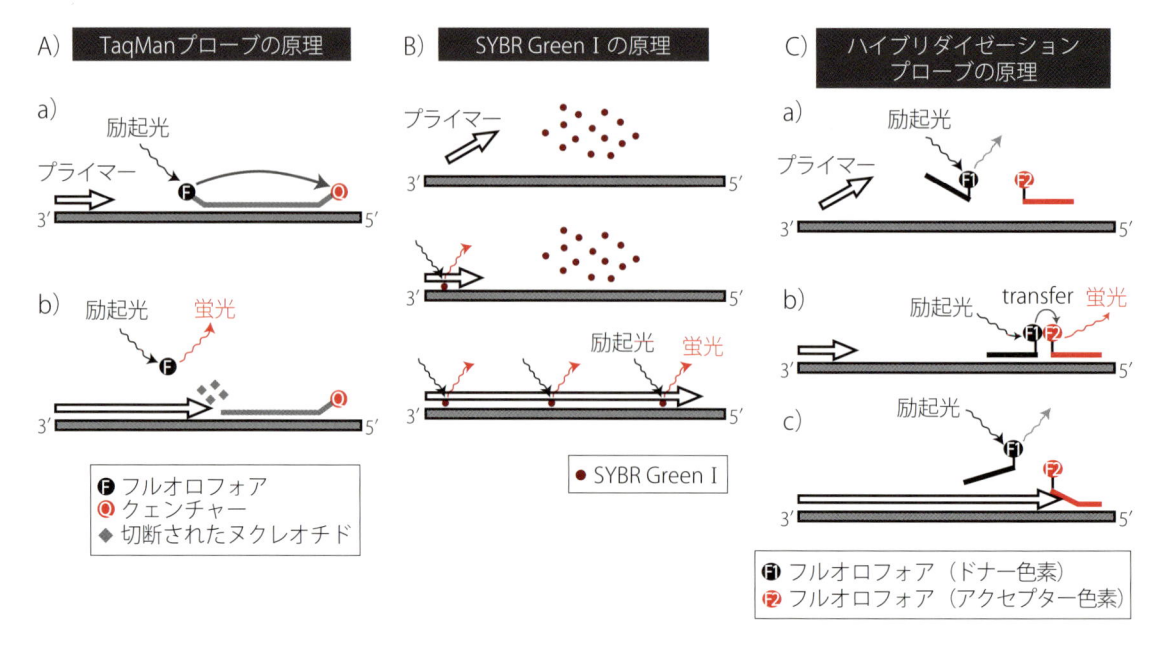

図1 リアルタイムPCRに利用する代表的な蛍光検出システムの原理

表1 リアルタイムPCRに利用する代表的な蛍光検出システムの比較

	利点	欠点	経済性
TaqMan プローブ	特異性が高い．よいキットが出ている．既知の遺伝子ならプローブを購入できる．	2種類のプライマーの他に，別途1種類のプローブを用意しなくてはならず，その設計や確認に手間がかかる．	高価な標識プローブを用意しなくてはならない．2波長以上検出できる高価な機種でないと測定できない．
SYBR Green I	今まで使用していたプライマーを使用して手軽に実験できる．よいキットが出ている．	非特異的なPCR産物やプライマーダイマーも蛍光シグナルに影響するため，プライマーの高いPCR特異性が必須．	高価な標識プローブを用意しなくてもよいので比較的安価．1波長しか検出できない安価な機種でよい．
ハイブリダイゼーションプローブ	特異性が高い．	2種類のプライマーの他に，別途2種類のプローブを用意しなくてはならず，その設計や確認に手間がかかる．	高価な標識プローブを用意しなくてはならない．2波長以上検出できる高価な機種でないと測定できない．

例してリポーター色素の蛍光強度が増すので，これをモニターする．プローブのリポーター色素にはVIC，FAM，TETなどがあり，選択できるので，うまく組み合わせれば一度に複数の標的配列の定量が可能である．

2 DNA結合色素（SYBR Green I）を用いる方法

SYBR Green Iは二本鎖DNAに結合することにより，特定の励起光（excitation）下で蛍光（emission）を発する蛍光色素である（図1B）．よって，PCR反応液中に加えておけばDNA量をモニターすることができる．この方法は，特別なプローブを必要としないので簡便，安価であるが，非特異的産物も検出してしまうという欠点がある．

3 ハイブリダイゼーションプローブを用いる方法

　ハイブリダイゼーションプローブは標的配列に特異的な2つの隣接するオリゴヌクレオチドプローブからなっており，5′側のプローブは3′末端がドナー色素（F1）で，3′側のプローブは5′末端がアクセプター色素（F2）でラベルされている（図1C-a）．2つのプローブが標的配列にハイブリダイズすることで特定の励起光下で2つの色素間の距離が近づくと，FRETによってアクセプター色素が特異な波長の蛍光を発生する（図1C-b）．PCRのアニーリング中に蛍光が検出され，標的配列を含むDNAのコピー数が増えると蛍光も強くなるので，これをモニターする．

　以上のうちTaqMan法は，蛍光の種類を変えて複数の遺伝子を同時に解析できて，サンプルを効率よく使用できる．また，多数の既知の遺伝子に対してプライマーとプローブのセットが用意されているアプライドバイオシステムズ社のTaqManアレイ&プレートシリーズなどのキットが入手できるなど，初心者にも実験がスタートしやすい[3]．そこで，本項では，最も頻繁に行われている遺伝子発現解析におけるTaqManプローブを用いたリアルタイムPCRを中心に説明する．

❸ TaqManプローブを設計する際の注意点

　TaqManプローブを用いてPCR産物の量を測定する方法は，TaqManプローブが標的配列にハイブリダイズすることに比例して生じる蛍光強度の増加を検出することによって行われる．したがって，いくらPCR増幅がうまく行われていても，TaqManプローブが標的配列に効率よくハイブリダイズしなければ，その増幅量を正確に測定することはできない．図1Aにあるとおり，蛍光を発する原理は，標的配列にハイブリダイズしたTaqManプローブが，PCRの伸長反応の段階でTaq DNAポリメラーゼによって分解されることによって起こる．よって，どちらかといえばPCRプライマーよりTaqManプローブの方が効率よくハイブリダイズしている必要がある．つまり，**PCRプライマーのTm値よりもTaqManプローブのTm値を高く設定しておく**ことが必要である．この他のTaqManプローブを設計するうえで注意すべき点は，通常のPCRプライマーと特別違わない（1章-4参照）．例えばプローブの長さは20〜30merにすること，プローブとプライマーの間やプローブ分子間（複数のプローブを用いる場合）で相補性をもたないようにすること，同じ塩基の極端な連続を避けること，GC含量は50％程度とすることなどがあげられる．われわれは，1種類の標的配列に対するプローブ，プライマーを選択する際，プライマー2組，プローブ2種類を設計し，最もよく働く組み合わせを選択している．

❹ 得られたデータの解析方法

1 増幅の定量方法

　リアルタイムPCRによる目的遺伝子の定量は，増幅速度論に基づいている．縦軸を蛍光量，横軸をサイクル数として目的遺伝子の増幅過程を分光光度計でリアルタイムにモニタリングした結果を図2に示す．PCR増幅産物量が検出できる量に達すると増幅曲線が立ち上がり始め，はじめはサイクルごと2倍ずつ指数関数的に増えていく．しかし，やがてプライマーや基質の枯渇などにより最後はプラトーに達する．最初の目的遺伝子の量が多いほど，増幅曲線の立ち上がりが早くなるので，目的遺伝子を多く含むサンプル順に増幅曲線が並ぶ．すべてのサンプルが対数増殖期である適当な位置でスレッシュホールドを引いて各増幅曲線と交差するサイクル数（**Ct値**：Threshold Cycle）を算出することで正確な比較が可能となる．

　増幅量を定量化する概念としては，**絶対定量**と**相対定量**の2つがある．絶対定量では，あらかじめ目的遺伝子が何コピー含まれているのかわかっているコントロールサンプルと比較して，実験サンプルに同遺伝子が何コピーあるか検討する．一方，相対定量においては，目的遺伝子が何コピー含まれているかはわからないが，適当な基準となるサンプル（スタンダードサンプル）を用意して，これに対して実験サンプルがどの程度増減しているかを検討する．相対定量では，調べたい遺伝子（ターゲット遺伝子）の他に必ず内在性コントロール遺伝子（リファレンス遺伝子）が必要となる．リファレンス遺伝子には，サンプル間でコピー数が変化しない遺伝子を選ばなくてはならず，遺伝子発現解析の場合は一般にハウスキーピング遺伝子などが使われる．リファレンス遺伝子とターゲット遺伝子との相対量でサンプル間を比較することになる．

　実際の実験において，絶対定量はコントロールサンプルを用意することが容易でないため，相対定量が行われる場合が多い．相対定量における具体的な計算方法としては，**検量線法**と**比較Ct法（ΔΔCt法）**がある．検量線法は，スタンダードサンプルを選び，そこから1〜

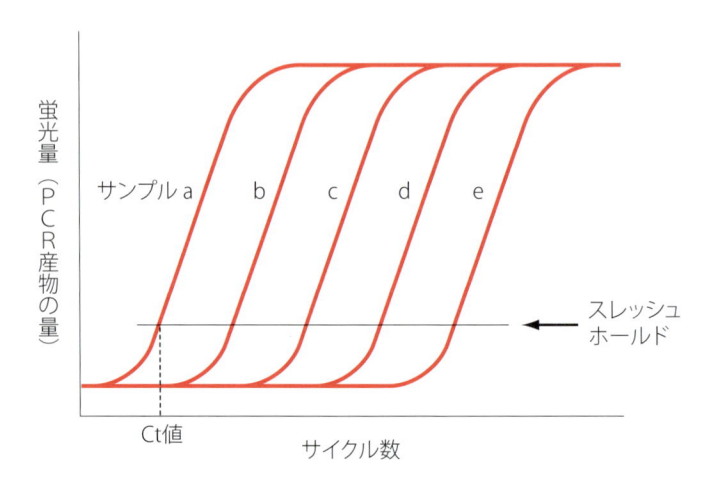

図2　PCRによる目的遺伝子の増幅過程
サンプルaが目的遺伝子の最初の量が一番多い

10^5の希釈系列を用意してリファレンス遺伝子，ターゲット遺伝子それぞれに対するリアルタイムPCRを行い，検量線を作成する（図3A）．そして，これをもとに実験サンプルの相対的な濃度を測定する．最も一般的な方法であるが，リファレンス遺伝子も含めて，ターゲット遺伝子ごとに検量線を書かなくてはならないので，遺伝子数が多いと手間がかかる．なお，この解析法自体は絶対定量も同じであり，スタンダードサンプルにおけるターゲット遺伝子のコピー数がわかっている場合，これをコントロールサンプルとして絶対定量となる．

一方，比較Ct法とは，1サイクルの違いで2倍量の差になるという理論を前提とした解析方法で，検量線作成が不要である．ただし，ターゲット遺伝子とリファレンス遺伝子のPCR効率がほぼ等しくなければ利用できない．多サンプルを処理できるので，マイクロアレイデータの確認やsiRNAによる培養細胞のノックアウト実験の確認に多く用いられている．

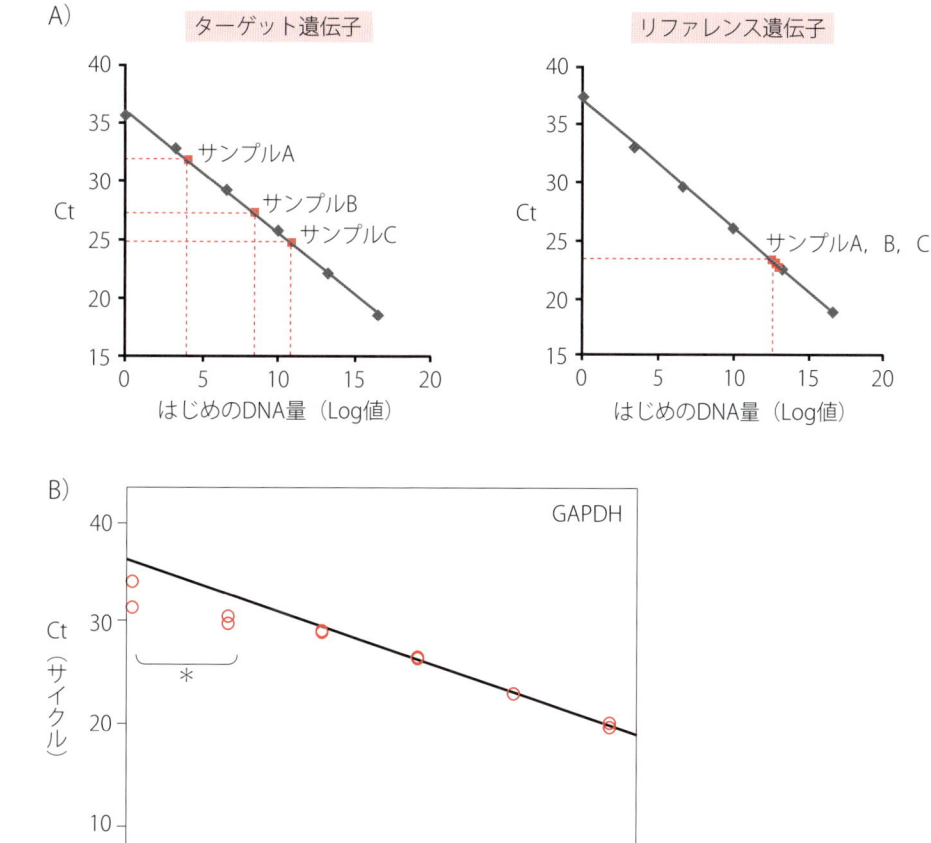

図3 検量線を用いた目的遺伝子の定量

A）Ct値を用いたはじめの目的遺伝子量の算出．サンプルA，B，Cのターゲット遺伝子の定量結果をリファレンス遺伝子の定量結果で割った値を求める．ターゲット遺伝子の発現量がサンプルA，B，Cで異なることがわかる．B）微量サンプルを使用することによるデータのばらつき．＊：この領域はデータとして信頼性が低い

2 遺伝子発現解析における注意点

最後に，遺伝子発現解析におけるリアルタイムPCRの注意点をまとめる．相対定量を行う場合，リファレンス遺伝子として何を用いるかが問題となる．安易にGAPDHやβアクチンを使用せず，実験ごとにハウスキーピング遺伝子とよばれる遺伝子群のなかから最も発現量の変動の少ない遺伝子を選別する．32種類のリファレンス遺伝子を用意したTaqMan Express Endogenous Control Plate（アプライドバイオシステムズ社）など[3]，各メーカーからリファレンス遺伝子のキットが市販されているので，これを使用する．手間はかかるが，数種類のサンプルで何種類かのリファレンス遺伝子に対してリアルタイムPCRを行い，サンプル間でのばらつきが最も少ないものをリファレンス遺伝子として選択すれば，データの信頼性は高くなる．

適切なリファレンス遺伝子が選抜できたとしても，微量なサンプルからの定量の場合には注意が必要である．微量なサンプルでは，ターゲット遺伝子の量もさることながら，リファレンス遺伝子の量自体も微量であり，増幅結果にばらつきがあることを意識する必要がある．リファレンス遺伝子の増幅のばらつきによって，ターゲット遺伝子の増幅量が過大評価されたり，過小評価されたりする．また，サンプルにごく微量しか含まれていない遺伝子を相手にするときも注意が必要である．例えば，絶対定量を行う場合も相対定量を行う場合もコントロールサンプルあるいはスタンダードサンプルを用いて検量線を作成するが，希釈倍率が高くなるにつれ実験の再現性が乏しくなってくる．したがって，コントロールサンプルあるいはスタンダードサンプルで2回実験を行い，検量線上，結果がばらつくごく微量の領域に実験サンプルが位置したとしてもその正確な定量はできていないと考えた方がよい（図3B）．

リアルタイムPCRを行ううえで，再現性よく実験をするには市販のキットを使うことをおすすめする．遺伝子発現解析を行う場合には，1ステップPCRと2ステップPCRのキットがあるが，その特性は通常のPCRの場合と同じであり，2章-3を参照してもらいたい．本項では，われわれがよく使用しているキアゲン社のQuantiTect Probe PCR + UNG Kit[4]を使用したプロトコールを紹介する．

準備するもの

1）反応試薬

- 反応用チューブ（96-well or 384-well）
- プライマー（forward，reverse）

  プライマーの設計は，標的配列をもとにして，利用可能な解析ソフトを用いて配列を決める．プライマーの設計にはABI-Prism 7900HT sequence detectorに付属のPrimer Expressというソフトで行うと簡単だが，実際にこのソフトで設計させてみると，最適な配列が見つからないことがある．そのときには自分の目でということになるが，プライマーのTm値は60℃以下，プライマーの長さは20〜30 merで，増幅するDNA断片のサイズは150〜200 bpになるように設計しておくのがよい．実際にこのプライマーを用いてPCRを行い，目的とする配列が増幅されているか，アガロースゲル電気泳動やシークエンシングを行って確認する．

- TaqManプローブ…ロシュ・ダイアグノスティックス社，アプライドバイオシステムズ社など

  TaqManプローブは，より標的配列に特異的にハイブリダイズするように設計する．プライマーの

設計の際に探しておいた最も効率よく増幅されるサンプルを用いて実際にリアルタイムPCRを行ってみる．サンプルを5段階ぐらいに段階希釈しておき，得られた結果が段階希釈と相関するか確認してみるとよい．また，この段階で余裕があれば，内部コントロールに用いる標的配列についても増幅確認を行っておくとよい．

● リアルタイムPCR用のキット
本項ではQuantiTect Probe PCR＋UNG Kit（キアゲン社，#204363）を用いた例を紹介する．

【その他のリアルタイムPCR用のキット】
リアルタイムPCRのキットは各メーカーの主力商品であり，豊富なラインナップを用意している．TaqMan法のキットについてはアプライドバイオシステムズ社，SYBRを用いた方法についてはタカラバイオ社について各キットの特長を記載する．一部のメーカーについては，種類が豊富なのでシリーズとしてまとめた．各メーカーとも特長のあるキットがあるので自分の実験にあったものを選び出してほしい．また，リアルタイムPCRにおいては逆転写反応を行うキットも精度の高いデータを出すためには重要であり，いくつか紹介しておく．超高速リアルタイムPCR用のものなど，一部は使用する機器に指定がある場合があるので注意されたい．

＜TaqMan用リアルタイムPCRキット＞

● TaqMan Gene Expression Assays…アプライドバイオシステムズ社
遺伝子発現定量に最適なデザイン済みのプライマー＆プローブセット．ヒト，マウス，ラット，シロイヌナズナ，ショウジョウバエ，家禽など多岐に渡る生物種に対して，100万種類を超える世界最大級のプライマーコレクションを誇る．

● TaqMan SNP Genotyping Assays…アプライドバイオシステムズ社
200万種類以上のSNPタイピングができ，cSNPタイピングからの疾患関連遺伝子探索に利用できる．

● TaqMan MicroRNA Assays…アプライドバイオシステムズ社
設計済みプライマーセットで供給され，前駆体ではなく成熟マイクロRNAのみを定量できる．

● TaqMan Universal Master Mix Ⅱ…アプライドバイオシステムズ社
リアルタイムPCR溶液を調製してから，室温で24時間安定．

● TaqMan Fast Virus 1-Step Master Mix…アプライドバイオシステムズ社
血液などに含まれるPCR阻害物質を処理する新しい試薬組成．

● TaqMan Fast Advanced Master Mix…アプライドバイオシステムズ社
超高速リアルタイムPCR用．

● QuantiTect シリーズ…キアゲン社

● QuantiFast シリーズ…キアゲン社

● Rotor-Gene シリーズ…キアゲン社

● iQ Supermix シリーズ…バイオ・ラッド社

● Premix Ex Taq…タカラバイオ社

● PrimeScript RT-PCR Kit…タカラバイオ社

● One Step PrimeScript RT-PCR Kit…タカラバイオ社

● SuperScript Ⅲ Platinum One-Step qRT-PCRキット…インビトロジェン社

● Platinum Quantitative RT-PCR ThermoScript One-Stepキット…インビトロジェン社

● RNA UltraSense ワンステップ qRT-PCRシステム…インビトロジェン社

● CellsDirect One-Step qRT-PCR kit…インビトロジェン社

● SuperScript Ⅲ Platinum Two-Step qRT-PCRキット…インビトロジェン社

● SuperScript Ⅲ Platinum CellsDirect Two-Step qRT-PCRキット…インビトロジェン社

＜SYBR Green Ⅰ検出用リアルタイムPCRキット＞

● SYBR Premix Ex Taq Ⅱ…タカラバイオ社
増幅効率を重視．

- SYBR Premix DimerEraser…タカラバイオ社
  高い反応特異性を考慮．
- SYBR Premix Ex Taq GC…タカラバイオ社
  GCリッチターゲットを考慮．
- SYBR PrimeScript RT-PCR Kit Ⅱ…タカラバイオ社
  2ステップリアルタイムRT-PCR用．
- One Step SYBR PrimeScript PLUS RT-PCR Kit…タカラバイオ社
  1ステップリアルタイムRT-PCR用．
- One Step SYBR High Speed RT-PCR Kit…タカラバイオ社
  超高速リアルタイムRT-PCR用．
- PrimerArrayシリーズ…タカラバイオ社
  パスウェイごとの遺伝子発現解析に便利．
- Transgene Detection Primer Set for Real Time（Mouse）…タカラバイオ社
  トランスジェニックマウス作製時のスクリーニング用．
- リアルタイムPCR用 Housekeeping Gene Primer Set…タカラバイオ社
  リファレンスに適したハウスキーピング遺伝子の選定用．
- QuantiTect SYBR Greenシリーズ…キアゲン社
- QuantiFast SYBR Greenシリーズ…キアゲン社
- Rotor-Gene SYBR Greenシリーズ…キアゲン社
- iQ SYBR Green Supermix…バイオ・ラッド社
- SYBR GreenER qPCR Reagent System…インビトロジェン社

<リアルタイムRT-PCR逆転写酵素>

- PrimeScript RT Master Mix…タカラバイオ社
- PrimeScript RT reagent Kit with gDNA Eraser…タカラバイオ社
  ゲノムDNA除去反応をプラスしたリアルタイムRT-PCR用逆転写キット
- SuperScript Ⅲ First-Strand synthesis system for qRT-PCR…インビトロジェン社

2）鋳型cDNAサンプル

- ランダムプライマーを用いて逆転写したもの
  細胞株など複数の由来の異なるサンプルを用いてPCRを行い，最も効率よく増幅されるサンプルを探しておく．相対定量を行う際に用いるコントロールサンプルを探しておくとよい．

3）リアルタイムPCR用サーマルサイクラー

- ABI-Prism 7900HT sequence detector…アプライドバイオシステムズ社（図4）
  ここでは本機器を使用した例を説明する．

図4　ABI-Prism 7900HT sequence detector（アプライドバイオシステムズ社）

プロトコール

❶ 以下の反応液を調製する[a]

	（終濃度）
QuantiTect Probe PCR Kit（2×） 25μL	（1×）
プライマー forward	適量（0.4μM）
プライマー reverse	適量（0.4μM）
TaqMan プローブ	適量（0.1〜0.2μM）
Uracil-N-glycosylase（UNG）	適量（0.5 U）
サンプル cDNA	適量（≦500 ng）
RNase free 水	適量
Total	50μL[b]

❷ ABI-Prism 7900HT sequence detector にセットし、以下の反応を実行する

前処理[c]	50℃	2分	
↓			
熱変性	95℃	15分	
↓			
熱変性	94℃	15秒	
アニーリング＆伸長反応	60℃	1分	35〜45サイクル

❸ 解析用ソフトでデータを解析する[d][e]

[a] 実験条件はキアゲン社より、リアルタイム用サーマルサイクラー別に実験系が推奨されている．

[b] 複数のサンプル cDNA に対して行う場合などは、最初にサンプル cDNA を除いたプレミックスを用意し、後でサンプル cDNA を加える．8連ピペッターを使うと便利である．

[c] UNG は、一本鎖 DNA および二本鎖 DNA 中の U を切断する酵素であり、PCR 産物のコンタミネーション防止に役立つ．PCR を行う際、dTTP の代わりに dUTP を使用すると、PCR 産物には U が取り込まれる．常に dUTP を用いて PCR を行っていれば、反応液に別の実験で行った PCR 産物が混入しても、PCR 前に UNG で処理することによりこれを除くことができる．その後の熱変性処理で UNG は不活性化するので、その後の PCR 反応には影響しない．

[d] ABI-Prism 7900HT に付属の SDS というソフトで実際に得られた Ct 値から、最初の鋳型量を算出する．

[e] 肺がんにおける候補がん抑制遺伝子 *MYO18B* の各種ヒト正常組織における発現をリアルタイム PCR によって解析した例を図5に示す[5]．

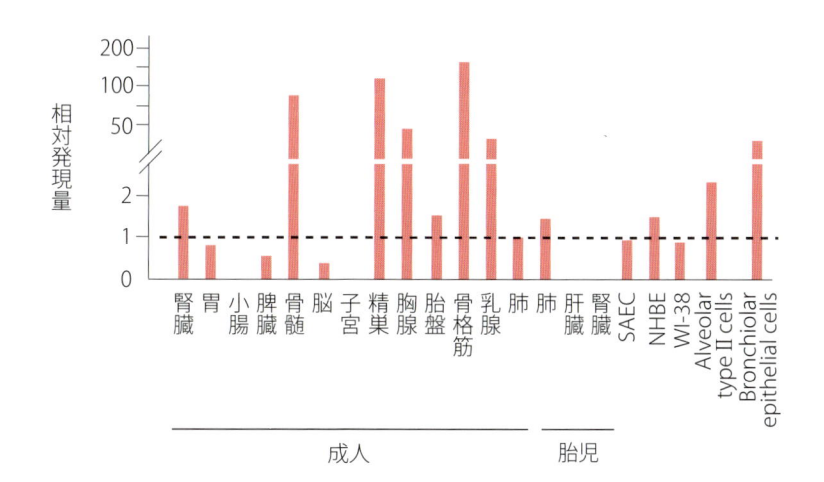

図5　肺がんにおける候補がん抑制遺伝子 *MYO18B* の各種ヒト正常組織における発現
0.5μg の mRNA をもとに 50μL の cDNA を合成し、その cDNA 1μL を用いて、*MYO18B* 遺伝子に対して、リアルタイム PCR を行った．検量線を得るために、骨格筋 cDNA を6段階希釈して用いた．それぞれのサンプルについて内部コントロールの発現量（*GAPDH* 遺伝子）に対する比を算出し、各サンプル間の比較には成人の正常肺における比を1として表記した

リアルタイムPCR トラブルシューティング

⚠ 増幅曲線が右下がりになる

原因 ベースライン補正が適切に行われていない．

原因の究明と対処法

ベースラインの設定をやり直す．ベースラインとは，初期のサイクルにおけるノイズがあるサイクルをカットするために引かれるものである．増幅産物の検出ができる限界以下，3〜15サイクルの間で設定する．鋳型量が多すぎると，増幅曲線の立ち上がりが早いため適切なベースライン補正ができない場合がある．10サイクル以内に増幅曲線が立ち上がるようなら，鋳型をさらに希釈する．

⚠ PCR 増幅効率が低い

原因
❶プライマーの特異性に問題がある．
❷アニーリング温度が高すぎる．
❸スタンダードサンプルが正しく希釈されていない．
❹サンプルcDNAの量が少なすぎる．
❺PCR阻害物質の混入など，サンプルcDNAの品質に問題がある．
❻PCR産物が長すぎる．

原因の究明と対処法

❶プライマーを設計し直す．
❷アニーリング温度を2℃ずつ下げる．
❸スタンダードサンプルを希釈し直す．その際，核酸が非常に薄い濃度になるとヌクレアーゼによる分解を受けやすくなるので注意する．例えば，実験対象とは異なる生物種のtRNAやrRNAなどをキャリアーとして添加した溶液で希釈することでこれを防げる．
❹サンプルcDNA量を増やす．
❺サンプルcDNAの品質を他の遺伝子のPCRを行うなどして確かめ，品質が悪ければ再調製する．
❻PCR産物が200bp以下になるようプライマーを再設計する．

⚠ 陰性コントロールサンプルで高い発現を示す

原因
❶SYBR Green Ⅰを用いる方法にて，非特異的増幅によって見かけ上PCR増幅の効率が高くなっている．
❷ゲノムDNAの混入．

原因の究明と対処法

❶融解曲線分析（図6）で単一ピークになっていることを確かめ，複数のピークが出る場合は次のトラブルシューティングを参照．
❷イントロンを挟んだプライマーを用いたPCRによって確認し，ゲノムDNAの混入が確認された場合は，サンプルcDNAを再調製する．

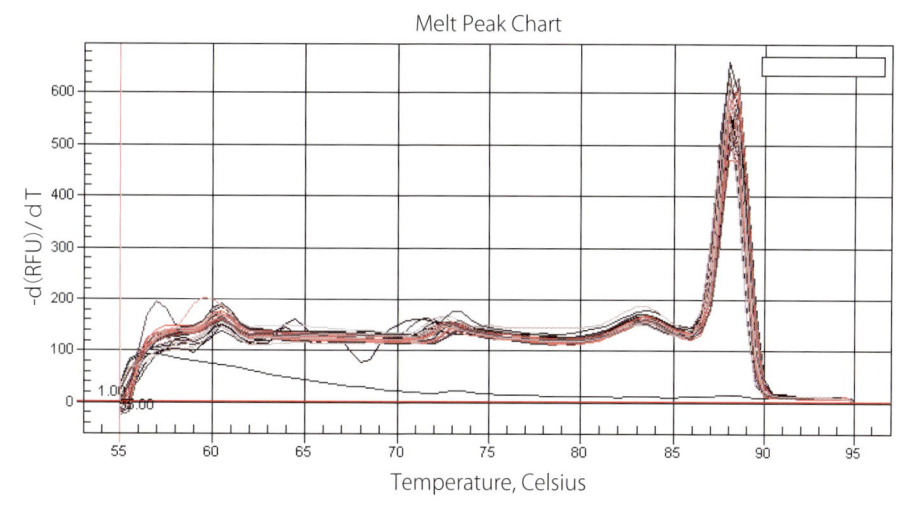

図6 融解曲線分析
バイオ・ラッド社のMyiQの画像データを使用．ピークがいくつもみられるときは，アニーリング温度を上げたり，プライマーを設計し直したりする必要がある

SYBR Green I を用いる方法にて，融解曲線分析（図6）で複数のピークが出る

原因
❶非特異的増幅が起こっている．
❷目的遺伝子にバリアントが存在するか，ゲノムDNA由来の増幅が起こっている．

原因の究明と対処法

❶プライマー，試薬，PCR条件を再検討する．融解曲線分析とは，増幅曲線の検出にSYBR Green Iを用いる場合，増幅産物を確認するためのデータである．SYBR Green I の蛍光シグナルをモニタリングしながらリアルタイムPCR後にPCR反応液の温度を徐々に上げていくと，ある一定の温度に達すると一本鎖に解離し，SYBR Green I の蛍光シグナルは急激に低下する．このときの温度が融解温度（Tm値）であり，増幅産物の配列に固有の値である．目的の遺伝子のみ増幅していればシングルピークとなる．なお，融解曲線がきれいなシングルピークにならなくても，電気泳動でシングルバンドであることが確認できれば，多くの場合，目的の断片が正しく増幅されているので問題ない．

❷バリアントやゲノム構造の情報を考慮してプライマーを再設計する．

参考文献＆ウェブサイト
1）Freeman, W. M. et al.：Biotechniques, 26：112-122, 124-125, 1999
2）『原理からよくわかるリアルタイムPCR実験ガイド』（北條浩彦／編），羊土社，2008
3）アプライドバイオシステムズ社のホームページ（http://www.appliedbiosystems.jp/）
4）キアゲン社のホームページ（http://www.qiagen.com/jp/）
5）Nishioka, M. et al.：Proc. Natl. Acad. Sci. USA, 99：12269-12274, 2002

3章 遺伝子の構造・発現を解析する

3 メチル化特異的PCR（MSP）

佐々木博己

特徴

- ゲノムDNAのメチル化の有無を解析できる．
- 短時間で低価格．
- 鋳型DNAの化学的処理とPCR法を組み合わせた手法．
- がん組織の多検体解析に適用．
- キット化しやすく再発予測法などの予知医療の実現に有望．
- 痰，尿，便からの肺がん，膀胱がん，大腸がんのスクリーニングにも期待．

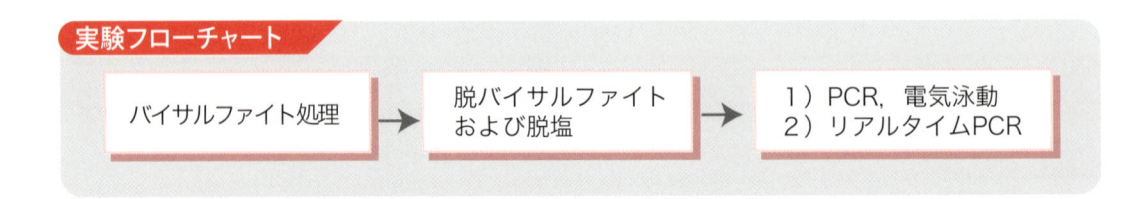

実験フローチャート

バイサルファイト処理 → 脱バイサルファイトおよび脱塩 → 1）PCR，電気泳動　2）リアルタイムPCR

① 実験の概略

1 メチル化と遺伝子発現

　DNAの**CpGサイトのシトシンはDNAメチルトランスフェラーゼ（DNMT）によってメチル化される**ことが知られている．主にプロモーター領域などの遺伝子発現調節領域に起こり，周辺のクロマチン構成タンパク質である**ヒストンの脱アセチル化と共役し，遺伝子の発現を抑制する**．すなわち，プロモーター領域に結合しているヒストンが転写調節因子によってアセチル化されると遺伝子発現はオンになる．その際，DNAの低メチル化としばしば共役する．逆に脱アセチル化されると遺伝子の発現はオフになり，DNAも高メチル化状態になっている．

　細胞の分化やがん化によって形成される正常組織やがん組織では，構成する細胞全体の遺伝子でこの転写調節領域のCpGが**高メチル化状態**（メチル化されている割合が高い）となっている場合を，英語でhypermethylationとよぶ．これは，ゲノムインプリンティングで働くことが知られている．哺乳類は父親と母親から常染色体上の遺伝子は同じものを2つ受け継ぐが，いくつかの遺伝子については片方の親から受け継いだ遺伝子のみが発現することが知られている．このように遺伝子が両親のどちらからもらったか覚えていることをゲノムインプリンティングという．インプリンティングされている遺伝子群では，母方，もしくは父

方由来のアリルにメチル化が生じており，メチル化されているアリルからの転写が抑制されている．また，高メチル化状態は主にがんの進展（浸潤・転移）において，がん抑制遺伝子（RB1，CDKN2A，VHL，MLH1，CDH1 など多数）の不活性化に働くことが知られている．現在は，マイクロアレイや高速次世代シークエンサーによって，ゲノム網羅的にメチル化状態が調べられており，特に種々のがんにおけるデータベース化が進んでいる．全体として，非がん部組織のメチル化状態が変化している程度が高いタイプまたは高メチル化の頻度が高いタイプ（CpG island methylator phenotype：CIMP）では，手術における予後は悪いとする報告が多い．

一方，がんにおいては**低メチル化状態**（hypomethylation）になる部位もあり，前がん病変から起こることが知られている．そのDNA上の部位としては反復配列が多く，主な役割は染色体やゲノム不安定性に関与すると考えられている．しかし，特定の遺伝子のエキソンやプロモーター近傍でも起こり，インプリントの解除（Loss of imprinting：LOI）やがん遺伝子の活性化に働くことも明らかになっている．

ゲノムDNAの配列による表現型の研究をgeneticsとよぶのに対して，DNAの修飾とそれに伴うクロマチンの修飾の変化による表現型の研究を**epigenetics**（エピジェネティクス）とよぶ．組織幹細胞や前駆細胞からの発がんやがんの進展におけるgeneticまたはepigeneticな変化を考察した優れた総説があるので，参考にしてほしい[1]．ゲノムインプリンティングやがん以外にも，細胞分化，炎症，加齢でもメチル化状態が変化することが知られており，まだ不明な点が多く開拓できる分野である．一方，冒頭の［特徴］の最後に記載したように，痰，尿，便からの肺がん，膀胱がん，大腸がん患者のスクリーニング法や術後の近傍臓器での再発予測法の開発も進んでいる．

2 メチル化特異的PCR

メチル化特異的PCR（methylation specific PCR：MSP）法は，すでにメチル化または脱メチル化されているシトシンがわかっている配列中のメチル化シトシンの検出を行う方法である．上述のようにゲノム網羅的メチル化データベースが公開されつつあるが，今後がんのスクリーニングや予知医療の実現に役立てるための基本的な方法として重要である．**バイサルファイト処理**（後述）自体は多少煩雑で条件検討が必要ではあるが，最近はキットも販売されており，比較的容易に解析できる．またDNA量が1 ngで済むので，組織切片はもちろんのこと，体液や分泌・排泄から抽出した少量のDNAでも解析が可能である．

❷ 原　理

ゲノムDNAをNaOH処理で一本鎖DNAにし（アルカリ変性），亜硫酸水素ナトリウムNaHSO$_3$（バイサルファイト）処理をすると，図1に示したように，非メチル化シトシンは，スルホン化についで脱アミノ化が起こり，スルホン化ウラシルとなる．最後にまたNaOH処理を行うことで脱スルホン化が起こり，ウラシルに変換する（後述「プロトコール」も参

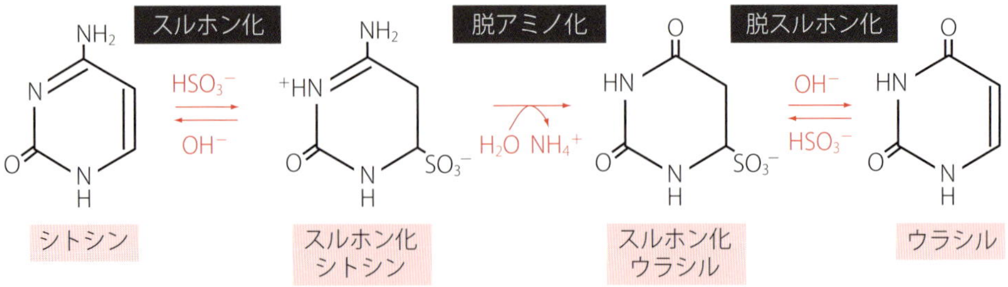

図1 バイサルファイト処理の原理

照).一方,メチル化シトシンは,脱アミノ化の速度が遅く,「プロトコール」に示す反応条件では,ほとんどウラシルに変換されずメチル化シトシンのままとなる(この理由は大学の化学で習う有機電子論や立体障害で説明できるが,本書の範囲外なので詳細は省略する).このように,バイサルファイト処理により,メチル化されているDNAとメチル化されていないDNAでは塩基配列が異なる部分が生じる[2].このことを利用し,メチル化DNA,非メチル化DNAを認識する特異的なPCRプライマーを用いてそれぞれのDNAを増幅させるのが,メチル化特異的PCR(MSP)法である(なお,PCRステップの後,UはTに変換される)[3](図2).

また,メチル化,非メチル化によらず塩基配列が同じDNA部分(つまり,CpGサイトを含まない部分)由来のPCRプライマーを用いてDNAを増幅し,ダイレクトシークエンス(3章-1参照)するか,プラスミドにサブ・クローニングして塩基配列を決定することにより,メチル化シトシンの部位を決定することも可能である[4].すなわち,メチル化シトシンはCのままなのに対して,非メチル化シトシンはTと読まれる.この解析法をバイサルファイトシークエンスとよぶ.

❸ 実験条件の最適化

バイサルファイト処理からメチル化特異的PCR(MSP)法まで行ううえで,重要なことは,1) DNAのバイサルファイト処理を十分に行うこと,2) プライマーの設計,の2点である.

1 DNAのバイサルファイト処理

この段階は非常に重要である.**処理温度が高い場合や処理時間が長くなった場合は,まずうまくいかない**.これは,バイサルファイト処理によって,DNAがもろくなっていくためと考えられている.実際,われわれも30時間程度処理したDNAでPCRを行ってみたことがあるが,増幅がうまくいかなかった.一方で,不十分な処理では,結果があやしくなってしまう.十分な処理がなされているかは,目的とする領域に含まれるCpGを形成しないCがすべてTに変換されているかPCR産物をシークエンスしてみる必要がある.もしくは,細胞株な

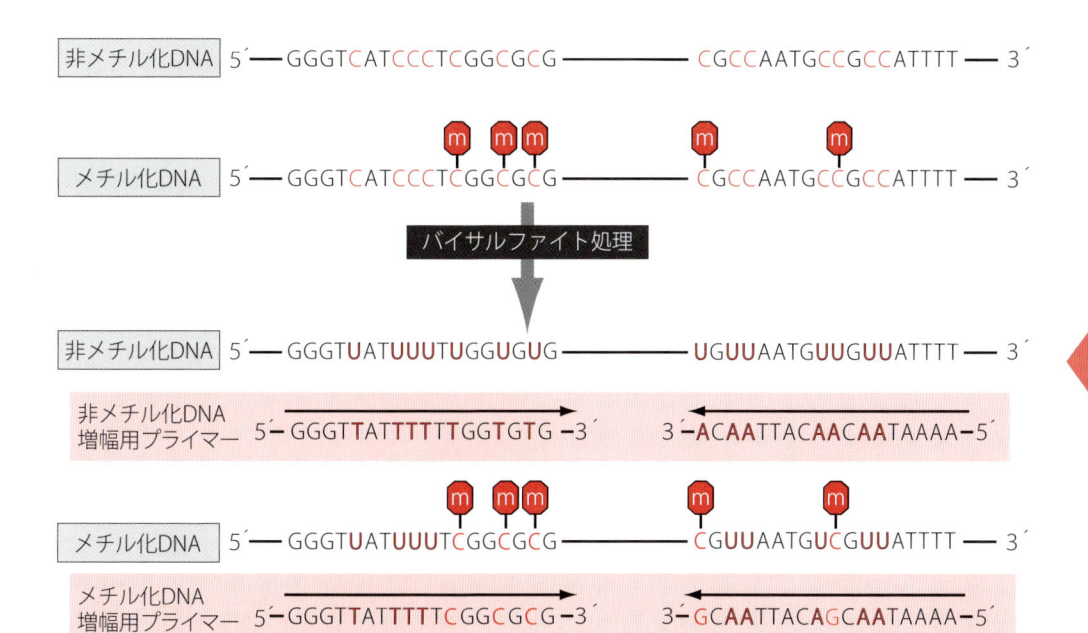

図2 メチル化特異的PCR（MSP）法の原理
単純化するため，片方のDNA鎖についてのみ示した．もう一方のDNA鎖も，図中のDNA鎖でメチル化されているCpGサイトに相補的なCpGサイトはメチル化されている．バイサルファイト処理により，両鎖の塩基配列は異なったものとなるので，もう一方のDNA鎖についても，同様のプライマーペアを設定できる．また，非メチル化DNA，メチル化DNA由来のPCR産物の大きさが異なるようなPCRプライマーを設定すると結果の判定が容易となる

どでプロモーター領域のCpGアイランドのメチル化状態が既知の遺伝子があれば（p16など），その細胞株DNAを同時に処理しておいて，論文などを参考にしてメチル化特異的PCR法を行ってみればよい．

バイサルファイト処理が不十分だと考えられた場合，多少手間はかかるが，ゲノムDNAを制限酵素で切断してからバイサルファイト処理を行うと，効率よく処理される．このとき注意することは，CpGアイランドに含まれる可能性の低い酵素〔Tsp 509 I（認識部位：5′–AATT-3′）など〕を用いることである．

DNAのバイサルファイト処理には，以下の市販のキットもある．CpGenome Fast DNA Modification Kit（ミリポア社），CpGenome Universal DNA Modification Kit（ミリポア社）．後者は，バイサルファイト処理後，スピンカラムではなく，フェノール/クロロホルム処理で脱バイサルファイトと脱塩を行うキットである．1 ngのDNAからも検出できる．

2 プライマーの設計

プライマーはメチル化アリルと非メチル化アリルを区別できるように2組つくるが，同時に，バイサルファイト処理がされているかいないかも区別できるようにする．そのためには，プライマーに用いる配列には**Cを多く含む配列を選ぶ**必要がある．**プライマーの3′側に目的のCpGサイトを含むようにして，非特異的アニーリングによる増幅を避けるようにする**

（図2）．バイサルファイト処理後はCがTに変わっているので，塩基配列はATリッチになっている．したがって，プライマーのサイズを揃えようとするとTm値を揃えることが困難な場合もある．そのため，非特異的なバンドが現れないサイクル数でPCRを行うことも必要である．また，PCRはホットスタートで行う方がよく，ホットスタート用のTaq DNAポリメラーゼの使用もおすすめである（1章-5参照）．

以降では，バイサルファイト処理からPCR反応までの代表的なプロトコールを紹介する．

準備するもの

- ゲノムDNA（〜1 μg）
  前述の3で紹介した市販のキットでは1 ngで可能．
- 3 M sodium bisulfite
  $Na_2S_2O_5$：9.98 gのsodium metabisulfite（シグマ・アルドリッチ社）を35 mLの超純水に溶解し，5 M NaOHを2 mL加える．用時調製（1.5 M相当に溶解すると3 M溶液となることに注意）．
- 10 mM hydroquinone
  $C_6H_6O_2$：55 mgのhydroquinone（シグマ・アルドリッチ社）を50 mLの超純水に溶解する．用時調製．
- 10 M CH_3COONH_4（酢酸アンモニウム）
- 2 M，3 M，5 M NaOH
- Wizard DNA clean-up system…プロメガ社
  脱塩をするために用いる．
- ルアーロック3 mLシリンジ…ニプロ社
- 高速微量遠心機
- ブロックインキュベーター

プロトコール

▶ 1）DNAのバイサルファイト処理

❶ TEバッファーに溶解して4℃または−20℃で保存された1 μgのDNAを50 μLの超純水に溶解する
❷ 2 M NaOHを5.5 μL加え，37℃で30分インキュベートする ⓐ
❸ 10 mM hydroquinoneを30 μL加える ⓑ
❹ 3 M sodium bisulfiteを520 μL加え，ピペッティングをしてよく混和する ⓒ
❺ ミネラルオイルを滴下する ⓓ
❻ 50〜55℃で16〜20時間，遮光してインキュベートする ⓔⓕ

ⓐ 二本鎖DNAはアルカリ変性し，一本鎖DNAとなる．
ⓑ このとき，溶液の色が黄色くなる．
ⓒ このプロトコールどおりに加えるとpHは約5.0になっている．
ⓓ 蒸発を防ぐために溶液と酸素を遮断する．1.5 mLのチューブだと4〜5滴必要．オイルと溶液の間に泡が残ることがあるが，スピンダウンしてやれば取れる．
ⓔ 図1に示したように，非メチル化シトシンのみスルホン化と脱アミノ化が起こり，スルホン化ウラシルとなる．
ⓕ この反応液に入っているhydroquinoneは光が当たると酸化されやすいので遮光してインキュベートする．その際，反応温度が低いと反応が不十分となり，高いとDNAが壊れる．反応時間についても同様．

❼DNA溶液を吸い取らないように注意しながらミネラルオイルを除く

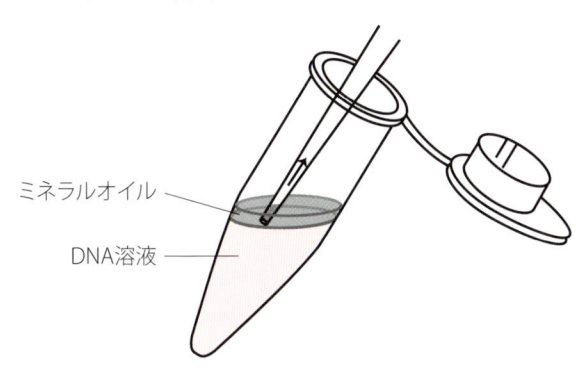

ミネラルオイル
DNA溶液

❽Wizard DNA clean-up systemに付属しているカラムを3 mLシリンジ⑨にねじ込み，適当なチューブにカラムを下にして立てておく⓱

⑨プランジャーは外して，とっておく．

⓱サンプル名がわかるようにカラム，シリンジ，プランジャーに書いておく．

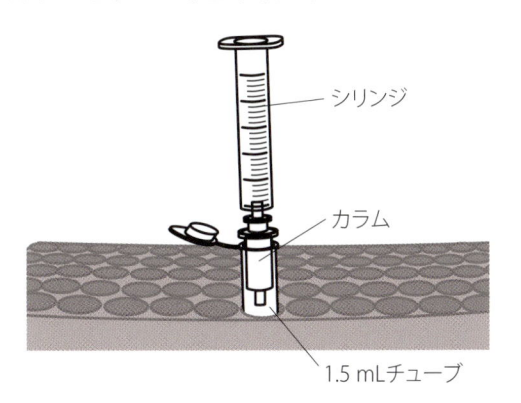

シリンジ
カラム
1.5 mLチューブ

❾❼の溶液にWizard DNA clean-up溶液（DNA吸着樹脂が懸濁）を1 mL加え，ピペッティングをしてよく混和する．その後，❽で用意したシリンジに全量を注ぎ込む

❿シリンジにプランジャーを装着し，ゆっくり押す⓲

⓲カラムにDNAがトラップされる．濾過液は捨てる．

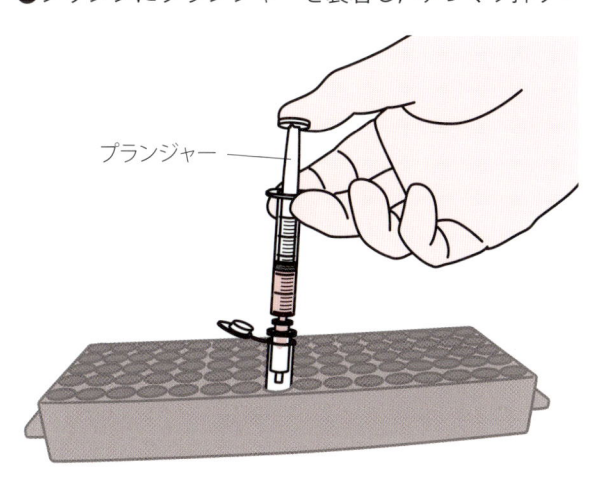

プランジャー

3章

3 メチル化特異的PCR（MSP）

⓫ プランジャーを外し㋑，80％イソプロパノールを2 mL加える．再び，プランジャーを装着して，ゆっくりと押す㋖

⓬ カラムを新しいチューブにセットして，13,000 rpm（15,360 G）で1分間遠心して，イソプロパノールを完全に除去する

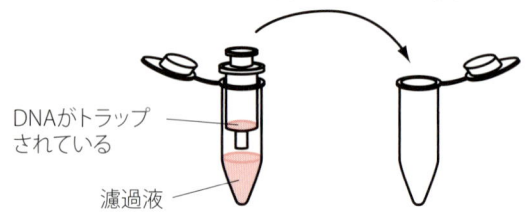

カラムを新しいチューブへ移す
DNAがトラップされている
濾過液

⓭ カラムをサンプル名が記された新しいチューブにセットして，樹脂からDNAを効率よく溶出するため60〜70℃に温めた超純水を50 μL加え，5分放置する

⓮ カラムをチューブごと13,000 rpm（15,360 G）で1分間遠心して，濾過液を回収する㋑

⓯ 3 M NaOHを5.5 μL加えて，室温で5分間，インキュベートする㋰

⓰ グリコーゲンを1 μL（20 μg）加える㋱

⓱ 10 M CH$_3$COONH$_4$を17 μL加える

⓲ 100％エタノールを250 μL程度加えて，−20℃で一晩放置する㋳

⓳ 通常どおり，エタノール沈殿を行い，20 μLのTEに溶解し，使用時まで−20℃で保存する㋺

▶ 2）PCR反応

設定したプライマーペアを用いてPCR反応を行う㋗．代表的な条件を以下に示す

＜PCR反応液＞

DNA（50 ng程度）㋷	2 μL
10×PCRバッファー	4 μL
dNTP mix（各2.5 mM）	3.2 μL
プライマー forward（100 μM）	0.4 μL
プライマー reverse（100 μM）	0.4 μL
Taq DNA ポリメラーゼ㋴	0.2 μL
超純水	29.8 μL
Total	40 μL

㋑ 外すとき，カラムを少しゆるめておく．外したら締める．

㋖ 押してみるとわかるが，かなり力が必要で何十本もやると手がつることになる．しかし，経験上だが，硬ければ硬いほど最終段階でのDNAの回収がよいようである．濾過液は捨てる．

㋑ DNAが溶出される．

㋰ ウラシル環に結合した亜硫酸（スルホン）基を外す（脱スルホン化）．

㋱ 後のエタノール沈殿の際のキャリアーとして加える．

㋳ エタノール沈殿は−80℃で10〜30分，−20℃で数時間，4℃で一晩置くのが一般的なので，実験者のスケジュールで決める．

㋺ ここは20 μL（少量）のTEバッファーに溶解しているので，水の蒸発を考慮し，4℃より−20℃で保存することをすすめる．

㋗ プライマーを設計する際の注意点は前述の❸を参照．

㋷ 鋳型DNAは，⓳の後，定量せず回収率50％程度と見積もって計算すると1,000 ng/20 μL×0.5＝25 ng/μLとなる．2 μLをPCRするのでDNAは50 ng程度としている．しかし，1 μg DNA（比較的少量）からバイサルファイト処理を行い，2回のエタノール/イソプロパノール沈殿と1回の脱塩カラムでの精製操作が入るため，DNAの回収率が悪くなる場合があるので，できれば定量したい．

㋴ 最後に酵素を入れ混合，軽く遠心する．

<PCR条件>[t]

熱変性	95℃	5分
↓		
熱変性	95℃	1分
アニーリング	55〜60℃	1分　35サイクル
伸長反応	72℃	1分
↓		
伸長反応	72℃	10分
↓		
保存	4℃	∞

[t] 通常のゲノムPCR（2章-1参照）では熱変性1分，アニーリング1分，伸長反応1〜3分（増幅DNAが1 kbp以下は1分でよい），サイクル数は30〜35なので，MSP法もほぼ同じ条件である．しかし，MSP法を行う領域はGCリッチなので，非メチル化CはTとなるため，結果としてATリッチなプライマーとなり，アニーリング温度は低めとなるため，筆者の経験では40サイクルを要する場合も多かった．

```
       --- GAGCCACCGTGCCCGGCCCCACGTTTGATTCTTAGCCCCTTCCAT ---

HSC39  --- GAGTTATCGTGTTCGGTTTTACGTTTGATTTTTAGTTTTTTTTAT ---
HSC43  --- GAGTTATCGTGTTCGGTTTTACGTTTGATTTTTAGTTTTTTTTAT ---
KATOIII --- GAGTTATCGTGTTCGGTTTTACGTTTGATTTTTAGTTTTTTTTAT ---
HSC58  --- GAGTTATTGTGTTTGGTTTTATGTTTGATTTTTAGTTTTTTTTAT ---
HSC60  --- GAGTTATTGTGTTTGGTTTTATGTTTGATTTTTAGTTTTTTTTAT ---
                            ←───── M primer
                            ←───────── U primer
```

図3　胃がんで低メチル化によって活性化するR-RAS遺伝子

胃の非がん部（Normal）ではR-RAS遺伝子はRT-PCRで検出できないが，未分化型（Diffuse）および分化型（Intestinal）胃がん組織では18/33（55％）で検出された（上段）．胃がん細胞株と胃がん組織から抽出したDNAに対してバイサルファイト処理を行い，メチル化，非メチル化それぞれに特異的なプライマー（MおよびU，中段）を用いてMSPを行った．R-RAS遺伝子を発現する胃がん細胞株（HSC58, HSC60）および胃がん組織（T1, T2）では非メチル化（U）プライマーでバンドが検出される（下段）（文献5より改変）

実験例

実験例として，図3に正常胃粘膜ではメチル化で発現抑制されているがん遺伝子 *R-RAS* ががん化に伴い約60％の症例で脱メチル化によって活性化することを示した[5]．この研究は，われわれが2005年に発表したもので，世界ではじめてがんにおける低メチル化DNAの存在を示したFeinberg（Nature, 301：89-92, 1983）が文献1で「A good example of CpG hypomethylation leading oncogene activation」として取り上げている．

トラブルシューティング — メチル化特異的PCR（MSP）

⚠ PCR増幅されない

原因
1. バイサルファイト処理が不十分．
2. プライマーが働いていない．
3. PCRの条件が悪い．
4. 鋳型DNAが少ない．

原因の究明と対処法
1. 処理時間を長くしてみる，反応温度を上げてみる，制限酵素で消化してからバイサルファイト処理を行う，などを試みる．本項③も参照．
2. アニーリング温度を下げてみる，プライマーをつくり直す，別のDNA断片を増幅してみる（論文を参考にしてもよい），などを試みる．本項③も参照．
3. ホットスタートにする，ホットスタート用のTaqを使う，などを試みる．
4. 鋳型DNAを増やす，バイサルファイト処理からやり直す，ゲノムDNAの濃度が間違えている可能性があるので測り直す，などを試みる．

参考文献
1) Feinberg, A. P. et al.：Nat. Rev. Genetics, 7：21-33, 2006
2) Clark, S. J. et al.：Nucleic Acids Res., 22：2990-2997, 1994
3) Herman, J. G. et al.：Proc. Natl. Acad. Sci. USA, 93：9821-9826, 1996
4) Frommer, M. et al.：Proc. Natl. Acad. Sci. USA, 89：1827-1831, 1992
5) Nishigaki, M. et al.：Cancer Res., 65：2115-2124, 2005

3章 遺伝子の構造・発現を解析する

4 クロマチン免疫沈降（ChIP）

河府和義

特徴
- 特定ゲノム領域へのタンパク質の結合やそれらの因子のアセチル化などの検証ができる．
- さらに in vivo の現象を反映したデータが得られる．
- 超微量鋳型DNAから40サイクルを超すPCR反応を行う．

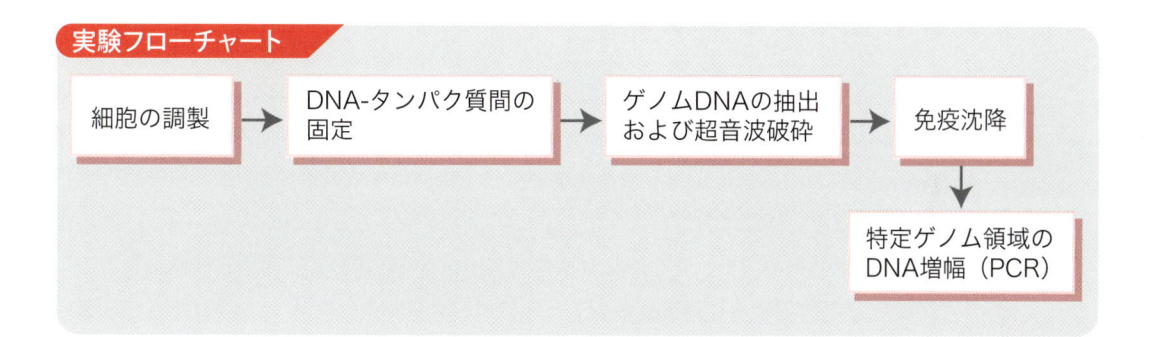

実験フローチャート

細胞の調製 → DNA-タンパク質間の固定 → ゲノムDNAの抽出および超音波破砕 → 免疫沈降 → 特定ゲノム領域のDNA増幅（PCR）

① 実験の概略

　クロマチンにはヒストンや転写因子などのさまざまなタンパク質が結合している．この構造は古くはゲノムDNAそのものを安定に保持することが主たる役割と考えられてきた．しかしその後の研究から，ヒストンのメチル化やアセチル化修飾によりクロマチン構造がダイナミックに変動制御されることが明らかとなった．結果的にはヒストンの状態の変化はそのゲノム領域の転写発現，複製，分離，修復などでの調節にも深く関与することが明らかとなった．

　クロマチンの構造とヒストン修飾との関係を検証するためにChIP法は開発された．**ChIP（chromatin immunoprecipitation：クロマチン免疫沈降）法とは，特定の領域のゲノムDNAにおけるヒストンの修飾の状態を検証することを目的とした方法**であり，実際にはアセチル化ヒストンを認識する抗体により核抽出液を免疫沈降し，その中に含まれる目的の特定領域の存在を確認するものである．しかしChIP法は特別な技術の発明に基づくのではなく，従来から用いられているいくつかの手法をうまく組み合わせたものである（詳しくは後述）．その後，ヒストンだけではなく転写因子にもこの方法を応用し，転写因子の特定ゲノムへの結合の有無を検証することが可能となった．

初期のChIP法は従来法のエンドポイントPCR（リアルタイムPCRを用いない旧式または従来法による増幅法）によるものであり、比較的に定量性の低いデータしか得られなかった。リアルタイムPCRシステムが開発され導入されたことで定量性の高いChIPデータを得られるようになった。本項では詳述はしないが、ChIP法はゲノムサイエンスにおいてさらに改良されている。すなわち、免疫沈降させたゲノムDNAをそのままゲノムマイクロアレイ解析することでゲノムワイドな転写因子結合遺伝子の検索（ChIP-on-chip法）や、沈降DNAの直接塩基配列決定（ChIP-シークエンス）などに応用されている。これらの手法については文献2を参照いただきたい。

❷ 原 理

ChIP法は前述したとおり、特殊な技術を伴うものではない。しかし1つ1つのステップを十分な効率でクリアしなければ最終的な結果にはつながらない難易度の高い技術でもある。本法はフレッシュな状態の生きた細胞の核内での状況をモニターする方法であることから、得られたデータの意義やインパクトは比較的高いのが特徴である。

ChIP法の流れを図1に示す。培養細胞や生体から摘出した組織細胞を**ホルマリン固定**することにより、ゲノムDNAとヒストンや転写因子などのDNA結合タンパク質をクロスリンクする（図2）。これにより本来ならば細胞核を可溶化する段階でDNAから乖離してしまうタンパク質を、安定にDNAにリンクした状態で維持することができる。次に、固定後の細胞を界面活性剤の含まれる可溶化溶液にサスペンド（懸濁）して可溶化核画分を得る。この段階ではゲノムDNAには撹拌混和などの物理的衝撃で多少の傷（二本鎖DNAの切断）が入っているのみである。よって可溶化液は粘性もあり、扱いが難しい。特定領域の解析という目

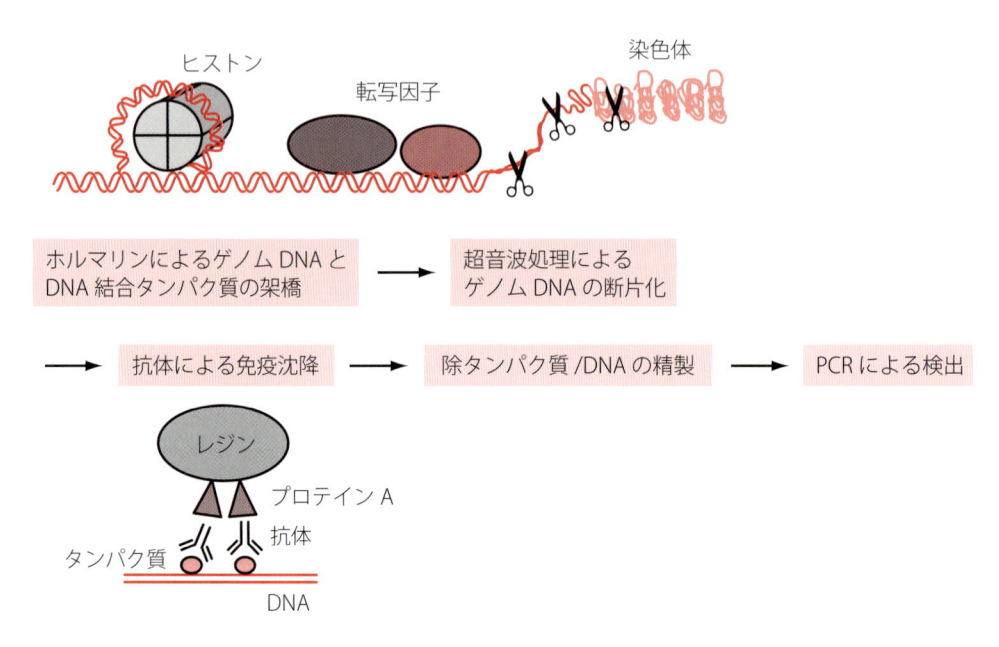

図1 ChIP法の流れ

的を考慮すると，ゲノムDNAは200 b〜1 kb程度の長さにする必要がある．そのために，**超音波処理**を施す．このステップはどのメーカー（もしくはどの機種）の超音波装置を用いるかによって結果は異なることから，それぞれのケースに応じて条件検討をする必要がある．また最近ではMicrococcal Nuclease（DNAをランダムに切断するタイプの消化酵素）を用いてヌクレオソームサイズ（約200 bp）まで断片化することも可能となっている．

次に，断片化されたDNA-タンパク質複合体を含む抽出液から特異的抗体を用いて目的のヒストンや転写因子を**免疫沈降**する．このステップは非常に重要であり，つまりどれだけ効率のよい免疫沈降ができるかがポイントである．また免疫沈降に用いるビーズなどはDNAの非特異的吸着を防止するなどの工夫もなされている．磁気ビーズを用いて免疫沈降することも可能である．免疫沈降物には抗体がトラップした目的タンパク質およびその標的ゲノムDNAが濃縮されているが，その中に目的の特定領域が含まれているかどうかはPCR増幅などの二次的手段を用いる必要がある．ホルマリンによりクロスリンクされたDNAとタンパク質を熱処理により分離してDNAのみを精製することでPCRの鋳型の調製が完了する．この後はエンドポイントPCRまたはリアルタイムPCRにより目的の特定DNAの定量を行うことでクロマチン免疫沈降度を検証し，結果的に転写因子などのDNA結合を判定する．

以降では，ChIP assay kit（ミリポア社）を例として，マウスprimary T cellを材料としたChIP実験のプロトコールを紹介する．

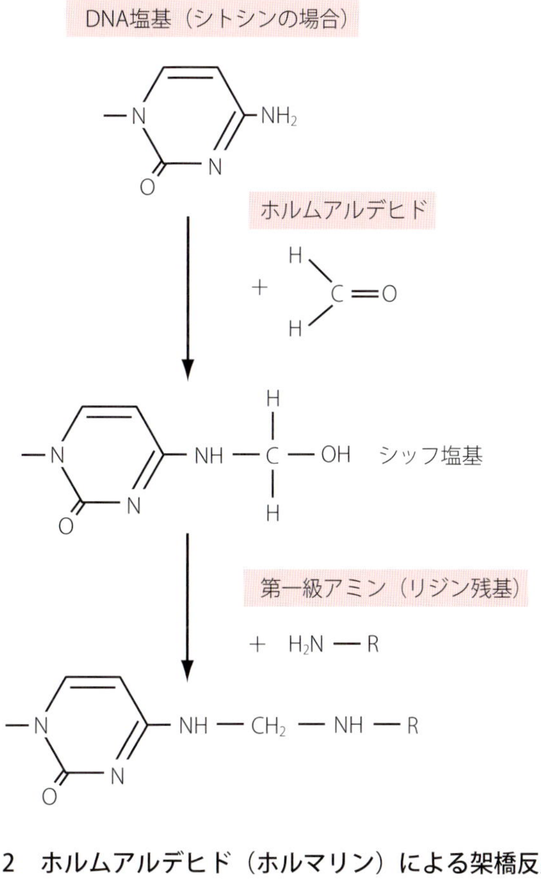

図2 ホルムアルデヒド（ホルマリン）による架橋反応

■ 準備するもの

- 目的のサンプル…細胞株，マウス生体由来の組織など
- PCRプライマー（30塩基程度の長さ）…解析したいゲノム領域を増幅させるためのもの
- ChIP assay kit（ミリポア社，#17-295）
  Chip dilution buffer, Low salt Immune Complex Wash buffer, High salt Immune Complex Wash buffer, LiCl Immune Complex Wash buffer, TE buffer, 5 M NaCl, SDS Lysis buffer, 1 M Tris-HCl（pH 6.5）
- ChIP用抗体…抗アセチル化ヒストンH3抗体や各種転写因子に対する抗体など
- 37％ホルムアルデヒド（ホルマリン溶液）
- PBS…1 mM PMSF，1 μg/mL aprotinin
- Lysisバッファー…1％ SDS, 10 mM EDTA, 50 mM Tris-HCl（pH 8.1），1 mM PMSF，1 μg/mL aprotinin
- ChIP希釈バッファー…0.01％ SDS, 1.1％ Triton X-100, 1.2 mM EDTA, 16.7 mM Tris-HCl（pH 8.1），167 mM NaCl，1 mM PMSF，1 μg/mL aprotinin
- protein A agarose…1.5 mL beads with 600 μg sonicated salmon sperm DNA, 1.5 mg BSA, 4.5 mg recombinant protein A / 1.5 mL buffer ; 10 mM Tris-HCl（pH 8.0），1 mM EDTA, 0.05％ sodium azide
- Low Saltバッファー…0.1％ SDS, 1％ Triton X-100, 2 mM EDTA, 20 mM Tris-HCl（pH 8.1），150 mM NaCl
- High Saltバッファー…0.1％ SDS, 1％ Triton X-100, 2 mM EDTA, 20 mM Tris-HCl（pH 8.1），500 mM NaCl
- LiClバッファー…0.25 M LiCl, 1％ NP40, 1％ deoxycholate, 1 mM EDTA, 10 mM Tris-HCl（pH 8.1）
- TEバッファー…10 mM Tris-HCl，1 mM EDTA（pH 8.0）
- 溶出バッファー…10 mM DTT，1％ SDS，0.1 M NaHCO$_3$
  DTTは使用直前に加える．
- Proteinase K（10 mg/mL）
- TaKaRa LA Taq with GC Buffer（タカラバイオ社，#RR02AG）
- 超音波破砕装置…Bioruptor UCD-250 sonicator（コスモ・バイオ社）など
- サーマルサイクラー…GeneAmp 9700（アプライドバイオシステムズ社），PCR Thermal Cycler SP（タカラバイオ社），DNA engine PTC-0200（バイオ・ラッド社）など

■ プロトコール

▶ 1）ライセート調製と免疫沈降

❶ マウス脾臓由来CD4陽性T細胞を磁気ビーズ法などを用いて単離する[a]

❷ 1つの抗体につき5×10^{5}細胞の計算で，複数抗体分の細胞をRPMI1640培地1 mL（10％FCS含有）に懸濁する[b][c]

[a] 免疫学的精製法については別の書籍[3]を参照．
[b] 例えば3抗体分の実験を行う場合には1.5×10^{6}細胞/mLとする．
[c] 培地は，用いる細胞/細胞株にとって最適の培地を用いるべきである．

❸ 37％ホルムアルデヒド溶液（ホルマリン）を27μL添加し、1.5 mLチューブを用いて室温で15分間ローテートする[d]

[d] このステップで、核内でDNAとタンパク質がクロスリンクされる。固定が不十分だと、DNA-タンパク質間の結合が弱くなる。

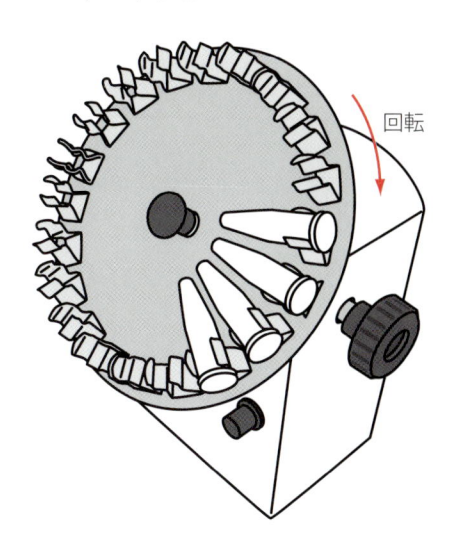

❹ 遠心分離〔3,000 rpm（約700 G），4℃，3分〕
❺ 培地を捨て、氷冷PBSを1 mL加え混和し、洗浄する[e]
❻ 遠心分離〔3,000 rpm（約700 G），4℃，3分〕
❼ 上清を捨て、Lysisバッファーを200μL加え、ピペッティングで撹拌する
❽ 氷上で5分間置く[f]

[e] ホルムアルデヒドを十分に洗浄除去すること。タンパク質、DNAの分解を防ぐため、すべての操作は氷上で行い、PBSやバッファーはすべて同濃度のprotease inhibitorを直前に加えたものを用いる。

[f] このステップで細胞膜、核膜が溶解され可溶化される。SDSが析出しないように素早く終わらせることが必要である。

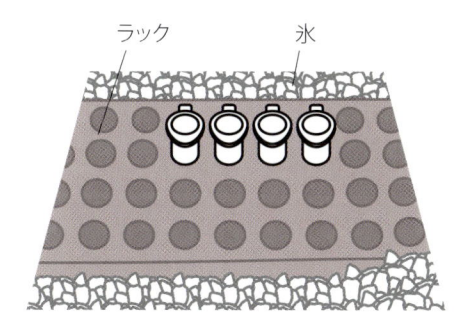

❾ 細胞抽出液を超音波処理する。Bioruptorのセッティングを「パラメーターHigh，ON/OFF 30 sec/1 min」とする[g]
❿ 遠心分離〔15,000 rpm（20,000 G），4℃，15分〕
⓫ 上清を回収し、ChIP希釈バッファーを1,600μL加える（2 mLチューブを用いる）
⓬ protein A agaroseを80μL加え、4℃，90分間ローテートする[h]
⓭ 遠心分離〔2,000 rpm（400 G），4℃，20秒〕
⓮ 上清を新しいチューブに移す（およそ1.7 mL回収）

[g] これは30秒間超音波処理し、1分間休むということであり、超音波処理により生じる熱を次の1分間の休みでクールダウンする（手動のソニケーターを用いる場合にはサンプルを氷上に置き、30秒超音波処理した後1分間隔を取り、また超音波処理をするようにする。合計10回行う。サンプルの温度が上昇しすぎないように注意すること、および抽出液の酸化を防止するために空気の混和による泡立を避ける）。この操作により、クロスリンクされたDNAが断片化される。

[h] 非特異的にレジンへ吸着するタンパク質をこのステップで除去する。

⓯ 100μL分（全サンプルの17分の1ⓘ）を分取して「input DNA」サンプルⓙとする．4℃保存
⓰ 残りを三等分して，それぞれコントロール抗体ⓚや特定因子に対する抗体を加える．このときの抗体はそれぞれ2μgずつ加えるⓛ
⓱ 4℃で一晩ローテートする
⓲ protein A agaroseを60μL加え，4℃で2時間ローテートするⓜ
⓳ 下記a）〜d）のバッファーを1mLずつ順に用いてprotein A agaroseを洗浄するⓝ．各ステップは，4℃で3分間ローテートし，遠心分離〔2,000 rpm（400G），4℃，20秒〕して上清を慎重に捨てる．レジンを吸わないことが大切
　a）Low Saltバッファー
　b）High Saltバッファー
　c）LiClバッファー
　d）TEバッファー×2回

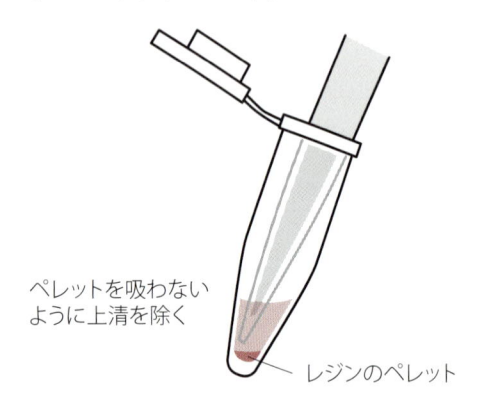

ペレットを吸わないように上清を除く
レジンのペレット

⓴ 最後の洗浄後ⓞのレジンペレットに溶出バッファーを70μL加え，室温で15分間溶出するⓟ
㉑ 遠心分離〔2,000 rpm（400G），4℃，20秒〕して，上清を回収する（50μL）ⓠ
㉒ 溶出バッファーを40μL加え，室温で15分間溶出するⓡ
㉓ 遠心分離〔2,000 rpm（400G），4℃，20秒〕して，上清を回収する（50μL）．合計100μLとなる
㉔ サンプル（100μL）に対し5M NaClを4μL加え，65℃，18〜20時間インキュベートするⓢ．冷蔵保存してあったinputサンプル（手順⓯）にも同様の操作を施す
㉕ 0.5M EDTAを2μL，1M Tris-HCl（pH6.5）を4μL，10 mg/mL Proteinase Kを1μL加え，45℃で1時間インキュベートするⓣ

ⓘ およそサンプル間で一定とすべき．
ⓙ コントロールのサンプル．
ⓚ Rabbit IgGなど．

ⓛ 最終結果を検討して次回からの抗体量を適宜調節する．

ⓜ このステップで目的のタンパク質・DNA複合体に結合した抗体がprotein A agaroseレジンに結合する．
ⓝ 非特異的に結合しているタンパク質/DNAを3種類の異なる洗浄バッファーにより除く．

ⓞ 最後の洗浄では上清をできるだけ吸う．吸わないと溶出の濃度に影響してしまう．
ⓟ 溶出の原理：強力な界面活性剤であるSDSによりタンパク質間結合を解除し，還元剤であるDTTによりジスルフィド結合（S-S結合）を切断することでタンパク質・DNA複合体を溶出する．
ⓠ 少し上清が残るが，次にもう1回回収するため50μLでよい．
ⓡ 回収の効率を上げるため，溶出操作を2回行う．

ⓢ この操作により，タンパク質・DNA複合体のクロスリンクを外す．

ⓣ このステップで抗体およびほかのタンパク質をすべて分解する．

❷⓺ PCR精製キットあるいはフェノール/クロロホルム法によりDNAを抽出し，最終的に50μLの脱イオン水またはTE溶液に溶解する

▶ 2) PCR

1) で得られたDNAサンプル50μLのうち5μLをPCRに用いる．残りは−20℃で保存しておく．PCRの条件はできるだけ個別に最適条件を検討することをすすめる．特定領域のDNA配列（GC含量）により簡便なPCR法で十分に増幅バンドを検出できる場合もあれば，そうでない場合もある．難しい場合には可視化できないDNAのバンドをさらにサザン解析により強調させるなどの手法もある．またリアルタイムPCR装置を用いれば定量性の高い結果を得ることもできるが，SYBR Greenを用いたリアルタイムPCRはあくまで増幅バンドが単一のものであることが条件である．

われわれは通常最初から増幅されにくい場合を想定して，以下のPCR条件で検証を行っている．TaKaRa LA Taq（タカラバイオ社）を用いる1つの例を紹介する．プライマーはGC含量50％程度で，28〜32塩基長のものを用意する．増幅断片はタンパク質が結合すると想定される領域を含む200塩基程度を基準にプライマーを設計する．

❷⓻ 下記の組成でPCR反応液を調製する

DNA（10〜100 ng）	5μL
2×GC buffer I	25μL
dNTP mix（各2.5 mM）	8μL
プライマー forward（100 pmol/μL）	0.5μL
プライマー reverse（100 pmol/μL）	0.5μL
超純水	10μL
LA Taq（5 U/μL）	1μL
Total	50μL

❷⓼ 下記の反応条件でPCRを行う ⓤ

＜PCR条件＞

熱変性	96℃	2分
↓		
熱変性	96℃	30秒 ⎤ 25〜40
アニーリング&伸長反応	68℃	30秒 ⎦ サイクル ⓥ
↓		
伸長反応	72℃	15分
↓		
保存	4℃	∞

ⓤ ポジティブコントロールは❶⓹のinput DNAを用いる．ネガティブコントロールはコントロール抗体の沈降分を用いる．

ⓥ 反応の途中で（例えば25サイクル，30サイクル，40サイクルの3点）5μLずつサンプルを分取しておき，最終産物も含めて増幅度合いを電気泳動でチェックし，最適なサイクル数を決定する．最適サイクル数はサンプルごとで異なるので，サンプル/PCRプライマーが変われば条件検討は毎回行うべきである．鋳型DNA量が少なすぎると最終的にバンドの強度に差が出ないことがあるので，その場合は適宜鋳型DNAの量を段階的に増やして最適条件を決定する．条件検討については1章-6も参照．

クロマチン免疫沈降（ChIP） トラブルシューティング

⚠ 超音波処理の後に電気泳動で確認したが，DNA が 200 bp 以下の小さな断片になっている

原因 超音波処理が強すぎた．

原因の究明と対処法

超音波処理の条件検討を何種類かの条件を設定して行う．例えば強度を一定にして，時間を振ってみる（5～20分間）など．

⚠ input サンプルを用いているのに PCR 増幅バンドが出ない

原因 PCR 反応または調製した DNA に問題がある．

原因の究明と対処法

これまで PCR によりバンド増幅を確認できているプライマーペアをポジティブコントロールとして PCR 反応を行う．もしも増幅できない場合にはゲノム DNA に問題があるといえる．逆にもしも増幅がうまくいった場合には，PCR 条件やプライマーを調整する．その対策は 1 章 -4, -6 などを参照．

⚠ PCR でバンドが出ない

原因 免疫沈降サンプルが十分に溶出されていない．

原因の究明と対処法

溶出ステップ反応後に十分にレジンを混和してから遠心分離する．

⚠ ネガティブコントロールでもバンドが出てしまう

原因 レジンへの非特異的な結合が強い．

原因の究明と対処法

洗浄操作のステップの回数を増やす．非特異的結合の低いレジンを採用する．

参考文献
1) Sato, T. et al.：Immunity, 22：317-328, 2005
2) Katou, Y. et al.：Methods Enzymol., 409：389-410, 2006
3) 『すべてのバイオ研究に役立つ免疫学的プロトコール』（中内啓光/編），羊土社，2004

4章

PCR産物を利用する

1節　多様なベクターへのサブ・クローニングとその利用法
2節　遺伝子機能解析のための変異導入
3節　遺伝子多型・変異の検出

4章 PCR産物を利用する

1 多様なベクターへのサブ・クローニングとその利用法

青柳一彦

> **特徴**
> - 遺伝子の構造解析や機能解析のための汎用的な手法.
> - ノーザンブロット解析,サザンブロット解析,*in situ* ハイブリダイゼーションなどに使用するプローブの安定供給が可能.
> - *in vitro* トランスレーションによるタンパク質の合成や大腸菌でのタンパク質の大量合成が可能.
> - 動物細胞株,動物個体でのタンパク質の発現に適している.

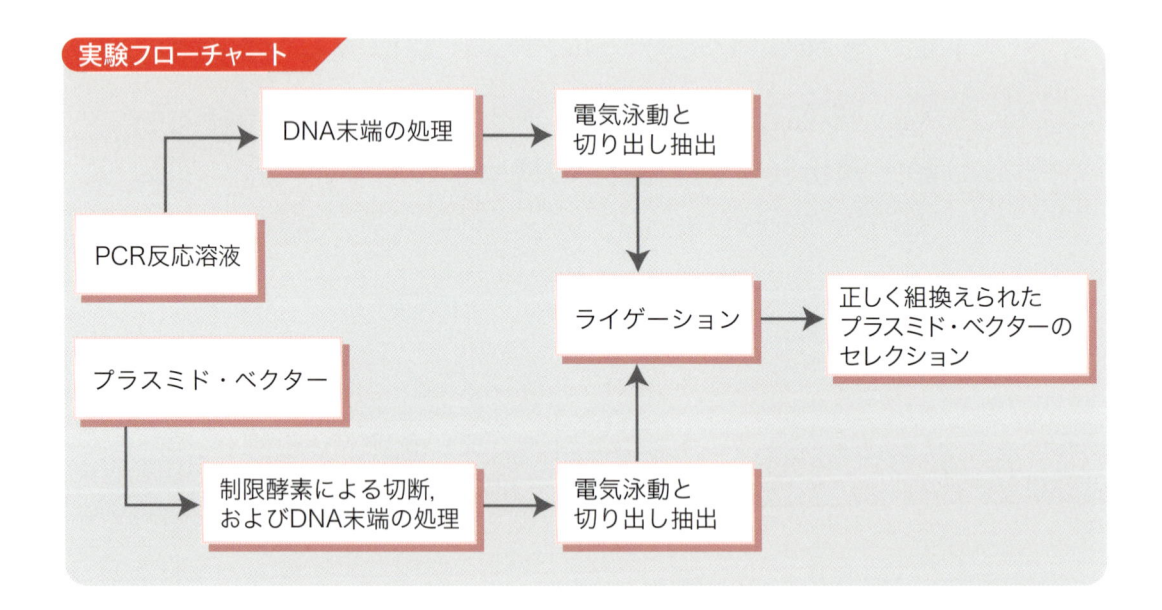

実験フローチャート

```
PCR反応溶液 ──→ DNA末端の処理 ──→ 電気泳動と切り出し抽出 ──┐
                                                              ├─→ ライゲーション ──→ 正しく組換えられたプラスミド・ベクターのセレクション
プラスミド・ベクター ──→ 制限酵素による切断,およびDNA末端の処理 ──→ 電気泳動と切り出し抽出 ──┘
```

① 実験の概略

サンプルから目的遺伝子のDNA断片をいろいろな方法を使って単離することをクローニングというが,**サブ・クローニングとは,すでにクローニングされたDNA断片から特定の部位を切り出して次の実験に都合のよいベクターにつなぎ直すことをいう**.PCRの場合,増幅によりすでに目的のDNA断片が単離されているので,これをベクターに導入する場合はサブ・クローニングとなる.種々のベクターにサブ・クローニングすることによって,PCRで増幅された目的遺伝子の構造解析や機能解析が可能となる.

表1 さまざまなベクターの比較

目的	プラスミド[a]	コスミド[b]	ファージ[c]	ウイルス[d]	人工染色体[e]
クローニングできるDNAのサイズ	＜10 kbp	＜45 kbp	＜20 kbp	＜10 kbp	数100 kbp
ゲノムDNAライブラリーの作製	×	○	○	×	○
cDNAライブラリーの作製	○	×	○	△	×
大腸菌での遺伝子発現	○	×	△	×	×
哺乳類細胞株での遺伝子発現	○	×	×	○	×
動物個体での遺伝子発現	○	×	×	◎	×

a：大腸菌内で自立増幅する小型（1〜200 kbp）の環状二本鎖DNA．b：小型（4〜6 kbp）の環状二本鎖DNA．Cos領域という特殊な配列を有し，この配列をバクテリオファージが認識することで，パッケージングが行われる．そのファージを大腸菌に感染させることで形質転換する．形質転換後は，プラスミドとして増殖する．c：ファージとは大腸菌に感染，増殖するウイルスであり，そのゲノムをベクターとして改良したもの．約50 kbpの二本鎖線状DNA．d：各種ウイルスのゲノムをベクターとして改良したもの．動物細胞に感染させることで導入した遺伝子を発現できるが，特別な細胞でないと自己複製できないよう工夫されている．e：出芽酵母を宿主とするYAC（Yeast artificial chromosome）ベクター，大腸菌を宿主とするBAC（bacterial artificial chromosome）ベクター，PAC（P1-derived artificial chromosome）ベクターがある．一長一短あり，例えばYACは数Mbと巨大なDNA断片を導入できるが，クローン化した断片は不安定である．他は最大約300 kbの断片を安定にクローン化することができる

1 ベクターの種類と特徴

ベクターとは，ラテン語の「運び屋」がその名の由来であり，文字どおり目的遺伝子を細胞に導入するために使用する特別な構造をもった人工的なDNAである．その特徴としては，

①特別な宿主細胞中でのみ自己複製能を有し，

②宿主細胞と容易に区別できる遺伝子をもち，

③目的遺伝子を導入することができる制限酵素切断部位が1つ以上あり，

④自己のもつマーカー遺伝子により正しく目的遺伝子が組み込まれたものを選抜できること

があげられる．ベクターの種類としては表1のようなものがある．導入するDNA断片の長さによってベクターの種類が限られるが，増幅，維持，細胞に導入してタンパク質を発現させるなど研究の目的によって最適のものを選択する．PCR産物の場合は，特別な場合を除いて10 kbp以下のDNA断片を取り扱う場合が多く，また，細胞内で目的遺伝子からタンパク質を発現させる場合も多い．よってこうした実験に都合がよいプラスミド・ベクターやウイルス・ベクターがよく使用される．このうち，ウイルス・ベクターへの導入は，動物個体への遺伝子導入に有用であるが，煩雑な操作が必要なうえ，安全性も考慮しなくてはならず，特別な施設が必要となる[1]．実験条件が整っていない場合は，受託サービスを利用した方がよいだろう．すべてを用意することを考えれば，受託の方が安価で確実である．導入したい遺伝子の状況にもよるが，何の操作もしていない目的遺伝子を導入したアデノウイルスやレトロウイルスを調製してもらうと，1件60〜120万円ぐらいであろう．

本項では一般的なPCR産物のプラスミド・ベクターへの導入を主に説明していく．

2 サブ・クローニングの流れ

PCR断片のサブ・クローニングの場合，問題となるのは，増幅に伴う塩基配列の変異（ミ

スインコーポレーション）である．正しく増幅されたDNA断片が組み込まれたプラスミド・ベクターを選抜しなくてはならないため，クローニングの側面も多少あるといえる．目的のDNA断片の増幅条件にもよるが，できれば忠実度（fidelity）の高い耐熱性DNAポリメラーゼを利用して目的のDNA断片を増幅したい．例えば，通常のpol I型DNAポリメラーゼが300～500塩基に1回の誤りを生じるとされているが，Pfu DNAポリメラーゼ（インビトロジェン社），KOD DNAポリメラーゼ（東洋紡績）などα型の耐熱性DNAポリメラーゼは，5～10倍のfidelityは期待でき（1章-5参照），確認しなくてはいけないプラスミド・ベクターの数も1/5～1/10に減ることになる．

具体的な作業は，**DNAの制限酵素による切断と，リガーゼによるDNA末端同士のつなぎ合わせ（ライゲーション），組換えたプラスミド・ベクターの細胞への導入（トランスフェクション），そして，正しく組換えられたプラスミド・ベクターが導入された細胞の選抜**という遺伝子工学の基礎中の基礎のテクニックを使用することになる（図1）．より詳細な手順としては，まず，PCR産物のアガロースゲル電気泳動を行う．次に，目的のDNA断片のバンドをゲルから切り出し，抽出を行う．なお，電気泳動，切り出し抽出を行わないで，反応後のPCR溶液をカラム精製のみでベクターに組み込む場合もあるが，電気泳動上で目的のPCR断片のバンドしか見えていないにもかかわらず，目的以外のDNA断片が組み込まれることも多々あり，効率が悪い．次に，この精製されたDNA断片をプラスミド・ベクターにリガーゼという酵素を用いて組み込む．PCRで増幅したDNA断片は通常5′末端にリン酸基がないので，5′末端処理を行わないと通常のサブ・クローニングの方法ではプラスミド・ベクターに組み込めない．しかし，TAまたはTUクローニング法（後述）を用いればその処理は必要なく，簡便な作業で組換えが可能である．次に，目的DNA断片を導入したプラスミド・ベクターを大腸菌に形質転換して複製させる．形質転換後の大腸菌に入っているプラスミド・ベクターすべてに目的のDNA断片が入っているわけではない．また，コロニーによってはPCRによるミスインコーポレーションが起きているものもある．そこで，まず，プラスミド・ベクターには通常，薬剤耐性に関する遺伝子が入っているので，これを用いてプラスミド・ベクターが導入された大腸菌コロニーを選抜する．次に，薬剤による大腸菌コロニーの色の変化で，DNA断片が組み込まれたプラスミド・ベクターが導入された大腸菌を選別できるカラースクリーニングによって選抜する．そして，最後に，いくつかの選抜された大腸菌コロニーからプラスミド・ベクターを精製して塩基配列を確認し，間違いのないクローンを実験に使用する．

② 原　理

1 DNAの末端処理とライゲーション

種々のベクターに目的遺伝子のPCR断片を入れることによって，図2に示すようなことが可能になる[2]．ベクターへの導入において，PCR断片は通常のDNA断片とは異なり，DNA末端の状態を考慮しなくてはならない．

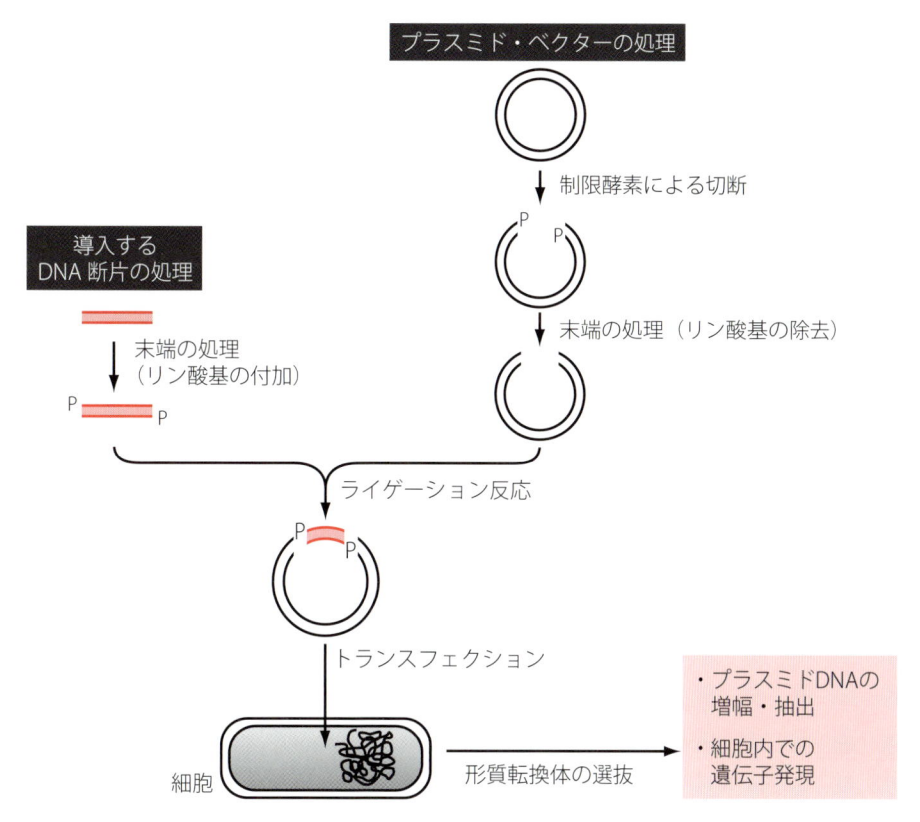

図1 サブ・クローニングの流れ（文献1より改変）
Pは5′末端のリン酸基を示す

　まず，気をつけなければならないこととして，導入するDNA断片，プラスミド・ベクターどちらかの5′末端にリン酸基が付いていないとライゲーションは成立しないが，**プラスミド・ベクター側にリン酸基が付いているとライゲーション効率が悪いこと**があげられる[1]．例えば，導入したいDNA断片を制限酵素で切り出し，プラスミド・ベクターを同じ制限酵素で切断し，その部分にDNAリガーゼを用いて組み込む場合，プラスミド・ベクターの切断面の5′末端のリン酸基をBAP（Bacterial Alkaline Phosphatase）などの酵素によって取り除いておかないと，目的DNA断片を取り込むより，元に戻る方（セルフライゲーション）がはるかに効率がよいので，目的のDNA断片が導入されたプラスミド・ベクターはほとんど得られない．そこで，プラスミド・ベクターの5′末端のリン酸基を酵素で削り，目的DNA断片5′末端のリン酸基をたよりにライゲーション反応を行うこととなる（図1）．ところが，PCRで増幅したDNA断片の場合，プライマーの5′末端は，あらかじめ修飾反応を行わない限り，リン酸基がない状態である．よって，このプライマーで増幅したPCR断片も当然5′末端にリン酸基がない．あらかじめプライマーにリン酸基を付加するのも1つの方法であるが，PCR増幅の成功，失敗にかかわらず常にプライマーの5′末端にリン酸基を付加するのはコストがかさむ．

　また，もう1つ気をつけなくてはならないことは，後述するが，**使用した耐熱性DNAポリメラーゼにより末端の状態がまちまちであること**である（1章-5参照）．PCR断片の末端

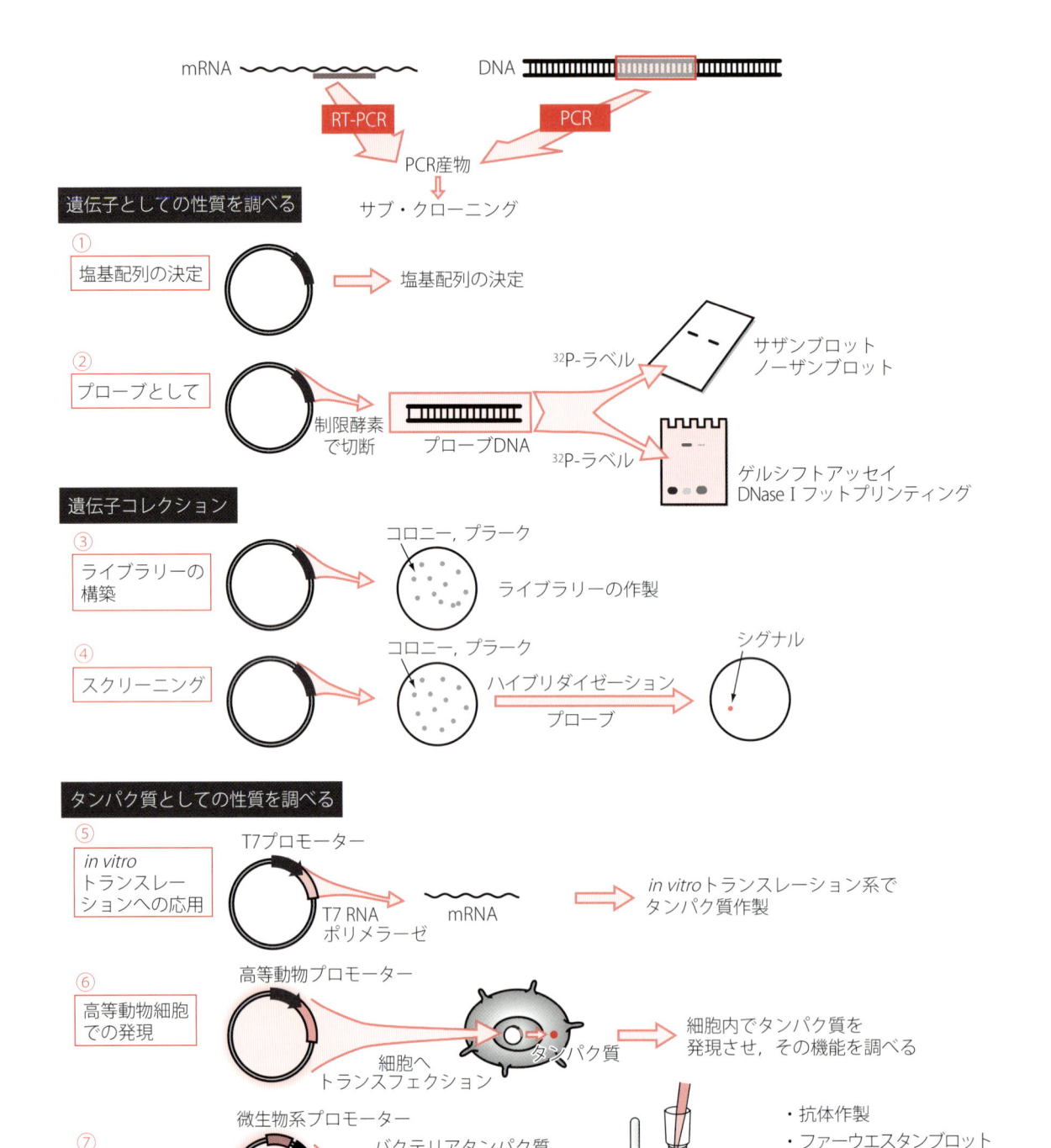

図2 PCR産物のいろいろな応用（文献2より改変）
①塩基配列の決定，②ノーザンブロット，サザンブロット，ゲルシフトアッセイ，サウスウエスタン，染色体FISHのためのプローブの安定供給，③ライブラリーの構築，④コロニー，プラークハイブリダイゼーションによるスクリーニング，⑤ *in vitro* トランスクリプションによるcRNA合成とその *in situ* ハイブリダイゼーション， *in vitro* トランスレーションへの利用，⑥高等動物プロモーターによる動物細胞でのmRNA，タンパク質の発現およびその機能解析，⑦微生物プロモーターによる（融合）タンパク質の大量調製とその抗体作製，構造解析への利用

の状態に合わせてプラスミド・ベクターの処理を工夫しなくてはならない．現在，以下にあげる3つの方法が主にとられている（図3A）．

第一に，T4 DNAポリメラーゼで末端を平滑にした後，T4 polynucleotide kinase という酵素でリン酸基を付加する方法である（カイネーション反応）．このように処理したPCR断片は，プラスミド・ベクターを平滑末端に切断する制限酵素を用いて切断し，BAPで5′末端を脱リン酸化すれば導入できる（ブラントエンド・ライゲーション，図3A①）．しかしなが

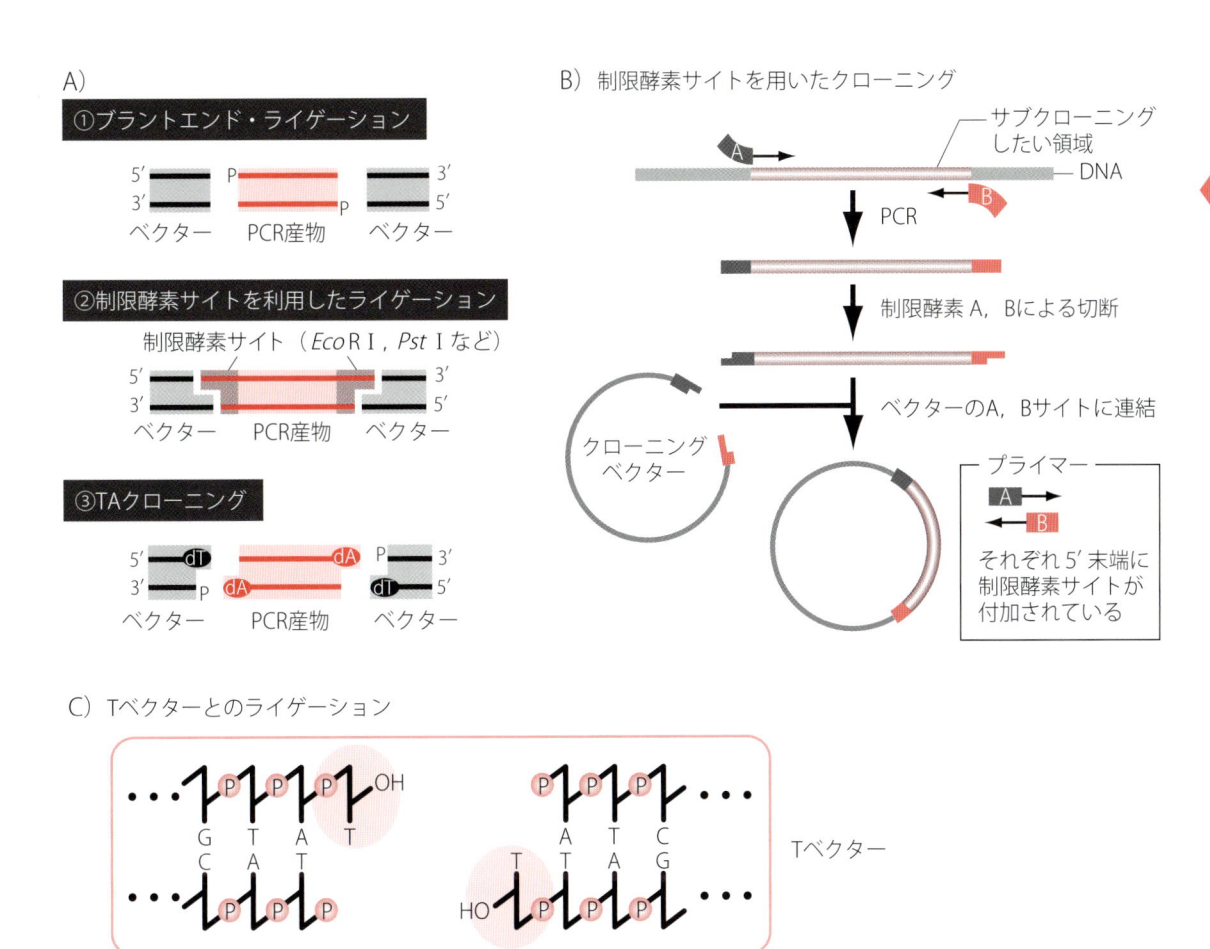

図3　目的遺伝子をプラスミド・ベクターへ導入するさまざまな方法（文献1より改変）

ら，手順が煩雑であるうえ，平滑末端へのBAP処理は効率が悪く，ライゲーションの効率も悪い．

第二に，制限酵素サイトをプライマーの5′末端部分に付加して設計する方法がある（図3A②，図3B）．こうしたプライマーを使用してPCR増幅を行えば，目的PCR産物の両端には制限酵素切断サイトが付加されるので，まず，これを制限酵素で切断する．次に，導入したいプラスミド・ベクターも同じ制限酵素で切断し，目的PCR断片を組み込む．2つのプライマーを，それぞれ別の制限酵素サイト（例えば*Eco*RI，*Pst*Iなど）ができるように設計すれば，プラスミド・ベクターの両末端を別の制限酵素切断面にできるので，**BAP処理をしなくともセルフライゲーションを回避できるし，遺伝子の向きも決めて組換えができる**．欠点は，プライマーに余計な配列が入っているので非特異的な増幅が増えたり，配列によっては適切なTm値を考慮したプライマー設計が難しかったりする場合があることである．

第三に，耐熱性DNAポリメラーゼのTdT（terminal deoxynucleotidyl transferase）活性を利用した**TAまたはTUクローニング**という方法がある（図3A③，図3C）．TdT活性とは，PCR産物の3′末端に塩基が1つ付加される酵素活性である（多くの場合Aが付加されるといわれているが，定かでない）．これを利用してプラスミド・ベクターを**平滑末端化**（5′末端にリン酸基付加）し，3′末端にTまたはUを付加させたTもしくはUプラスミド・ベクターに組換える．T（U）プラスミド・ベクターは同じ塩基が突出しているのでセルフライゲーションを起こさない．各企業から種々のTAクローニング用キットが市販されているので自分で作製する必要はない．しかし，fidelityの高い耐熱性DNAポリメラーゼは3′エキソヌクレアーゼ活性があり，末端が平滑になってしまうものが多く，この場合は効率が悪くなってしまう（1章-5参照）．例えば，PCR産物の3′末端に1塩基付加される効率は，通常のpol I型耐熱性DNAポリメラーゼで60〜70％に対して，α型のPfu DNAポリメラーゼで30〜40％となる．混合型は製品によってまちまちだが，タカラバイオ社のEx耐熱性ポリメラーゼやLA耐熱性ポリメラーゼなどで約50％とされている[3]．しかしながら，3′末端に1塩基付加されるパーセンテージが低い酵素で増幅したPCR産物でも，精製した後に通常のpol I型の耐熱性DNAポリメラーゼを用いて3′末端にAを付加する反応を行えば，効率が上がる．

2 大腸菌へのプラスミド・ベクターの導入

ライゲーション後は，大腸菌に導入し，組換えたプラスミド・ベクターを増やして，塩基配列を決定し，正しく組換えられているか否かを確認する．その後，組換えたプラスミド・ベクターを増やし，研究に合わせて大腸菌，動物細胞，哺乳類個体にこの組換えたプラスミド・ベクターを導入する．哺乳類細胞へのプラスミド・ベクターの導入やタンパク質の発現は他書に譲るとして[4,5]，ここでは，大腸菌へのプラスミド・ベクターの導入について説明する．

遺伝子工学で使用する大腸菌は病原性をもつものではなく，遺伝的に欠損させた自然界では生育できないものである．プラスミド・ベクターの細胞への導入は，高塩濃度溶液や電気刺激で細胞膜にダメージを与えることで透過性を上げることによって導入し，これを**形質転**

換（トランスフォーメーション）という．電気刺激を使う方法（**エレクトロポレーション法**）は効率がよいが，特殊な装置が必要である．cDNAライブラリーから目的遺伝子をクローニングするなど，効率を重視する場合には選択肢の1つであろう．しかし，PCRのように単一の遺伝子を導入する場合には，特殊な装置が必要ない，手軽な高塩濃度溶液で導入する**カルシウム法**が主流である．ただしライゲーションの効率が悪いと，多くのクローンを単離できないので，正しく組み込まれたプラスミド・ベクターが得られないかもしれない．

　カルシウム法において，カルシウムイオンで処理した大腸菌を**コンピテントセル**とよび，冷却条件下でDNAに対する膜透過性が増大する（図4A）．よって，この性質を用いて，プラスミド・ベクターを取り込ませる．自分でコンピテントセルを調製することもできるが，導入効率の高いものを調製するのは難しい．メーカーから各種大腸菌のコンピテントセルが売り出されているので，これを利用することをすすめる．

　形質転換の処理をした大腸菌をそのまま培地で生育させると，培地中で無数のコロニーを形成するが，形質転換の効率は100％ではないので，生育しやすいプラスミド・ベクターの入っていない大腸菌コロニーばかりになってしまう．プラスミド・ベクターには，通常，薬剤耐性の遺伝子が組み込んであるので，その**薬剤を入れた培地で生育させることでプラスミド・ベクターが導入された大腸菌コロニーを選抜できる**（図4B）．プラスミド・ベクターは，不和合性とよばれる性質により，1コロニーには1種類のプラスミド・ベクターが入っている．これは，プラスミド・ベクター中にある複製機構に関する部分のDNA配列（複製起点：Ori）が関係しており，同じOriをもつプラスミド・ベクターは，1つの大腸菌細胞内に1種類だけ決まったコピー数しか維持されない性質による．しかし，すべてのプラスミド・ベクターに目的のPCR断片が組み込まれているわけではない．

　そこで，次に，**Blue/Whiteスクリーニング**を行う（図4C）．プラスミド・ベクターのクローニングサイトにはβガラクトシダーゼ遺伝子が組み込まれており，PCR断片が組み込まれるとβガラクトシダーゼ遺伝子が破壊される．βガラクトシダーゼはX-gal存在下で青色に発色する特性をもち，X-galが含まれる培地で生育させれば，PCR断片が導入されていないプラスミド・ベクターは青く，導入されていれば白くなるので，これを利用して選抜する．これらのセレクションの後，いくつかのクローンについて塩基配列を決定し，塩基配列の変異がなく，正しくプラスミド・ベクターにPCR断片が組み込まれているプラスミド・ベクターを選抜する．

3 塩基配列の決定

　DNAの塩基配列決定の詳細については他書に譲るが[6]，原理については簡単に触れておく．サンガー法[7]とマクサム・ギルバート法[8]があるが，現在では，簡便で自動化に結びついたサンガー法が主流である（図5）．

　その原理は，プラスミド・ベクター中，PCR断片を挟んだ前後の領域に結合するプライマー，あるいはPCR断片中にある任意の塩基配列に結合するプライマーを用いて一本鎖DNAの合成反応を行い，その際に，基質であるdNTPミックス（デオキシリボヌクレオチド・ミックス：dATP, dGTP, dCTP, dTTPを混合したもの）に，**ddNTP**（ダイデオキシリボ

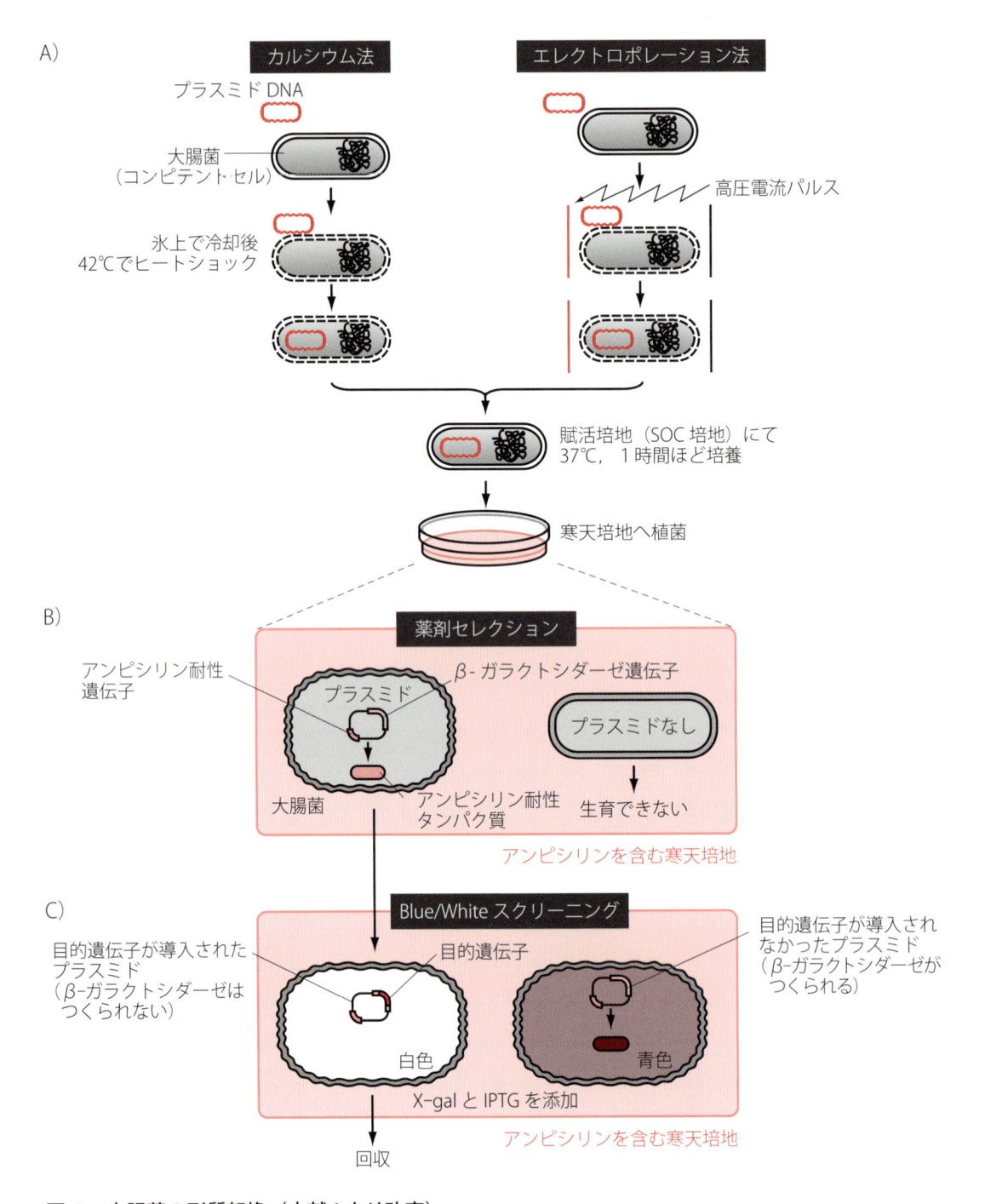

図4 大腸菌の形質転換（文献1より改変）

ヌクレオチド：ddATP, ddGTP, ddCTP, ddTTPがある）のどれか1つを加えることで，特定の塩基で合成をストップさせることにある．ddNTPが取り込まれたときに3′末端に水酸基がなくなり，それ以上DNA合成が続かなくなるのである．これでどうして塩基配列がわかるのかというと，例えば，ddATPを取り込ませれば，目的DNA中のAの位置で合成がストップする．ddATPは反応中ランダムに取り込まれるので，末端がAとなっているいろい

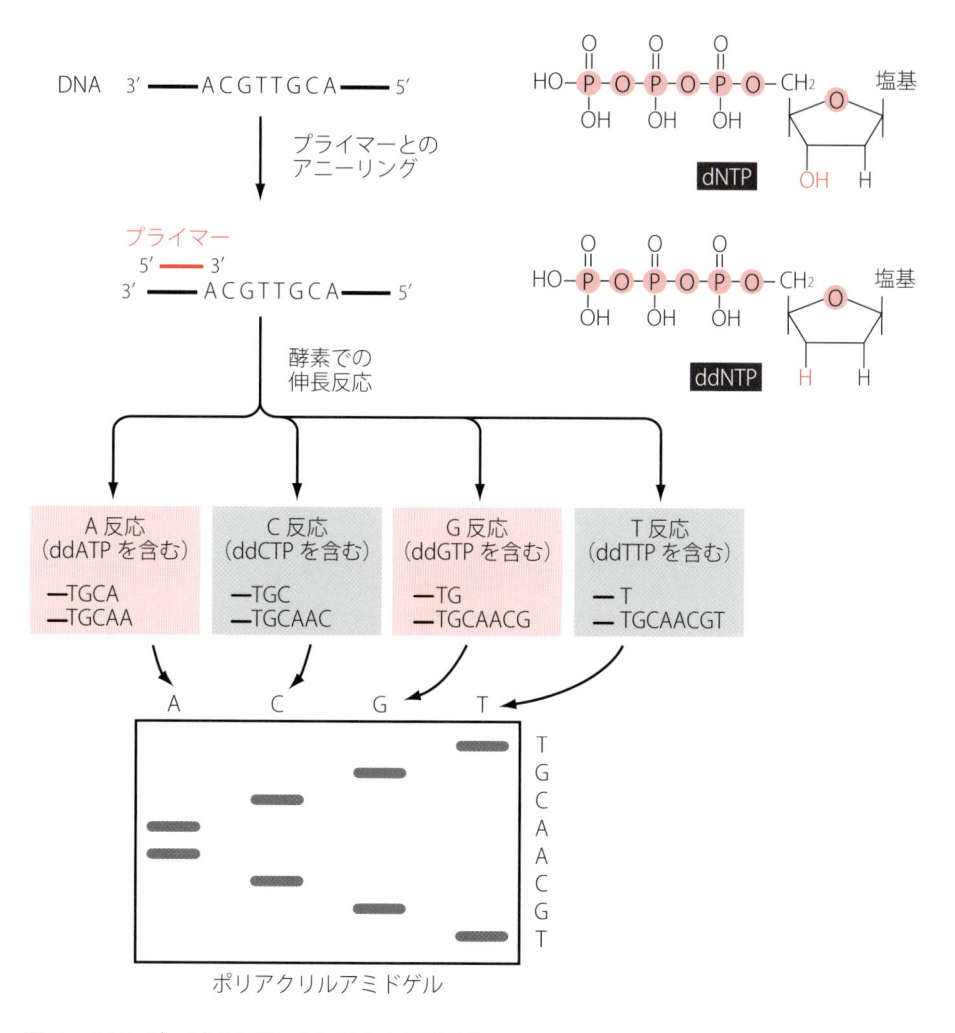

図5　サンガー法の原理（文献6より改変）

ろな長さの一本鎖DNAが合成される．標識されたプライマーまたはddATPを用い，ポリアクリルアミドゲル電気泳動などの一本鎖DNAの1塩基の長さの違いも同定できる方法を用いて解析すれば，プライマーの位置から換算してPCR断片のどの位置がAなのかがわかる．これを自動化したのがオートシークエンサーである．ddATP，ddGTP，ddCTP，ddTTPについて個別に反応を行った後，オートシークエンサーで塩基配列を読む．機械やサンプル調製にもよるが，一般的なオートシークエンサーで1回に読める塩基数は400〜600ほどである．長いPCR断片の場合は，単純にはいろいろな位置にプライマーを設計すればよい．もしくは，手間はかかるが，PCR断片を制限酵素で切断し，短くなった各切断断片を再びサブ・クローニングしてからプラスミド・ベクターのPCR断片が導入された前後の領域のプライマーを使って塩基配列を決定する場合もある．

　現在のところ，PCR断片をプラスミド・ベクターに導入する方法については，TA（TU）クローニング法が主流であり，各社からさまざまなキットが入手可能である．そこで，本項ではキットも合わせてこの方法を詳しく紹介する．

準備するもの

1) サンプル
- **PCR増幅済みの反応液**
  PCR産物の両端が平滑末端になるα型や混合型の耐熱性DNAポリメラーゼを使用したときは，キアゲン社のカラム精製キット（QIAquick PCR purification kit）などで精製し，通常のpol I型耐熱性DNAポリメラーゼを用いてdNTP（各2.5 mM）の代わりにdATP（2.5 mM）を加えて伸長反応のみを行い，3'末端にAを付加しておく．

2) 試薬

【アガロースゲルからのPCR産物の回収・精製キット】[a]

[a] アガロースゲルからPCR産物を高純度で精製することは，ライゲーション反応を成功させるポイントである．われわれの研究室で実績のあるキットを中心に，一般によく使用されているキットを示してある．

- **GENECLEAN Kit，MERmaid Kit**
  …Q-Biogene社（フナコシ社）
  ゲルをNaI溶液で加温，溶解後，ガラス粉末に吸着させ，精製，溶出する．GENECLEAN Kitが200 bpから20 kbまでの，MERmaid Kitが100 bpから10 kbまでのDNAを回収・精製できる．

- **QIAEX II Gel Extraction System** …キアゲン社
  ライゲーション反応を阻害するNaI溶液の代わりにカオトロピック塩を用いてゲルを溶解し，シリカゲル粒子に吸着させ，精製，溶出する．40 bp以下から50 kbまでのDNAを回収・精製できる．

- **GenElute AGAROSE SPIN COLUMN** …シグマ・アルドリッチ社
  ゲルを詰め遠心するだけで，DNAを溶出する．簡便だが，溶出液のフェノール抽出を行わないとライゲーション反応がうまくいかない．

- **MinElute Gel Extraction kit，QIAquick Gel Extraction kit** …キアゲン社

- **SUPREC-01，TaKaRa RECOCHIP** …タカラバイオ社

- **Wizard PCR Preps DNA Purification System** …プロメガ社

- **MagExtractor-PCR & Gel Clean up-Kit** …東洋紡績

- **StrataPrep DNA Gel Extraction Kit** …アジレント・テクノロジー社

- **Montage Gel Extraction Kit** …ミリポア社（三商）

- **S.N.A.P. UV-Free Gel Purification Kit，S.N.A.P. Gel Purification Kit** …インビトロジェン社

- **GFX PCR DNA and Gel Band Purification Kit，Sephaglas BandPrep Kit** …GEヘルスケア社

【Tベクターまたは平滑末端化クローニングキット】[b]

[b] 現在では，TAクローニング用のプラスミド・ベクター（Tクローニングベクター）を自作することはほとんどない．われわれの研究室で実績のあるキットを中心に，成功率が高いと思われるものを示す．

- **QIAGEN PCR Cloning Kit，QIAGEN PCR Cloning plus Kit** …キアゲン社
  pDrive cloning vectorへPCR断片を導入する．コンピテントセルも付属されており，初心者にも使いやすいだろう．

- **pGEM-T Easy Vector System，pGEM-T Vector System** …プロメガ社
  pGEM-5Zf（＋）Vectorを用いてTAクローニングベクターとしてあり，ここに目的遺伝子を導入する．高効率のライゲーションを可能としたバッファーが添付されており，ライゲーション反応を1時間で行える．この種のキットとしては草分け的存在．

- **StrataClone PCR Cloning Kits，StrataClone Blunt PCR Cloning Kits** …アジレント・テクノロジー社
  トポイソメラーゼのDNA修復補佐の機能を利用したTAクローニングベクター．ライゲーション反

応を室温，5分間で行える．TAクローニングにはStrataClone PCR Cloning Kits，ブラントエンド・ライゲーションにはStrataClone Blunt PCR Cloning Kitsを使用する．

- Mighty TA-cloning Kit, T-Vector pMD19/pMD20, Mighty Cloning Reagent Set (Blunt End)…タカラバイオ社
- pMOS Blue T-vector Kit…GEヘルスケア社
- In-Fusion Advantage PCR Cloning Kit…タカラバイオ社
- TOPO TA Cloning Kit…インビトロジェン社

3) LB寒天培地

- 100 mg/mL アンピシリン…滅菌蒸留水で溶解後，フィルトレーション滅菌，4℃で保存可．
- 40 mg/mL X-gal…dimethylformamideで溶解後，フィルトレーション滅菌，-20℃で保存可．
- 100 mM IPTG…滅菌蒸留水で溶解後，フィルトレーション滅菌，-20℃で保存可．

Tryptone 10 g, yeast extract 5 g, NaCl 10 g, agar 15 gを1 Lの蒸留水に加え，20分オートクレーブをかけた後，スターラーバーで撹拌しながら60℃程度まで冷却したところで1 mLアンピシリン溶液，2 mL X-gal溶液，0.5 mL IPTG溶液を加え，さらに撹拌し，適当なサイズのプラスチックシャーレに分注し，フタをして室温で固まるまで放置．使用するまで4℃で保存し，使用前に室温に戻しておく．結露で表面が水浸になっているのがふつうであり，クリーンベンチ内で表面を乾燥させる．

プロトコール

電気泳動，切り出し後のゲルからDNAを精製するキットとしては，シグマ・アルドリッチ社のGenElute AGAROSE SPIN COLUMN[9]の例を記載する．また，TA(U)クローニングによるプラスミド・ベクターへのPCR断片の組換えについては，キアゲン社のQIAGEN PCR Cloning plus Kit[10]を用いた手順を紹介する．コンピテントセルなど大腸菌への導入条件も至適化されており，初心者にも扱いやすいと思われる．

▶ 1) アガロースゲル電気泳動と目的DNA断片の回収（図6）

❶ PCR反応後，増幅DNA溶液を，10 μL/レーンで1～5レーン電気泳動する[c]

❷ エチジウムブロマイド染色を行い，UVトランスイルミネーター上でバンドを切り出す[d]

❸ カラムにゲル片をのせて，15,000 rpm（20,400 G）[e]，4℃，10分間遠心する

❹ 回収用チューブから溶出液を取り出し，通常のフェノール/クロロホルム抽出を行い，上清を別のチューブに移す

❺ 下記の試薬を加え，ボルテックス，アップサイドダウンで均一になるまでよく混ぜた後，室温で20分放置する

0.5倍量の7.5 M CH₃COONH₄

2.5倍量のイソプロパノール[f]

1 μL グリコーゲン（20 μg）

[c] 当然，アガロースゲルの濃度は目的のDNA断片のサイズで調整する．ミニゲルを利用したい．

[d] **重要** UV照射の時間はできるだけ30～60秒以内で行う．5分を超えるとDNAダメージが大きくなるため，クローニング効率が1/10になることも多い．1枚のゲルから，10本以上のバンドを切り出すときは，特に注意する．

[e] 回転数はトミー精工社のラックインローターTMA-300とローターラックAR015-24の組み合わせの場合．

[f] エタノール沈殿でもよいが，より極性が少ないイソプロパノールを用いると，より沈殿が得やすいので，使用している．イソプロパノールはエタノールよりも揮発性が低いため，最後の乾燥の段階で時間がかかるという欠点がある．また，イソプロパノールが残ると，酵素活性が阻害されるなどその後の実験に影響が大きいので，70％エタノールによる沈殿の洗浄・乾燥をしっかり行う．

アガロースゲル電気泳動

↓

ゲルをエチジウムブロマイド染色

↓

メスでバンドを切り出す

目的PCR産物のバンド

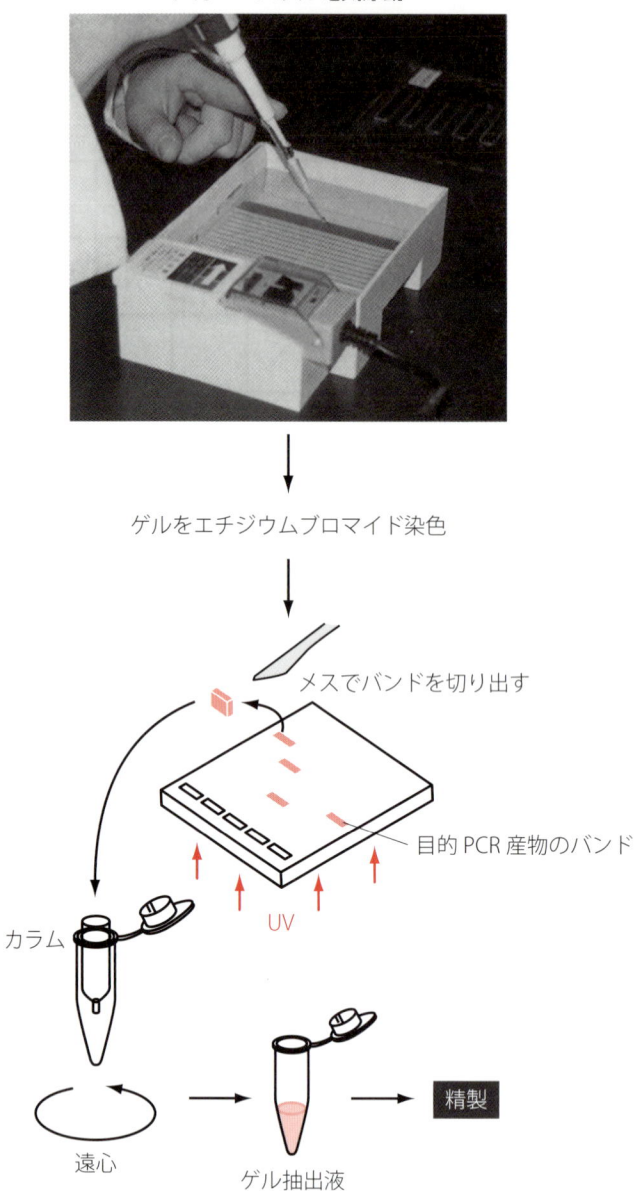

UV

カラム

遠心 → ゲル抽出液 → 精製

図6　アガロースゲルからの目的PCR断片の切り出し抽出

❻ 15,000 rpm（20,400 G）[e]，4℃，10分間遠心する
❼ DNA沈殿を残してピペッターで上清を取り除く[g]
❽ 冷70％エタノールを適量加える[h]
❾ DNA沈殿を崩さないように穏やかに撹拌する
❿ 15,000 rpm（20,400 G）[e]，4℃，10分間遠心する
⓫ DNA沈殿を残してピペッターで上清を取り除く[i]

[g] 沈殿を紛失しないように気をつける．
[h] 残存している上清を除ければよい．最初のDNA溶液の量の2〜3倍は入れたい．通常，1.5 mLのチューブで500〜1,000 μL程度である．
[i] 沈殿を紛失しないように気をつける．DNA沈殿に触らないようできるだけ取り除く．

⓬ DNA沈殿物を風乾後，10〜100 μLⓙのTE（10 mM Tris-HCl，1 mM EDTA，pH 7.5）に溶解する

▶ 2）Tベクターとの連結とコンピテントセル（大腸菌）への導入と選抜

⓭ 下記の溶液を混合し，超純水でTotal 10 μLにする

pDrive cloning vector（50 ng/μL）	1 μL
DNA溶液	1〜4 μL
（5〜10倍過剰モル）ⓚ	
2 × Ligation Master Mix	5 μL

⓮ 16℃で2時間保温しライゲーションさせるⓛ

⓯ 凍結しているコンピテントセル（QIAGEN EZ Competent Cell）の入ったチューブを氷上で溶解し，チューブ1本につき1〜2 μLのライゲーション反応液を加え，数回チューブを指で軽くはじく（タッピング）などして穏やかに混合し，氷上で5分間保温する

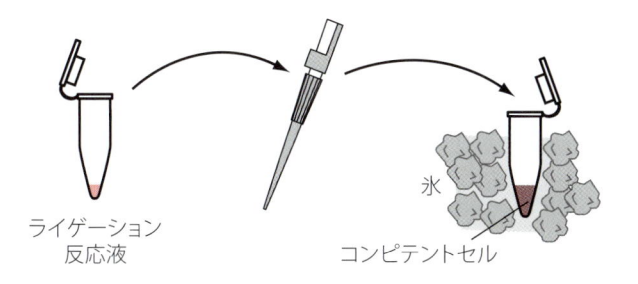

⓰ 42℃30秒間保温するⓜ

⓱ 再び氷上で2分間保温する

⓲ SOC培養液（あらかじめ室温にしておく）を250 μL加え，このうち100 μLをアンピシリン，X-gal，IPTGを含むLB寒天培地にプレーティングするⓝ

ⓙ 電気泳動の結果からDNAのおよその量を推定してTEの液量を決める．DNAは鎖長が長いと同じモル数（mol）でもバンドが濃く見えるので注意する．DNAのゲルからの回収率は60％程度である．プラスミド・ベクターの2倍程度のモル濃度（M）になるようにTEを加える．DNAの重量（g）÷DNA断片の分子量（ヌクレオチドの平均分子量を約330として，1塩基対あたり660で計算する）＝DNA断片のモル数で計算する．インサートの重量/長さ：ベクターの重量/長さ，でもよい．

ⓚ 単にベクターとインサートDNAの濃度ではなく，それぞれのモル数を計算し，その混合比（モル比）を，ベクター1に対してインサート5〜10とする．

ⓛ クローニング効率を考慮しなければ，15分のライゲーションでもよい．保存は，−20℃で行える．

ⓜ ウォーターバスがよく使用されるが，ヒートブロックでもよい．振盪する必要はない．

ⓝ ムラができないようにシャーレを回しながら全体に広げる．

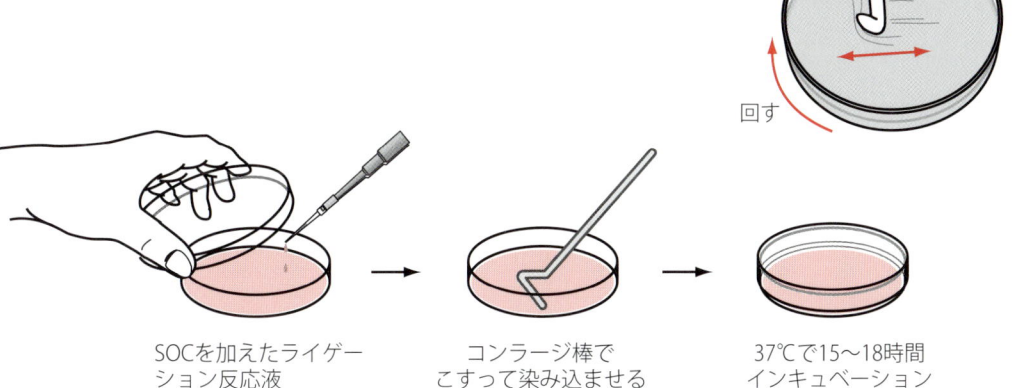

⑲ 37℃で保温し，LB寒天培地にプレーティングした溶液が完全に染み込んだらプレートをさかさまにして，15〜18時間，引き続き37℃で保温する
⑳ 複数のシングルコロニーを分離する（図7）◎
㉑ 複数のシングルコロニーを個別に培養し，プラスミド・ベクターを精製する
㉒ 塩基配列を決定し，正しくPCR断片が組み込まれているものを選抜する℗

◎ 寒天培地にアンピシリンなどのプラスミド・ベクターに導入されている薬剤耐性遺伝子に合わせた薬剤を加え，プラスミドの導入された大腸菌のセレクションを行う．また，X-galと，プラスミド中のβガラクトシダーゼを発現させるためのIPTGを加えておき，Blue/Whiteスクリーニングも行う．シングルコロニーを培養する寒天培地や液体培地にも同様に薬剤耐性遺伝子に合わせた薬剤を加える．

℗ オートシークエンサーにどの機器を使用するかでキットも異なり，紙面の都合上詳しいプロトコールは省かせてもらった．塩基配列決定の受託サービスがメーカーから提供されており，最近ではかなりのコストダウンが図られている．少数のサンプルであれば自分でやるより逆にコストがかからない．

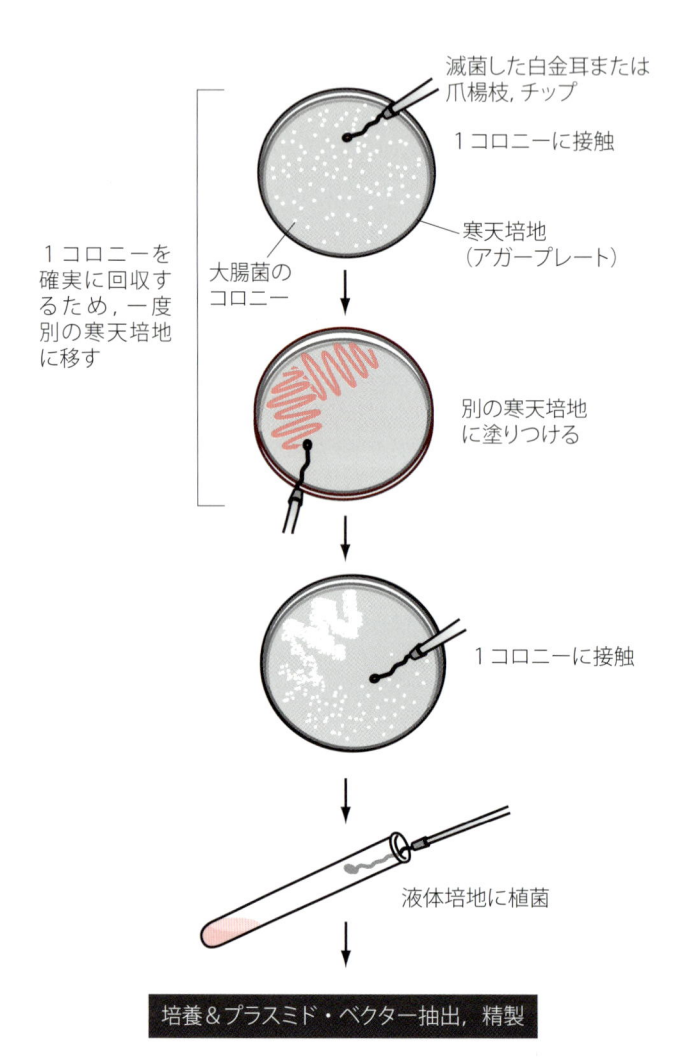

図7　シングルコロニーの回収と培養の手順

トラブルシューティング
多様なベクターへの
サブ・クローニングとその利用法

⚠ サブ・クローニング効率が劣悪であった

原因
❶ PCRの至適化が不良で，非特異的な増幅が多かった．
❷ ゲルからの回収で，UVを5分以上照射してしまった．

原因の究明と対処法

PCRのプライマー再設計，鋳型の変更（特にRT-PCR），反応条件の至適化を行う．または，ゲルからの回収をやり直す．

⚠ クローンの塩基配列を調べたら，小さな欠失や変異があった

原因 目的の配列内に，PCRのartifactを起こしやすい配列がある．

原因の究明と対処法

GCやGCリッチな配列や，同じ塩基や配列のリピートなど二次構造をとりやすい配列は増幅時にミスインコーポレーションを起こしやすい．忠実度の高い耐熱性DNAポリメラーゼに変えるか，手間だが，もっと多くのクローンのシークエンス（よく作動させている研究室では）を行う．異常部位が適当な1種類の制限酵素で除去できるときは，まず1つのクローンからそこを酵素処理で除去する．次に，その部位の配列が正しいクローンの同じ断片を連結させて，正しい配列に置き換える．

参考文献＆ウェブサイト

1）青柳一彦：『よくわかる分子生物学・細胞生物学』（佐々木博己/編），pp7-22，講談社サイエンティフィク，2009
2）谷口武利：『無敵のバイオテクニカルシリーズ：改訂PCR実験ノート』（谷口武利/編），pp107-138，羊土社，2005
3）石野良純，他：『PCR Tips』（真木寿治/編），pp73-81，秀潤社，1999
4）青柳一彦：『よくわかる分子生物学・細胞生物学』（佐々木博己/編），pp22-27，講談社サイエンティフィク，2009
5）『目的別で選べるタンパク質発現プロトコール』（永田恭介，奥脇暢/編），羊土社，2010
6）青柳一彦：『よくわかる分子生物学・細胞生物学』（佐々木博己/編），pp35-38，講談社サイエンティフィク，2009
7）Sanger, F. et al.：Proc. Natl. Acad. Sci. USA, 74：5463-5467, 1977
8）Maxam, A. M. & Gilbert, W.：Proc. Natl. Acad. Sci. USA, 74：560-564, 1977
9）シグマ・アルドリッチ社のホームページ（http://www.sigmaaldrich.com/japan.html）
10）キアゲン社のホームページ（http://www.qiagen.com/jp/）

4章 PCR産物を利用する

2 遺伝子機能解析のための変異導入

河府和義

特徴
- DNA配列への点変異の導入法.
- タンパク質のアミノ酸置換や転写制御領域DNA配列の置換ができる.
- 生理的機能の解析に欠かすことのできない技術.

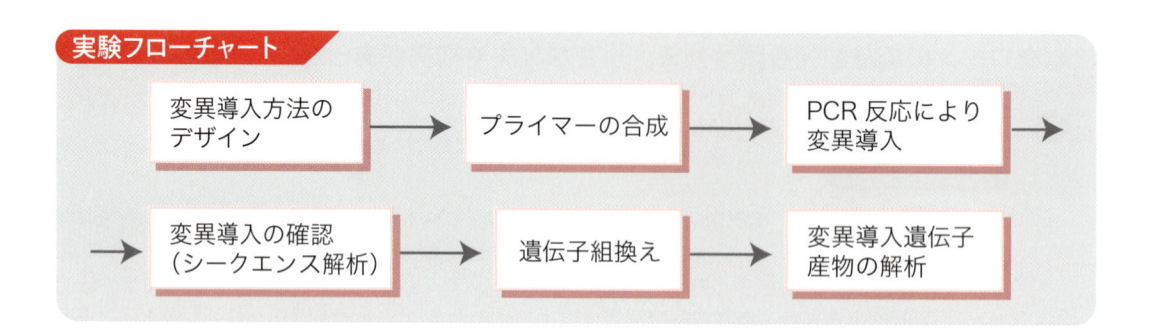

実験フローチャート

変異導入方法のデザイン → プライマーの合成 → PCR反応により変異導入 →

→ 変異導入の確認（シークエンス解析）→ 遺伝子組換え → 変異導入遺伝子産物の解析

① 実験の概略

　点突然変異とは，DNA配列に何らかの理由で1塩基が別の塩基に入れ替わる突然変異である．もしも遺伝子をコードする塩基部位に点変異が入ると，その部分から転写されて合成されるmRNAにも点変異が入り，結果的にアミノ酸に翻訳される際に異常タンパク質が産生されることがある．つまり点変異によるアミノ酸配列への影響には3通りの可能性があり，1塩基の入れ替わりによりストップコドンができてしまいタンパク質への翻訳が途中で止まってしまう場合（ナンセンス変異），または1塩基の入れ替わりによりアミノ酸が置換される場合（ミスセンス変異），そして何のアミノ酸変化も伴わない場合（サイレント変異）である．点変異は必ずしも遺伝子をコードする塩基部位に生じるとは限らず，むしろイントロンや転写調節領域に生じる可能性の方が圧倒的に高い．この場合には変異の入った場所によってはmRNAのスプライシングに異常が生じたり，転写調節因子の結合エレメントに点変異が入れば転写異常を呈する場合もある．

　1塩基変異は種々の疾患において疾患要因因子となっていることがこれまでに数多く報告されている．特に腫瘍などでは各種がん抑制遺伝子の点変異による不活性化が細胞がん化に深く関与することも知られている．疾患で見出された点変異を人為的に遺伝子組換え技術により再現することは，特定の疾患の原因となる生命現象を分子レベルで検証するためには必要不可欠の作業である．この点変異導入により，種々の疾患関連遺伝子産物の機能解析作業が目覚ましく進展した．さらには遺伝子改変マウス作製技術と融合して確立された点変異導

入ノックイン（KI）マウスなどの解析は非常に貴重な知見をもたらすこととなった．

大まかに分類すると点変異導入法には2通りある．その原理は後述するが，基本的に**点変異を導入したいDNA部分だけを取り扱う方法**と，**点変異を導入するDNAをベクター（プラスミド）ごと調製する方法**とに分類される．本項では前者の方法を中心に詳述したい．またこの技術を応用して，自然界では存在しないはずの点変異を自由自在に導入することも可能となった．その結果，目的のタンパク質の各々のドメインの機能を解析することが容易となった．さらには酵素タンパク質遺伝子などに人為的にランダムに変異を導入して，機能的なスクリーニングを行い，酵素活性の人為的高効率化を導くという目的などにも用いられている．

② 原　理

変異導入の基本原理は人工的に合成したオリゴDNAを鋳型として用いることにある．つまり，**オリゴDNA配列内に目的の遺伝子変異を導入しておき，このオリゴを，目的のDNA断片部位を増幅させるPCR反応においてプライマーとして用いることで変異を導入する**．結果的に目的のDNA配列に設計どおりの遺伝子変異が導入されたことをシークエンス解析により確認して全工程が完了する．

この原理は比較的単純であるが，プロトコールによっては手技的に難易度の高いものであり，現実的にはPCR増幅において増幅エラーが起こることも問題としてあげられる．プラスミドごと調製して変異を導入する場合には，少なくとも3 kbのプラスミドにさらに変異を導入するDNA断片（数百b～数kb）が組み込まれている．つまり，プラスミドの大きさが5 kbだとすれば，500塩基に1個の割合で増幅ミスが生じると仮定すると変異導入後には10個程度の増幅エラーが生じることになる．もしもそのようなエラーが解析をしようとしているDNA部分に生じた場合には予測外の変異が導入されたことになるわけで，そのようなサンプルは使うことはできない．しかもプラスミド全体を増幅した後には鋳型として用いた変異の導入されていないプラスミドを効率よく排除する必要もあり，煩雑な作業をしなくてはならない場合もある．

プラスミドを鋳型とした方法は各種の方法があり，PCRを用いない方法などもある．PCRを用いる場合には増幅末端をどのような方法で結合して環状にするかで2通り（recombination PCR法またはinverse PCR法）に分けられる（図1）．いずれの方法も増幅用プライマーにあらかじめ目的の遺伝子変異を導入しておき，増幅後の変異の入ったプラスミドを選択的にクローン化するというものである．

一方で，解析したいDNAの一部分だけをPCR増幅して変異導入する方法は基本的には単純で，目的の変異をほぼ確実に導入できる．実際には，**変異を導入したいDNA領域に制限酵素で切り出せる400～600塩基長の断片があることが必須**である．それは変異を導入したDNA断片を元の場所に戻す必要があるからである．PCR増幅するDNA断片は数百塩基程度でなるべく短い方がいいが，逆に100塩基程度だと短すぎて扱いが難しくなる．

変異導入のためのPCRプライマーは図2に示すとおり4本必要になる．両端のプライマー

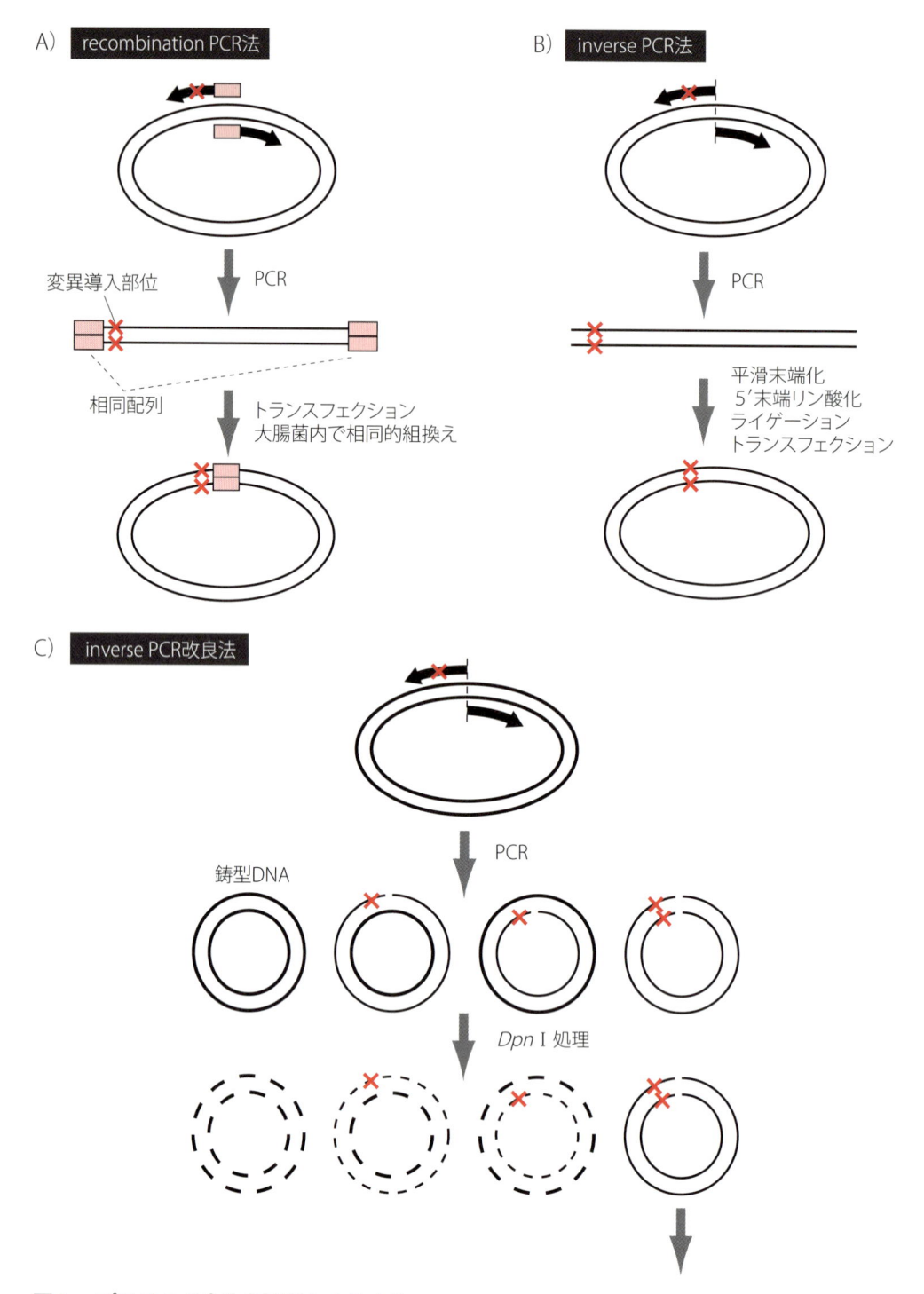

図1 プラスミド全体を鋳型とする方法

には増幅領域に制限酵素サイトが含まれている必要があり，中央の2本のプライマーは変異を含んでいるものである．これらのプライマーを用いて第一段階目のPCRを行い，左右2本のDNA断片を増幅する．プライマーの変異導入部位は鋳型DNAと相補的な結合はできない

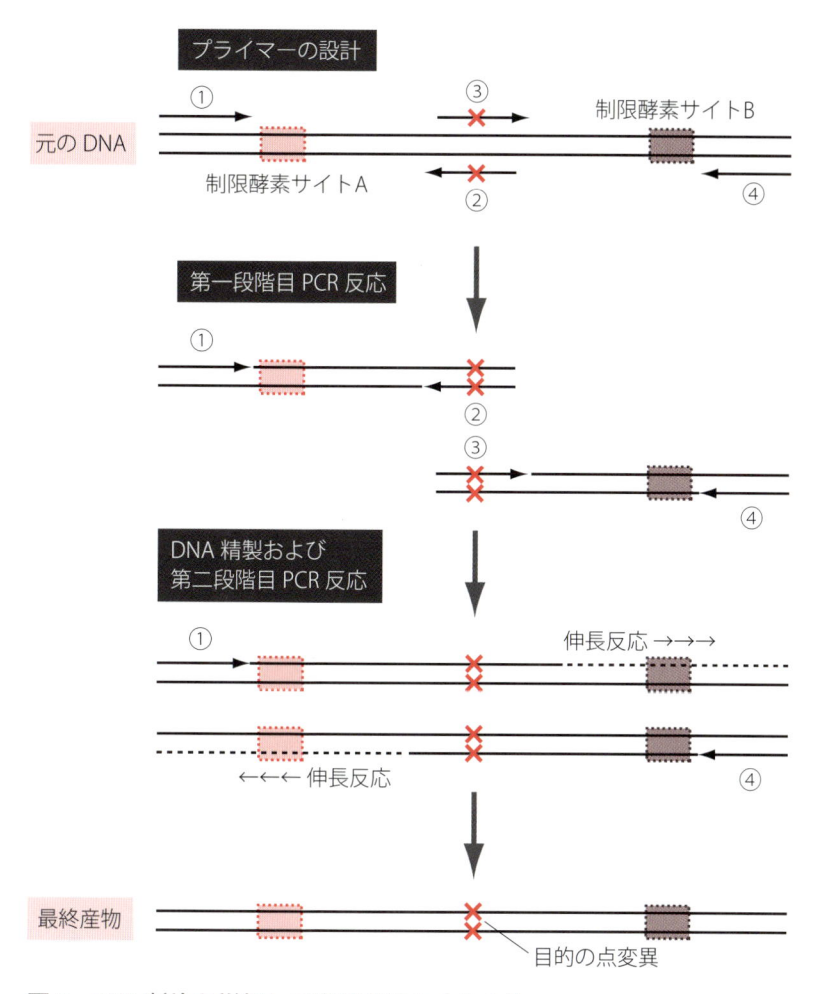

図2　DNA断片を増幅して変異を導入する方法
①④：制限酵素サイトを増幅領域に含むプライマー，②③：変異を含むプライマー

が，プライマーの3'側の約20塩基は鋳型DNAに完全にマッチするよう設計する．よってプライマー全体のアニーリングには問題がない．ついでこれらのDNA断片から未反応の鋳型やプライマーを除去した後に，第二段階目のPCRを両端のプライマーを用いて行う．最終産物は図2に示すとおり，設計した制限酵素サイトを両端にもつ大きさの断片である．この後に遺伝子変異が正確に導入され，かつ予測外の増幅エラーのないDNA断片であるかどうかをシークエンス解析により確認する．最後に元のプラスミドDNAにこの制限酵素断片をライゲーションにより戻して，目的の変異導入DNAの調製を完了する．

以降では，プラスミドに組み込まれたDNAの一部分をPCR増幅して変異を導入するプロトコールを紹介する．

準備するもの

- ゲノムDNAまたはcDNAなどの変異導入を計画しているサンプル（プラスミドに組み込まれているもの）
- PCRプライマー
  制限酵素サイトを増幅領域に含むプライマー1組と，変異部位を含むプライマー1組，計4本
- PCRのためのDNAポリメラーゼおよびバッファー系
  ここでは，TaKaRa LA Taq with GC Buffer（タカラバイオ社，#RR02AG）を用いた例を紹介する．
- アガロースゲル電気泳動一式
  PCR増幅断片のチェック用
- PCR断片精製用キット
  QIAquick Gel Extraction Kit（キアゲン社）など
- シークエンス解析のためのキットなど
  BigDye Terminator v3.1 Cycle Sequencing Kit（アプライドバイオシステムズ社），BigDye XTerminator 精製キット（アプライドバイオシステムズ社）など
- サーマルサイクラー
  GeneAmp 9700（アプライドバイオシステムズ社），PCR Thermal Cycler SP（タカラバイオ社），DNA engine PTC-0200（バイオ・ラッド社）など
- シークエンサー
  ABI PRISM 310/3100/3130/3500/3730 Genetic Analyzer（アプライドバイオシステムズ社）など

プロトコール

▶ 1）変異導入のための制限酵素サイトおよび変異プライマーの設計

変異を導入する部位が1塩基変異であろうが数塩基の欠損であろうとも，ここで紹介する方法ならば問題なく変異導入することができる．まず，変異を導入しようとするDNA断片を組み込んだプラスミドを用意する．変異を導入する部位がおよそ中央になるように設定して両サイドにシングルカット制限酵素サイトを検索する．できるだけ出現頻度の少ない6～8塩基以上を認識し，切り出し断片が400～600塩基長となる制限酵素サイトに注目する．変異部位が中央にならなくても多少端に寄っていても問題はない．適当な制限酵素サイトが見つからなかった場合は，DNAプラスミドごと変異導入する方法を用いる．

適当なシングルカットの制限酵素の候補を得たら，そのサイトが本当にシングルであることを確認するために実際に制限酵素でプラスミドを切断し，アガロースゲル電気泳動により確認する．この場合には少し多めの切断サンプルをゲルにアプライして，短いDNA断片の見落としがないように注意する．

PCRの鋳型は精製されたプラスミドであるため，プライマーの3′側の約20塩基程度に完全に鋳型にマッチしたデザインで問題なくPCR増幅が可能．しかし変異部位を含むプライマーでは二段階目のPCRにおいてアニーリングできるように，5′側の断片のおしりと3′側の断片のあたまが最低20塩基分100％マッチ（重複）している必要がある（図3）．

| 制限酵素サイトの外側のプライマー | 変異部位を含むプライマー |

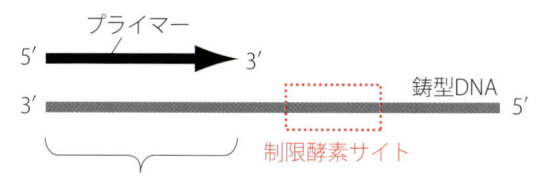

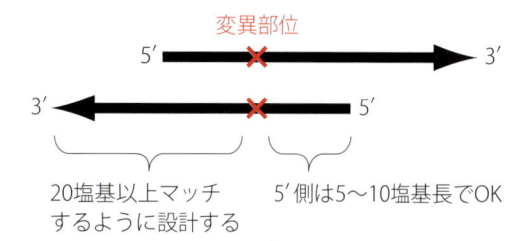

図3　プライマー設計のポイント

▶ 2) PCR増幅

通常のPCRと特に違う方法が必要であるわけではない．しかし忠実度の高い酵素を用いる場合でも耐熱性のDNAポリメラーゼによる増幅エラーを防ぐために気を付けることは，サイクル数を減らすことと鋳型DNAを多めに用いることである．参考までに以下のプロトコールを推奨する．

❶ 下記を混ぜ，第一段階目PCR反応液を調製する

鋳型DNAプラスミド	100 ng
2×GC buffer I	25 μL
dNTP mix（各2.5 mM）	8 μL
プライマーペア（50 pmol/μL）	1 μLずつ[a]
LA Taq	1 μL

超純水でTotal 50 μLにフィルアップ

[a] ここで用いるプライマーペアは，図2の①+②もしくは③+④に相当する．①+②，③+④のペアでそれぞれPCR反応を行う．

❷ 以下の反応条件でPCRを行う

＜PCR条件＞

熱変性	94℃	2分	
↓			
熱変性	94℃	30秒	
アニーリング	55℃	30秒	15〜20サイクル
伸長反応	72℃	1分[b]	
↓			
保存	4℃	∞	

[b] 1kbよりも長い増幅の場合には1kbあたり1分を目安に増やす．
[c] 増幅バンドがうっすらと検出できる程度であれば十分である．増幅エラーを避けるためにできるだけ少ないサイクル数のサンプルを採用する．
[d] DNA断片の回収は4章-1を参照．
[e] 500塩基以下の短いDNA断片はシリカマトリクスでの回収効率が低いので要注意であるが，それでも第二段階目のPCR反応の鋳型にするには十分量が調製できる．よって，第一段階のPCR増幅産物は決して大量には必要ではないことから，PCRサイクル数もできるだけ最小限にとどめることをすすめる．

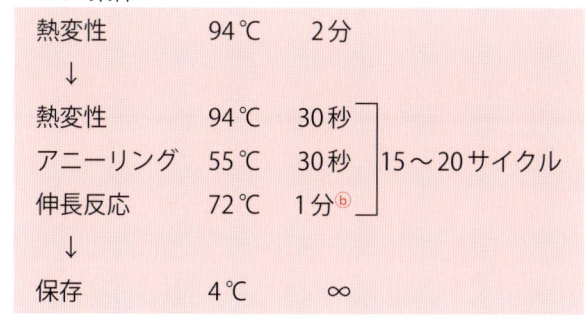

❸ PCR反応後の10 μLを用いてアガロースゲル電気泳動を行い，増幅の確認をする[c]
❹ PCR断片をゲルから切り出し，精製用のキットを用いてDNAを回収する[d][e]

❺下記を混ぜ，第二段階目PCR反応液を調製する

鋳型DNA（第一段階目のPCR増幅断片）
　　　　　　　　　　　　それぞれ約10 ng
2×GC buffer I　　　　　　　25 μL
dNTP mix（各2.5 mM）　　　 8 μL
プライマーペア（50 pmol/μL）　1 μLずつ ⓕ
LA Taq　　　　　　　　　　 1 μL
超純水でTotal 50 μLにフィルアップ

ⓕ ここで用いるプライマーペアは制限酵素サイトを増幅領域に含むプライマー（図2の①④に相当）である．

❻以下の反応条件でPCRを行う ⓖ

＜PCR条件＞

熱変性	94℃	2分	
↓			
熱変性	94℃	30秒	
アニーリング	55℃	30秒	15〜20サイクル
伸長反応	72℃	1分 ⓗ	
↓			
保存	4℃	∞	

ⓖ この場合にも増幅断片が電気泳動で確認できる程度の量だけ増幅できれば十分である．予定された長さの変異導入断片をTAクローニングベクターにサブ・クローニングし（4章-1参照），シークエンス解析を行い（3章-1参照）変異導入および予定外の塩基の置換などのないことを確認する．現在ではプライマーの合成エラーはほとんどないが，プライマー部分の配列にエラーがないことも忘れずに確認する．

ⓗ 1kbよりも長い増幅の場合には1kbあたり1分を目安に増やす．

遺伝子機能解析のための変異導入 — トラブルシューティング

⚠ 第二段階目のPCRにより予想されるPCR断片が増幅されない

原因 第一段階のPCR反応物の精製度が悪い．

原因の究明と対処法
アガロースゲル電気泳動などを行い，未反応のヌクレオチドとプライマーおよび非特異的増幅バンドを完全に除去する．

⚠ シークエンスを確認したが，予想外の変異が生じている

原因 ❶サイクル数が多すぎる．
❷プライマー配列に問題がある．

原因の究明と対処法
❶サイクル数を2〜5程度減らす．
❷Tm値を上げる（つまりプライマーの長さを3〜5塩基長くする）．

参考文献
『ここまでできるPCR最新活用マニュアル』（佐々木博己/編），羊土社，2003

4章 PCR産物を利用する

3 遺伝子多型・変異の検出

佐々木博己

特徴
- 複数の方法がある．
- 既存の遺伝子多型（生殖細胞系列，すなわち正常細胞での）の検出法．
- 既存の特定の変異またはホットスポット（体細胞系列，ほとんどがん細胞での）の検出法．
- 未知の遺伝子多型や変異の検出にも利用可能．

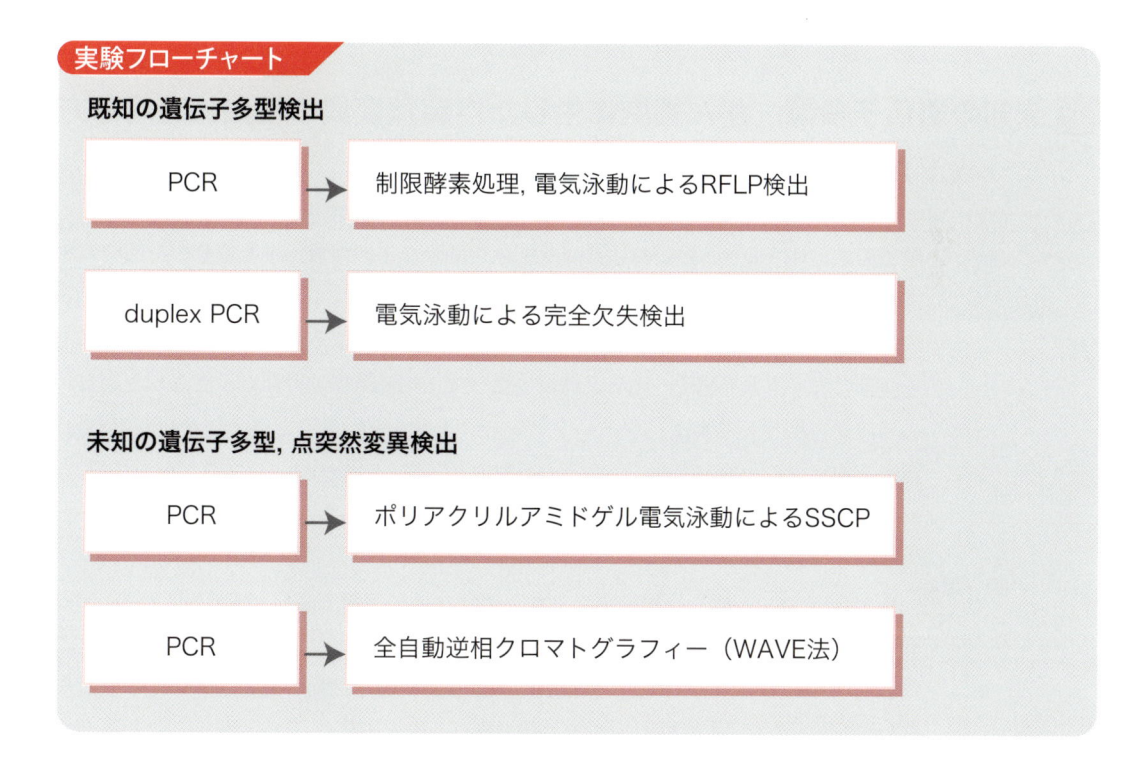

実験フローチャート

既知の遺伝子多型検出

PCR → 制限酵素処理，電気泳動によるRFLP検出

duplex PCR → 電気泳動による完全欠失検出

未知の遺伝子多型，点突然変異検出

PCR → ポリアクリルアミドゲル電気泳動によるSSCP

PCR → 全自動逆相クロマトグラフィー（WAVE法）

① 実験の概略

　PCR法を基盤として，既知のSNP（一塩基多型）などの遺伝子多型のタイピング，未知の遺伝子多型の同定，あるいは，がん細胞に生じた遺伝子変異の検出を行うことができる．目的に応じて，複数の方法を使い分ける必要がある．本項では，PCR-RFLP法，完全欠失検出法，PCR-SSCP法，WAVE法という代表的な遺伝子の構造解析法について解説する．[特徴]に記載したように，がん細胞での特定の塩基に起こる変異（*RAS*遺伝子など）またはホットスポット（転座で起こる融合遺伝子）の検出には，3章-1のPCR産物のダイレクトシークエンスが使える．現在は100検体を10万円程度で受託解析してくれるサービスもあり，研

究目的なら必ずしも自分でシークエンスする必要はない．

1 既知の遺伝子多型の検出に有用な方法

● A）PCR-RFLP法，B）完全欠失検出法

RFLPはrestriction fragment length polymorphismの略で，直訳すると制限酵素断片長多型である．つまり，制限酵素の認識配列の有無に伴い，制限酵素処理したDNA断片の長さに多型があるということを意味する．PCR-RFLP法では，SNP部位を含んだDNA断片をPCR増幅し，次にPCR産物を制限酵素によって切断する．そして，制限酵素処理されたDNA断片のパターンに基づき，各個人の遺伝子型を決定する方法である．

完全欠失検出法は，duplex PCR（2種の遺伝子を同一チューブで増幅する）を行うことにより，*GSTM1*，*GSTT1*遺伝子にみられるような欠失多型のホモ接合体（つまり，これらの遺伝子を全くもたない個人）を検出する方法である．

2 未知の遺伝子多型，がん細胞に生じた点突然変異の検出に有用な方法

● C）PCR-SSCP法，D）WAVE法

PCR-SSCP（single strand conformation polymorphism）法，WAVE法[*1]は，ともに，塩基置換に伴うDNA分子の性質の変化を利用し，未知の遺伝子多型やがん細胞に生じた点突然変異の有無を検出する方法である．しかしながら，これらの方法では，あるDNA断片内に塩基置換が存在することは示されるが，それがどのような塩基置換であるかは不明となる．そこで，PCR-SSCP，WAVE解析によって，塩基置換の存在が示唆された場合には，その検体を再度PCR増幅し，ダイレクトシークエンスを行うことにより（3章-1参照），塩基置換を同定する必要がある〔この際，多数のサンプルのシークエンスラダーを比較するには，SeqScape ver2.0（アプライドバイオシステムズ社），あるいはSEQUENCHER ver4.0（タカラバイオ社）などのソフトウェアを用いると効率よく塩基置換部位の検索が行える〕．

WAVE法は，高価な専用逆相クロマトグラフィー装置を必要とするが，感度（＞80％），簡便さ，迅速さ（約7分/サンプル）を合わせて考えると，未知の塩基置換の探索には，非常に有用である．WAVEは，小児がんのような稀な遺伝病の確定診断のための最初の検査（最後はシークエンス解析）として，原因遺伝子のどの部位（DNA断片）に変異があるかを調べる方法としても利用できる．

2 原　理

● A）PCR-RFLP法

多型部位を含むDNA断片をPCRで増幅する．次に，PCR産物を制限酵素処理した後，ア

[*1] 米国のTransgenomic社が開発したWAVE全自動遺伝子変異解析システムにちなんだ通称で，温度変性高速液体クロマトグラフィー（Denaturing High Performance Liquid Chromatography：DHPLC）法が正式名である．

A）PCR-RFLP法の原理

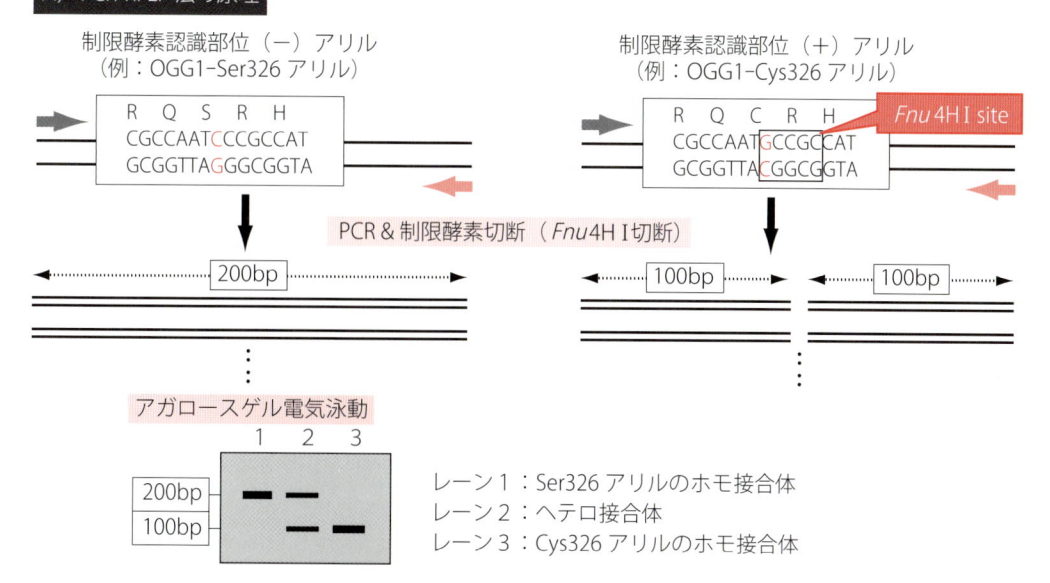

制限酵素認識部位（－）アリル
（例：OGG1-Ser326アリル）

```
      R Q S R H
      CGCCAATCCCGCCAT
      GCGGTTAGGGCGGTA
```

制限酵素認識部位（＋）アリル
（例：OGG1-Cys326アリル）

```
      R Q C R H
      CGCCAATGCCGCCAT
      GCGGTTACGGCGGTA
```

Fnu4HI site

PCR ＆ 制限酵素切断（Fnu4HI切断）

200bp / 100bp / 100bp

アガロースゲル電気泳動

レーン1：Ser326アリルのホモ接合体
レーン2：ヘテロ接合体
レーン3：Cys326アリルのホモ接合体

B）多型が制限酵素認識部位の有無を伴わない場合のPCR-RFLP解析

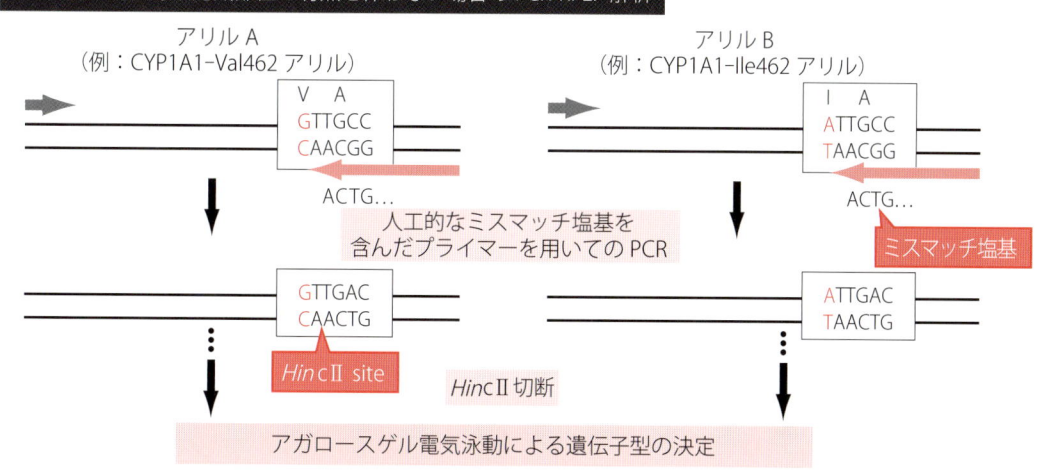

アリルA（例：CYP1A1-Val462アリル）

```
V A
GTTGCC
CAACGG
```
ACTG...

アリルB（例：CYP1A1-Ile462アリル）

```
I A
ATTGCC
TAACGG
```
ACTG...

人工的なミスマッチ塩基を含んだプライマーを用いてのPCR

ミスマッチ塩基

```
GTTGAC
CAACTG
```
HincII site

```
ATTGAC
TAACTG
```

HincII切断

アガロースゲル電気泳動による遺伝子型の決定

図1 PCR-RFLP法の原理

ガロースゲル電気泳動を行う．切断の有無によるパターンの違いから，遺伝子型を決定する（**図1A**）．注意しなければならないのは，制限酵素反応が不十分であると，部分切断産物が生じ，遺伝子型の判定を誤ることである．よって，**同一の制限酵素認識部位をもつinternal control DNAを同一のチューブ内で切断し，各チューブ内で確実に制限酵素反応が行われたことを確認する**必要がある．また，多型部位が制限酵素認識部位の有無を生じなければ，この方法が使えないと考えがちであるが，PCR反応に影響を与えない程度に，プライマー配列に人工的な塩基置換を導入することで，PCR産物に制限酵素認識部位を導入できることから，この方法の有用性は大きい[1]（**図1B**）．

このPCR-RFLP法は，多型部位に相当する塩基配列を認識する制限酵素が存在するときに使える方法なので，プライマーはその部位を含んで増幅できればよい．そのため設計が難し

い配列を避けて選ぶが，RT-PCRや完全欠失検出法に比べ，自由度は限定される．

● **B）完全欠失検出法**

欠失アリル（null allele）内にPCRプライマーを設定し，PCR反応を行う．欠失アリルをホモでもつ個体（null/null）ではPCR産物の増幅がみられないが，欠失アリルをもたない（positive/positive），もしくはヘテロでもつ個体（positive/null）ではPCR産物の増幅がみられることを利用し，遺伝子型を決定する（図2）[*2]．しかしながら，PCR産物の増幅がみられないことが，そのチューブ内でのPCR反応のエラーでないことを証明するために，必ず**もう1組別のPCRプライマーセットを反応液に加え，duplex PCR反応を行い，遺伝子型の判定を行う必要がある**．

この完全欠失検出法は，がん細胞で起こるホモ欠失や個人間のCNV（copy number variation：特定の染色体部位が完全欠損していたり，2倍に増えていたりする相違）のような比較的広い領域（数十kb〜数Mb）でみられる相違を検出する方法なので，プライマーはかなり自由に選べる．

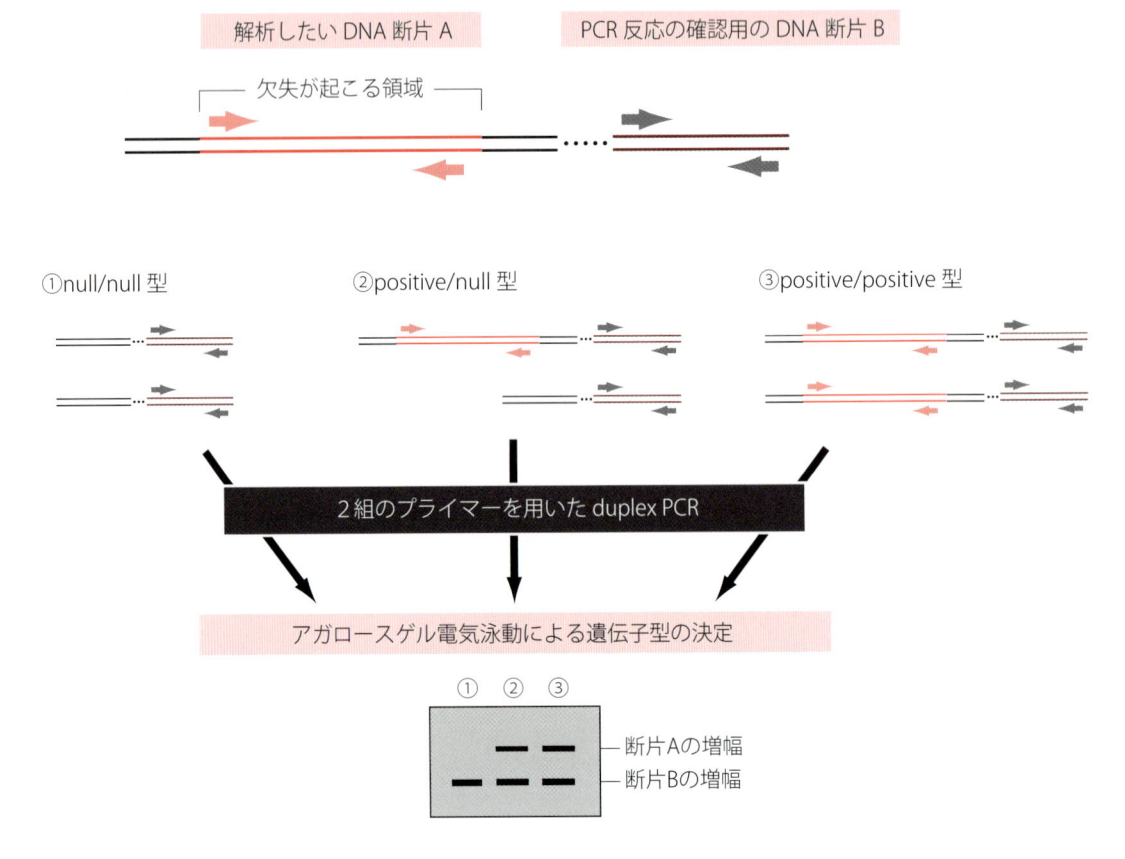

図2　完全欠失検出法の原理

[*2] 本法では，positive/positive型，positive/null型は同じ泳動パターンとなり区別できない．よって，null/null型とpositive型（positive/positive型＋positive/null型）を区別する．

C) PCR-SSCP法

塩基置換の有無を検索したい領域をPCR増幅し，次に，熱変性させ，一本鎖化する．一本鎖化したDNAは，分子内で水素結合をし高次構造（コンフォメーション）を形成する際に，わずかな塩基配列の違いによってコンフォメーションに変化が生ずる．PCR反応時に通常のdNTPに［$\alpha-{}^{32}P$］dCTPやdTTPを基質として加え，DNAを標識し，非変性ポリアクリルアミドゲル電気泳動を行うと，このコンフォメーションの違いによって移動度が変わり，塩基置換の有無を検出できる（図3）．通常，PCR-SSCP解析では，TBEバッファーにグリセロールを添加したゲルを用いる方法がよく知られている．しかし，われわれはTPEバッファーを用いた改良法[2]を用い，満足のいく結果を得ているので，本項では，この方法を紹介する．また，最近では，RI（放射性同位体）を使用しないPCR-SSCP装置〔例：DNAフラグメント解析装置SF5200（日立製作所）〕を利用する方法もある．

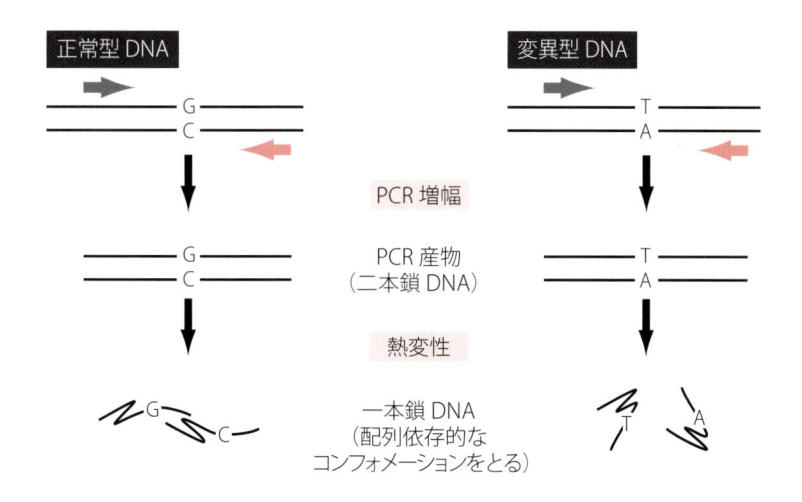

図3 PCR-SSCP法の原理

ONE POINT　電気泳動用バッファー

電気泳動用バッファーにはTAE，TBE，TPEの3種類がある．TAEは40 mM Tris-acetate（pH 8.0），2 mM EDTA，TBEは80 mM Tris-borate（pH 8.0），8 mM EDTA，TPEは89 mM Tris-phosphate（pH 8.0），2 mM EDTAである．SSCPの原報ではTBEバッファーに0～20％のグリセロールを加えてポリアクリルアミドゲルを作製して電気泳動する方法となっている．一本鎖DNAの高次構造は温度，バッファー，グリセロールの濃度などで変化することが経験的に示されている．本項で示す改良法で使用するTPEは上記のものではなく，Tris, EDTA, PIPESから調製されたものである（「準備するもの」参照）．

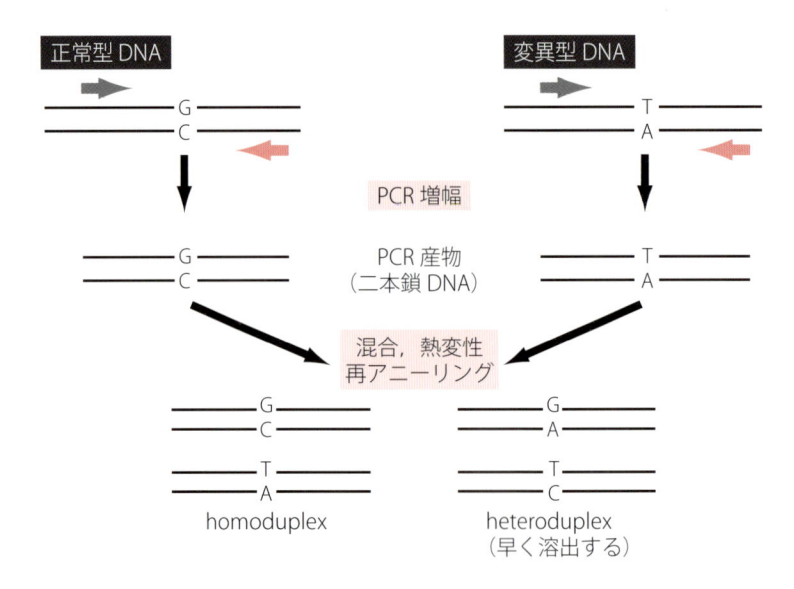

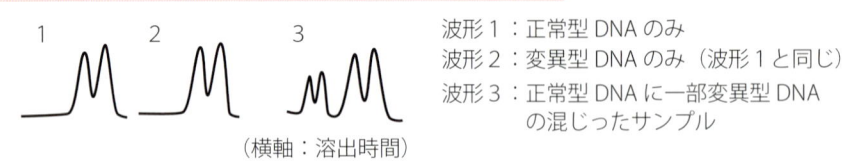

図4　WAVE法の原理

このPCR-SSCP法では，調べたいDNA領域が限られることと増幅するDNA断片は短いもの（100〜300 bp）の方が変異や多型をうまく区別できるので，プライマー配列を設計できる領域は限られる．

● D) WAVE法

塩基置換の有無を検索したい領域をPCR増幅する．また，正常型の塩基配列をもつ（と予想される）DNAから同一の領域をPCR増幅する．両者を混合し，熱変性後，再アニーリングさせる．塩基配列の異なる一本鎖DNA同士がアニーリングした二本鎖DNA（heteroduplex）は，塩基配列の同一な一本鎖DNA同士がアニーリングした二本鎖DNA（homoduplex）よりも変性しやすい．このことを利用し，再アニーリングPCR産物を変性条件下で展開・溶出し，塩基置換の有無を検出する[3]（図4）[*3]．

このWAVE法では，800 bp程度のDNA断片までは解析可能であるが，PCR-SSCP法と同様にプライマー配列を設計できる領域は限られる．

以降では，PCR-RFLP法，完全欠失検出法，PCR-SSCP法，WAVE法それぞれについて，代表的なプロトコールを紹介する．

[*3] WAVE解析では，変異体DNAのみが存在する場合には，homoduplexのみが形成されるため，正常型DNAのみが存在する場合と同様のピークパターンとなるので，塩基置換は検出されない（図4）．

準備するもの

1) すべての方法に共通のもの

- ● サーマルサイクラー
  例：GeneAmp 9700, GeneAmp 9600（アプライドバイオシステムズ社），PCR Thermal Cycler Dice（タカラバイオ社）

- ● アガロースゲル電気泳動装置
  数が多いときは，8連ピペッターでのサンプルのアプライに至適化された泳動層〔例：ワイド・サブマージ電気泳動層AEP-850型（アトー社）〕を用いると効率がよい．

- ● PCR試薬
  Taqポリメラーゼ，Mg^{2+}含有バッファー，dNTP混合液がセットになっているものが使いやすい．
  例：TaKaRa Ex Taq（タカラバイオ社，#RR001A）

- ● PCRプライマー
  脱塩，もしくは逆相カートリッジ精製されたPCRプライマー．

- ● 解析対象となるDNA
  10 ng/μLに調製．

2) 各方法に必要なもの

A) PCR-RFLP法

- ● 制限酵素
  多型により異なる．

- ● 制限酵素処理internal control DNA断片作製用のDNA
  プラスミドなど配列のわかっているDNA．

B) 完全欠失検出法

- ● 特になし

C) PCR-SSCP法

- ● 冷却式塩基配列決定用電気泳動装置
  例：NB-1400B（日本エイドー社）

- ● ゲル乾燥機

- ● オートラジオグラフィー装置，もしくはイメージアナライザー
  例：BAS2000（富士フイルム社）

- ● $[\alpha-^{32}P]$ dCTP

- ● 40％アクリルアミド-ビス（50：1）溶液

- ● 10×TPEバッファー
  以下のものを混合し，室温保存．

Tris	72 g
EDTA	7.4 g
PIPES	121 g
脱イオン水	
Total	1 L

- ● 変性バッファー
  以下のものを混合し，-20℃保存．

ホルムアミド	96 mL
0.5 M EDTA（pH 8.0）	4 mL
BPB色素	50 mg
XC色素	50 mg
Total	100 mL

- APS（過硫酸アンモニウム）粉末
- TEMED（N, N, N', N'－テトラメチルエチレンジアミン）

D）WAVE法

- 解析ゲノム領域に関し正常型の塩基配列をもつ（と予想される）DNA
  例：がん細胞における体細胞変異の検出ならば，正常組織由来のゲノムDNA．多型解析であれば，ある1個人の正常組織由来のゲノムDNA
- WAVE DNA fragment analysis system（Transgenomic社）（図5）

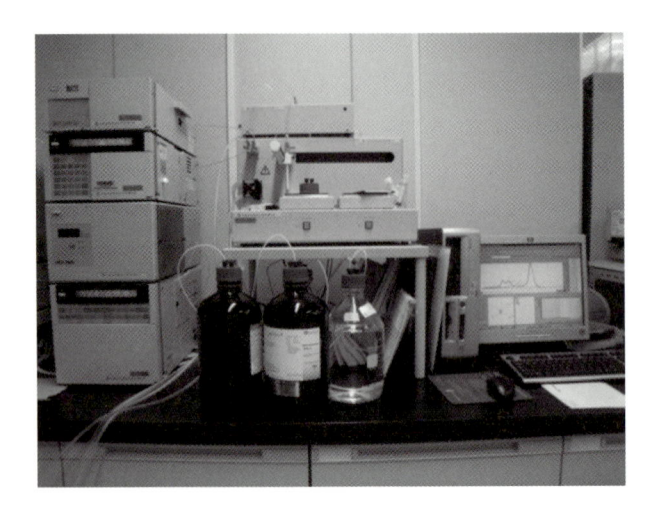

図5　WAVE DNAフラグメント解析システム

プロトコール

▶ A）PCR-RFLP法

【1．internal control DNAの調製】

❶ RFLP検出に用いる制限酵素部位を含む適度な大きさ（0.2～1 kb程度）のDNA断片（internal control DNA）をプラスミドDNA（約0.1 ng）などからPCR増幅する[a]

❷ QIAquick PCR purification kit（キアゲン社）などのキットを用いてDNAを濃縮する[b]

【2．PCR増幅】

10 ngのゲノムDNAを用いて，目的とするDNA断片を増幅する．代表的なPCR反応のプロトコールは，以下のようである[c]

❸ 1.5 mLチューブにa～fの順に加え，1,000 μLのピペッターでゆっくり出し入れし，反応液をよく混合する[d]

[a] 多数のサンプルの遺伝子型の決定を行うことを見込んで，100 μLのスケールで10本程度，35サイクル増幅する．

[b] 20 ng/μL程度の濃度であることが望ましい．－20℃で保存する．濃縮したinternal control DNAは【3．制限酵素反応】の❼で用いる．

[c] ゲノムDNAのPCR法については，2章-1も参照．

[d] 目的の本数分よりも少し多めのPCR反応液を調製する．

	1本分	例：48本分 （50本分調製）
a. 超純水	14.9 μL	745 μL
b. 10×PCRバッファー（Mg²⁺含有）	2.0 μL	100 μL
c. dNTP mix（各2.5 mM）	1.6 μL	80 μL
d. プライマー#1（100 pmol/μL）	0.2 μL	10 μL
e. プライマー#2（100 pmol/μL）	0.2 μL	10 μL
f. Taq DNAポリメラーゼ（5 U/μL）	0.1 μL	5 μL
Total	19 μL	950 μL

❹ ゲノムDNAが1 μL分注された8連チューブもしくは96穴プレートに，❸で調製したPCR反応液を19 μLずつ分注する．20 μLのピペッターでゆっくり出し入れし，ゲノムDNAと反応液をよく混合する

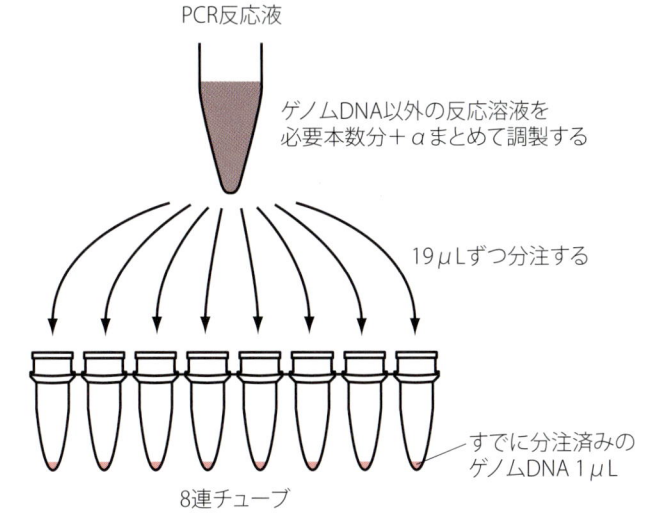

PCR反応液

ゲノムDNA以外の反応溶液を必要本数分＋αまとめて調製する

19 μLずつ分注する

すでに分注済みのゲノムDNA 1 μL

8連チューブ

❺ PCR条件を以下のように入力し，スタートさせる

＜PCR条件＞[e]

熱変性	95℃	5分	
↓			
熱変性	95℃	1分	
アニーリング	55℃ （or 50, 60℃）	1分	30（or 35, 40）[f] サイクル
伸長反応	72℃	1分	
↓			
伸長反応	72℃	15分	
↓			
保存	4℃	∞	

[e] 「原理」で説明したように，PCR-RFLPで増幅する配列は限られており，設計できるプライマー配列の選択の自由度も少ない．そのため，プライマー間のGC含量などの隔たりを回避できない場合がある．そこで，PCR反応の条件を大きく振ることも多い（アニーリング温度：50，55，60℃，サイクル数：30，35，40）．

[f] 遺伝子型をアガロースゲル電気泳動で判定するので，PCR産物の濃度が5 ng/μL以上になるようにサイクル数を30〜40サイクルの間で調節する．

❻ PCR産物の5μLをアガロースゲル電気泳動し，予想サイズのDNA断片が増幅していることを確認する．DNA分子量マーカーのバンドの濃さと見比べ，PCR産物の濃度が5 ng/μL以上であることを確認する⑨

【3. 制限酵素反応】
❼ 1.5 mLチューブにa〜cの順に加え，ピペッターでゆっくり出し入れし，反応液をよく混合する⑥

	1本分	例：48本分（50本分調製）
a. 10×制限酵素バッファー	1.0 μL	50 μL
b. 制限酵素（10 U/μL）	0.3 μL	15 μL
c. internal control DNA	0.5 μL	25 μL
Total	1.8 μL	90 μL

❽ ❻のPCR産物が8.2μL分注された8連チューブもしくは96穴PCRプレートに，❼の制限酵素反応液を1.8μLずつ分注する．20μLのピペッターでゆっくり出し入れし，よく混合する⑥

❾ 37℃で15〜30分インキュベートする⑥

【4. 遺伝子型の判定】
❿ 反応液全量を3%アガロースゲルなどで電気泳動し，エチジウムブロマイド染色により可視化し，遺伝子型を判定する⑥

▶B) 完全欠失検出法

【1. PCR反応】
10 ngのゲノムDNAを用いて，目的とするDNA断片を増幅する⑥．代表的なPCR反応のプロトコールは，以下のようである

❶ 1.5 mLチューブにa〜hの順に加え，1,000μLのピペッターでゆっくり出し入れし，反応液をよく混合する⑥

	1本分	例：48本分（50本分調製）
a. 超純水	14.5 μL	725 μL
b. 10×PCRバッファー（Mg^{2+}含有）	2.0 μL	100 μL
c. dNTP mix（各2.5 mM）	1.6 μL	80 μL
d. プライマー#1（100 pmol/μL）	0.2 μL	10 μL

⑨ PCR産物は分光光度計で定量せず，エチジウムブロマイド染色後の写真で，マーカーDNAの各バンドの濃さと比較して行うことができる．次の計算式で各バンドの量を求め，PCR産物の量を見積もる．
アプライしたマーカーDNAの量（ng）×各バンドの長さ/全バンドの長さの総和

⑥ 目的の本数分よりも少し多めの制限酵素反応液を調製する．

⑥ PCR産物の量（濃度）は，【2. PCR増幅】の❻で見積もるが，その際5 ng/μL以下の場合は，PCRのサイクル数を増やし，再調製する．一方，多い場合は超純水を適当に加えて平均的な濃度にあらかじめ揃える．

⑥ PCR産物50〜100 ng程度を約1U（1μLを37℃，60分で消化できる）の制限酵素で消化することになるので，精製されたDNAなら3〜6分でよい．ここでは少し長めの反応だが，数時間かけて反応すると水分が蒸発し，反応溶液が濃くなり，非特異的な切断活性（スター活性）が出るので注意する．

⑥ 重要 制限酵素反応液に加えたinternal control DNAの全量が切断されていることを必ず確認する．PCR-RFLP法による結果の一例を図6Aに示した．

⑥ このとき，各チューブ内のPCR反応モニター用のコントロールプライマーセット（がんで欠失しないアルブミン遺伝子など）を加え，duplex PCR反応を行う．

⑥ 目的の本数分よりも少し多めのPCR反応液を調製する．

	1本分	例：48本分（50本分調製）
e. プライマー#2（100 pmol/μL）	0.2 μL	10 μL
f. コントロールプライマー#1（100 pmol/μL）	0.2 μL	10 μL
g. コントロールプライマー#2（100 pmol/μL）	0.2 μL	10 μL
h. Taq DNAポリメラーゼ（5 U/μL）	0.1 μL	5 μL
Total	19 μL	950 μL

❷ゲノムDNAが1 μL分注された8連チューブもしくは96穴プレートに，❶で調製したPCR反応液を19 μLずつ分注する．20 μLのピペッターでゆっくり出し入れし，ゲノムDNAと反応液をよく混合し，PCR反応を行う〔代表的なPCR条件は，「A）PCR-RFLP法」の手順❺を参照〕

【2. 遺伝子型の判定】

❸反応液全量を3％アガロースゲルなどで電気泳動し，エチジウムブロマイド染色により可視化し，遺伝子型を判定する⁽ⁿ⁾

▶ C) PCR-SSCP法

【1. PCR反応】

10 ngのゲノムDNAを用いて，[α–³²P] dCTPを基質として加えたゲノムPCR法により，目的とするDNA断片を増幅する⁽ᵒ⁾．代表的なPCR反応のプロトコールは，以下のようである

❶1.5 mLチューブにa〜gの順に加え，1,000 μLのピペッターでゆっくり出し入れし，反応液をよく混合する⁽ᵖ⁾

	1本分	例：48本分（50本分調製）
a. 超純水	14.8 μL	740 μL
b. 10×PCRバッファー（Mg²⁺含有）	2.0 μL	100 μL
c. dNTP mix（各2.5 mM）	1.6 μL	80 μL
d. プライマー#1（100 pmol/μL）	0.2 μL	10 μL
e. プライマー#2（100 pmol/μL）	0.2 μL	10 μL
f. [α–³²P] dCTP（〜3000 Ci/mmol）⁽ᑫ⁾	0.1 μL	5 μL
g. Taq DNAポリメラーゼ（5 U/μL）	0.1 μL	5 μL
Total	19 μL	950 μL

ⓝ **重要** コントロールプライマーセットからのPCR増幅が行われていることを必ず確認する．完全欠失検出法による結果の一例を図6Bに示した．

ⓞ PCRプライマーはPCR産物の大きさが100〜300 bpの範囲になるように設定したものが検出感度が高い．ポリアクリルアミドゲル電気泳動は短い二本鎖DNA（10〜500 bp）の分子量分画として使われている．SSCPでも経験的に100〜300 bpのDNA断片によく適用されているが，300〜500 bpでも検出されないわけではない．

ⓟ 目的の本数分よりも少し多めのPCR反応液を調製する．

ⓠ PCR反応で調べたいDNA断片の標識のために入れる[α–³²P]dCTPは高非活性な3000 Ci/mmolのものを使い，1本の反応チューブにつき0.1 μL以上入れない．この条件で標識すれば，数時間程度のX線フィルムへの露光で十分に見える．³²Pの半減期は約2週間なので，購入後1カ月以内に使いたい．ただし，PCR産物が100 bp以下の場合でGC含量が低い配列なら，0.2 μL入れるか，[α–³²P]dTTPも加えるのもよい．しかし，露光時間を延ばせば解決される．もちろん，法律で定められているように各研究施設のRIの取り扱い講習会を受け，規定どおりに実験を行う．

❷ゲノムDNAが1μL分注された8連チューブ，もしくは96穴プレートに，❶で調製したPCR反応液を19μLずつ分注する．20μLのピペッターでゆっくり出し入れし，ゲノムDNAと反応液をよく混合し，PCR反応を行う〔代表的なPCR条件は，「A）PCR-RFLP法」の手順❺を参照〕

❸PCR産物の10μLをアガロースゲル電気泳動し，予想サイズのDNA断片が増幅していることを確認する

【2．ポリアクリルアミドゲルの作製】

❹ビーカーで以下のものを混合し，氷水中で15分スターラーで撹拌する

超純水	61.75 mL
10×TPEバッファー	3.75 mL
40％アクリルアミド	9.5 mL
APS粉末 ⓡ	45 mg
Total	75 mL

ⓡ アクリルアミドはTEMEDの作用で重合し，ポリアクリルアミドとなり，ゲル化する．この反応は酸素に阻害されるため，APSを入れる．サンプルをアプライする溝をつくるためにセットするコーム部分は空気と触れやすいために，重合が遅れるので注意する（十分に固まるタイミングを掴む）．

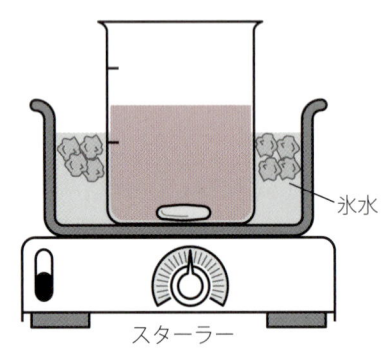

❺シークエンスゲル泳動ガラス板をよく洗い，乾燥後，組み立てる

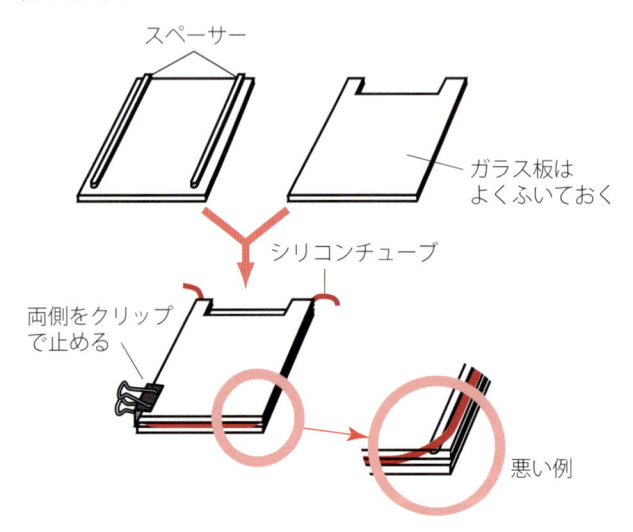

❻上記混合液に，TEMEDを75μL加え，氷水中で5分スターラーで撹拌後，ゲル板に流し込み，3〜4時間放置しゲルを固める．その後，低温室などでゲルを冷やす．また，10×TPEバッファーを20倍希釈し，0.5×TPEバッファー（泳動バッファー）2Lを作製し，低温室などで冷やしておく⒮

❼冷えたら，シークエンスゲル泳動装置をセットし，泳動バッファーを満たす．シャークコームをさし，ウェルを針付き注射器で洗う

⒮バッファーの温度を5〜20℃で冷却式塩基配列決定用電気泳動装置（手順❼参照）を用いて泳動を行うため，ゲルやバッファーは4℃に冷却しておく．

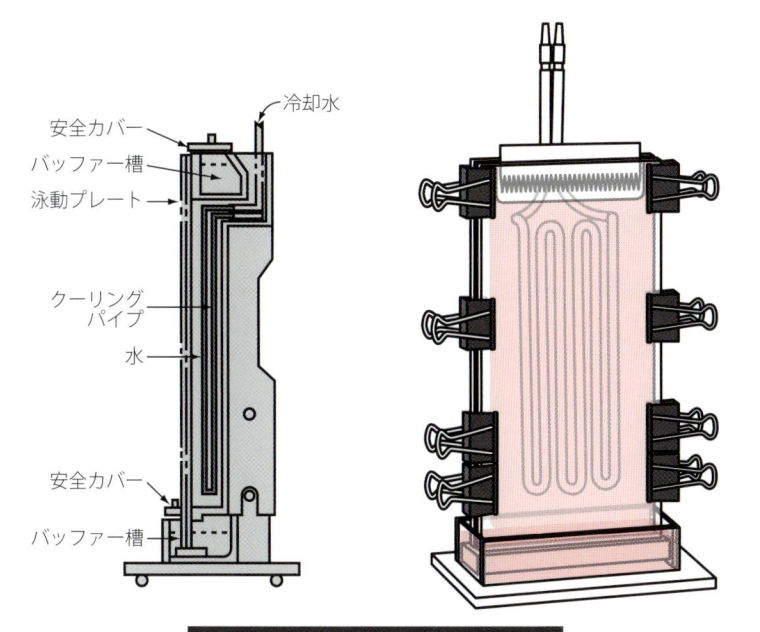

冷却式塩基配列決定用電気泳動装置

【3. 変性と泳動】

❽ 1.で残った各PCR反応液に90μLの変性バッファーを加える

❾ 90℃で3分加熱後，氷上に移して冷やす⒯

❿ 2.で作製したゲルに1μLをアプライし，Power-constant（ゲル1枚あたり15〜30W）条件下でバッファーの温度を5〜20℃で3〜8時間泳動する⒰

⓫ 泳動後，ゲルを乾燥し，オートラジオグラフィー，もしくはイメージアナライザーにより，バンドを可視化する

⒯ 急冷し，一本鎖構造を保つためにこの操作を行う．徐々に冷やすとアニーリングする分子が出てくる．

⒰ 常温のRI室でよく，低温室や4℃のクロマトチャンバー内で行うことはない．

▶ D) WAVE法

【1. 正常コントロールPCR産物の調製 ⓥ】

❶ DNA断片の大きさが100〜300 bpの範囲になるようPCRプライマーを設定する

❷ 塩基置換の有無を検索したい領域を，正常型の塩基配列をもつ（と予想される）ゲノムDNAからPCR増幅する ⓦ

【2. PCR増幅】

❸ 1. と同じプライマーを用い，解析対象となる10 ngのゲノムDNAを用いて，目的とするDNA断片をPCR増幅する〔代表的なPCR反応液の組成，PCR条件は，「A）PCR-RFLP法」の手順❸，❺を参照〕

❹ PCR産物の5 μLをアガロースゲル電気泳動し，予想サイズのDNA断片が増幅していることを確認する

❺ PCR産物の入った8連チューブもしくは96穴プレートに1. のコントロールDNAを5〜15 μL加える ⓧ

【3. 変性と再アニーリング】

❻ サーマルサイクラーを用いて以下のような熱変性と再アニーリングを行う

熱変性	95℃	5分
↓		
再アニーリング	25℃ ⓨ	
↓		
保存	4℃	∞

【4. WAVE装置（図5）へのアプライ】

❼ 再アニーリングの終了した8連チューブもしくは96穴プレートをWAVE装置にセットする．増幅した塩基配列をWAVE装置付属のコンピュータに入力し，解離温度など展開条件を入手，設定する

❽ 設定条件の下，各サンプル5 μLをクロマトグラフィーにかける

❾ 設定温度でイオン対逆相カラムで展開されたheteroduplexとhomoduplexは，溶出時間ごとに紫外線吸収検出器（DNAをPCR反応で蛍光標識していれば，蛍光検出器）で測定され，専用のソフトウェアによって解析され，ファイルされる．それぞれの溶出データをファイルから呼び起こし，コンピュータ上でクロマトグラムを表示させる（図4の下段）

ⓥ がん細胞における体細胞変異の検出を目的に，がん手術検体由来ゲノムDNAを解析するときなど，サンプル中に正常型DNAが10％以上混入していると想定される場合には，このステップは不要であり，2. のPCR産物をそのままWAVE解析すればよい．

ⓦ 多数のサンプルの遺伝子型の決定を行うことを見込んで，100 μLのスケールで10本程度，PCR増幅しておく．PCR反応液組成やPCR条件は「A）PCR-RFLP法」の手順❸，❺を参照．

ⓧ WAVE法では，図4に示したようにheteroduplex（正常型と変異型が二本鎖を形成したもの）は温度変性高速液体逆相クロマトグラフィーで早く溶出される．検体から実際に増幅される変異型を含むDNA量とあらかじめ用意した正常型コントロールDNAの量のバランスを検討するには，最終的なheteroduplexとhomoduplex（正常型・正常型および変異型・変異型二本鎖）のピークが分離できるか否かで判定するため，経験則で決定する．そのため，必要なコントロールDNA量には幅が出てくる（5〜15 μL）．

ⓨ 95℃5分の熱変性の後，1分あたり1℃ずつ順に下げていき，徐々に再アニーリングさせ，最終的に25℃まで下げる．

実験例

われわれはPCR-RFLP法，完全欠失検出法を利用して，*OGG1*，*NQO1*，*CYP1A1*，*GSTT1*，*GSTM1* 遺伝子多型のタイピングを行い，多型分布と肺腺がんリスクとの相関の解析を行った[4]（代表例，図6）．

OGG1 については，制限酵素反応のinternal control DNAとして，pcDNA3.1プラスミドの4254–4874の620 bpをプライマーセット5´-GATCTCAAGAAGATCCTTTGATC-3´&5´-TCGGAGGACCGAAGGAGCT-3´で増幅したものを用い，*Fnu*4H I 処理でこの断片が315＋305 bpに切断されていることを制限酵素反応の指標とした．図6Aでは620 bpのコントロールDNAが315 bpと305 bpの断片に切断され，*OGG1* のSer/Serホモ型が200 bp，Cys/Cysホモ型は*Fnu*4H I で切断され100 bpとなっていることがわかる．Ser/Cysヘテロ型は200 bpと100 bpの断片を生じている．また，*GSTT1* の欠失型多型の解析には，アルブミン遺伝子の増幅をPCR反応のコントロールとした．図6Bではコントロールであるアルブミンの350 bpのDNA断片は5検体のいずれでも増幅されているのに対して，*GSTT1* の両アリルが欠失している（null）2検体では459 bpのDNA断片が増幅されていない．

PCR-SSCP法，WAVE法については，われわれは*p53*遺伝子やいくつかのがん関連遺伝子の変異検索に利用し，論文発表している[5]〜[7]．

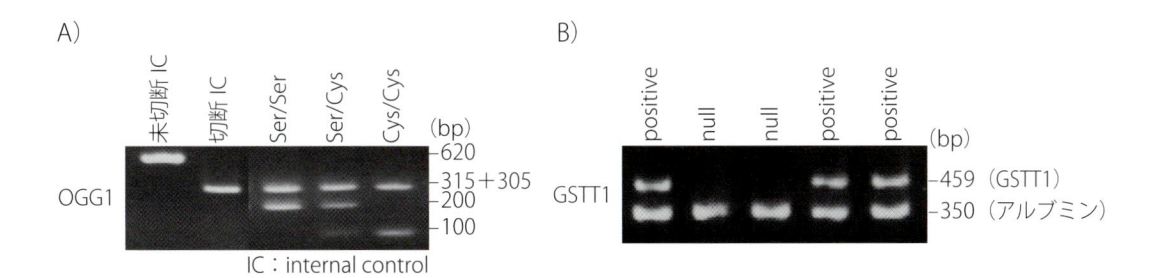

図6 遺伝子多型タイピングの実例
A) PCR-RFLP法による*OGG1*遺伝子の多型解析，B) 完全欠失検出法による*GSTT1*遺伝子のホモ欠失の同定

実験条件の最適化

本項で紹介した方法はすべて，PCR産物の泳動パターンの変化を指標に，ゲノムDNAの構造変化を追求する方法であるので，まずは，PCR反応を至適化し，非特異的な増幅を伴わないようにすることが最重要である．

●PCR-RFLP法，完全欠失検出法

遺伝子型の判定を確実にするため，PCR産物の濃度を濃く（つまりエチジウムブロマイド染色で見えやすく）することが重要である．

●PCR-SSCP法

検出率を高くするためには，泳動中にゲル温度を低く保つ必要がある．よって，Powerをなるべく低めに設定する．また，15℃程度の恒温室，4℃低温室で泳動する，もしくは，扇風機でゲルを冷やしながら泳動するなどの工夫が必要である．

● **WAVE法**

展開条件が細かく設定できるが，まずは，解析するDNA断片の塩基配列から得られるdefaultの展開条件を試してみるのがよい．ピークの形から分離が悪いと判定されるDNA断片について解離温度を変化させていき，至適条件を探していく．塩基置換が存在するDNAが入手できる場合は，その検体をポジティブコントロールとして用い，塩基置換が検出されることを確認しながら至適条件を探していくとよい．

また，実際の塩基置換の探索実験の場合，図4に示したように，はっきりとheteroduplexのピークがhomoduplexのピークと分離する場合もあるが，分離せずピーク全体の形が変形するというケースも多い．よって，ピーク形の変化がみられたサンプルはすべてダイレクトシークエンス法によって塩基置換の有無を確かめる必要がある．

遺伝子多型・変異の検出 トラブルシューティング

⚠ 〈PCR-RFLP法，完全欠失検出法〉
PCR増幅後のバンドが弱い

原因 PCR増幅が悪い．

原因の究明と対処法

PCRサイクルの増加やプライマー配列の変更を試みる．PCRの条件設定については1章-6，ゲノムDNAのPCR法については2章-1も参照．

⚠ 〈PCR-RFLP法〉
制限酵素による切断が悪い

原因 ❶制限酵素活性が不十分．
❷PCR反応液の中に，鋳型DNA液由来の不純物が混入している．

原因の究明と対処法

❶プロトコールでも補足説明したように，十分量の制限酵素で処理しているので，同じチューブの酵素を追加するのはすすめられない．古くなり活性が落ちていることを疑い，新しい酵素で処理する．

❷感度のいいPCR反応では影響されにくいが，鋳型DNAに制限酵素反応を阻害する不純物（わずかなフェノールやSDS，多めの塩やRNA分解物）が入っていることを疑い，QIAquick PCR purification kit（キアゲン社）などでPCRサンプルを精製する．筆者はPCR産物は精製してから次の反応に移ることをすすめる．

⚠ 〈PCR-SSCP法〉
DNAは半保存的複製で合成される一本鎖DNAのそれぞれを＋鎖，－鎖とよぶが，それらのバンドが分離しない（よく分離した例を図7に示した）

原因 両鎖由来の産物が同じようなコンフォメーションをとる．

原因の究明と対処法

❶ 小さなコンフォメーションの違いを出すには，通常15〜30W/ゲルで泳動するところを，ゆっくり流すため，5〜10W/ゲルで泳動する．

❷ その他，同様の理由でゆっくり分離するため，泳動温度を5℃にしたり，原報に戻り，TBEにグリセロールを添加したゲルを試したりする．

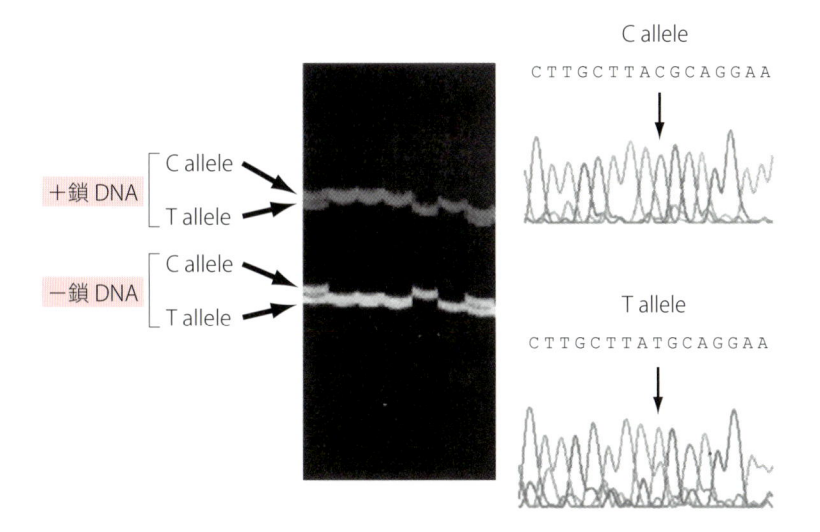

図7　一塩基多型を区別したSSCPの電気泳動写真
文献8のp159の図を改変

⚠ 〈WAVE法〉
バンドピークが弱い

原因 PCR産物が少ない．

原因の究明と対処法

展開量を10〜15μLに増加する，PCRサイクル数を増やす，などを試みる．

⚠ 〈WAVE法〉
塩基置換が検出されない（図4のバンドピークが細い）

原因 PCR産物が十分に解離していない．

原因の究明と対処法

解離温度を上げて展開する．

⚠ 〈WAVE法〉
塩基置換が検出されない（図4のバンドピークが太い）

原因 ❶PCR産物が解離しすぎている．
❷DNA断片内の塩基のバランスが悪い．

原因の究明と対処法
❶解離温度を下げて展開する．
❷プライマーの位置を変える．

■ おわりに

　本項では，PCR法を応用した代表的な遺伝子の構造解析法について紹介した．ゲノムDNAを鋳型とした解析法について主に紹介したが，もちろん，cDNAを鋳型として用いることによりmRNAレベルでの同様の解析も可能である．

　前半に紹介した多型解析については，近年，種々の高速タイピング法が開発され，すでに古い方法であるかのようにとられるかもしれない．しかしながら，数個の多型を対象に，数百検体までのサンプルを対象としたタイピングを行う際には，セットアップまでの時間，コストを考えると今回のPCR-RFLP法，完全欠失検出法の有用性は未だに高いと筆者は考える．また，浜島らはPCR with confronting two-pair primers（PCR-CTPP）法という簡便な多型タイピング法を考案し，有用性を示しているので，こちらも参照されたい[9]．

　一方，後半に紹介した未知の塩基置換検索については，最近では，直接PCR産物をダイレクトシークエンスすることにより塩基置換を検出する方法（3章-1参照）が主流となっている．しかし，この方法は，コストが高いこと，また，がん手術検体のように，塩基置換を伴うDNA分子の含有量が低いようなサンプルでは検出力が低いなどの欠点がある．その点，PCR-SSCP法，WAVE法は，塩基置換を伴うDNA分子の含有量が10％程度でも検出が可能であり，かつ，安価，簡便であることから，両者を状況に応じて使い分けることが重要であると筆者は考える．

　謝辞
　この項は，『ここまでできるPCR最新活用マニュアル』（羊土社）でご執筆いただいた国立がん研究センターの河野隆志先生のご原稿とご助言のもとに完成できたことを明記し，厚く御礼申し上げます．

参考文献＆ウェブサイト
1) Oyama, T. et al.：Int. Arch. Occup. Environ. Health., 67：253-256, 1995
2) Kukita, Y. et al.：Hum. Mutat., 10：400-407, 1997
3) http://www.sowa-trading.co.jp/maker/transgenomic/info.html
4) Sunaga, N. et al.：Cancer Epidemiol. Biomark. Prev., 11：730-738, 2002
5) Sameshima, Y. et al.：J. Natl. Cancer Inst., 84：703-707, 1992
6) Kohno, T. et al.：Cancer Res., 59：4170-4174, 1999
7) Tomizawa, Y. et al.：Clin Cancer Res., 8：2362-2368, 2002
8) 『ゲノム機能研究プロトコール』（辻本豪三，田中利男/編），羊土社，2000
9) Hamajima, N. et al.：J. Mol. Diagn., 4：103-107, 2002

付録

①キット一覧

②いろいろなPCRの応用・改良技術

付録① キット一覧

※本付録で紹介しているキット，試薬は主に本書各項にて記載されているものとなります．一部の製品情報となりますことをご容赦ください．注）2010年11月現在の情報となります．

1章-3 鋳型DNA，RNAの調製

製品名	メーカー名
■試料別の鋳型DNAの調製用キット	
【動物細胞・組織】	
DNeasy Blood & Tissue Kit	キアゲン社
Gentra Puregene Cell Kit	キアゲン社
FastPure DNA Kit	タカラバイオ社
MagExtractor Genome DNA Extraction Kit	東洋紡績
Wizard SV Genomic DNA Purification System	プロメガ社
CellEase　組織・細胞用	コスモ・バイオ社
DNAzol　組織・細胞用	コスモ・バイオ社
【全血】	
PAXgene Blood DNA Kit	キアゲン社
QIAamp DNA Blood Mini, Midi, Maxi Kit	キアゲン社
Genとるくん（血液用）	タカラバイオ社
DNA Micro Extraction Kit	東洋紡績
Ready Amp Genomic DNA Purification System	プロメガ社
DNAzol-BD　血液用	コスモ・バイオ社
【ホルマリン固定パラフィン切片】	
QIAamp DNA FFPE Tissue Kit	キアゲン社
TaKaRa DEXPAT	タカラバイオ社
【遺伝子改変マウス組織】	
Gentra Puregene Mouse Tail Kit	キアゲン社
Ten Minute DNA Release Kit-1, -2（尾などの組織）	Jacksun Easy Biotech社
Ten Minute DNA Release Kit-3（血液や骨髄）	Jacksun Easy Biotech社
Ten Minute DNA Release Kit-4（尿）	Jacksun Easy Biotech社
Ten Minute DNA Release Kit-5（唾液）	Jacksun Easy Biotech社
Ten Minute DNA Release Kit-6（毛包）	Jacksun Easy Biotech社
【植物細胞・組織，糸状菌類】	
DNeasy Plant Mini, Maxi Kit	キアゲン社
FastPure DNA Kit	タカラバイオ社
DNAzol-ES　植物用	コスモ・バイオ社
MagExtractor-Plant Genome-	東洋紡績

【酵母用】	
Gentra Puregene Yeast/Bact Kit	キアゲン社
Gen とるくん（酵母用）	タカラバイオ社
Whole Cell Yeast PCR Kit	Q-Biogene社
【細菌用】	
Generation Capture Column Kit	キアゲン社
Generation Capture Disk Kit	キアゲン社
CellEase　微生物用	コスモ・バイオ社
【家畜・食肉・魚肉用】	
MasterAmp Buccal Swab DNA Extraction Kit　家畜口腔スワブ用	AR BROWN社
LivestockGEM　耳パンチ・濾紙血用	Veritastk社
CellEase　食肉用	コスモ・バイオ社
【法医学的サンプル】	
DNA IQ System	プロメガ社
ForensicGEM　濾紙血・唾液・タバコ用	Veritastk社
Generation Capture Card Kit　骨髄・口腔スワブ・唾液用	キアゲン社
QIAamp DNA Investigator Kit　個人識別用	キアゲン社
QIAamp DNA Stool Mini Kit　糞便用	キアゲン社

■試料別の鋳型 total RNA の調製用キット

【動物細胞・組織】	
FastPure RNA Kit	タカラバイオ社
RNA*later*	アプライドバイオシステムズ社
PAXgene Tissue RNA Kit　組織用	キアゲン社
RNeasy Protect Mini, Midi Kit　組織用	キアゲン社
RNeasy Protect Cell Mini Kit　培養細胞用	キアゲン社
MagExtractor-RNA-	東洋紡績
TRIzol Plus RNA Purification Kit	インビトロジェン社
PureLink RNA Mini Kit	インビトロジェン社
SV Total RNA Isolation System	プロメガ社
【植物細胞・組織，糸状菌類】	
RNeasy Plant Mini Kit	キアゲン社
【全血専用】	
QIAamp RNA Blood Mini Kit	キアゲン社
PAXgene Blood RNA Kit	キアゲン社
PAXgene Bone Marrow RNA System　骨髄液	キアゲン社
PureLink Total RNA Blood Kit	インビトロジェン社
【ホルマリン固定パラフィン切片】	
RNeasy FFPE Kit	キアゲン社
【広範囲な試料】	
PureYield RNA Midiprep System　動物組織・植物・酵母・細菌	プロメガ社
ISOGEN	ニッポンジーン社
TRIzol Reagent	インビトロジェン社

■試料別の鋳型microRNAの調製用キット

製品名	メーカー名
*mir*Vana miRNA Isolation Kit	アプライドバイオシステムズ社
RiboPure–Blood Isolation Kit　血液	アプライドバイオシステムズ社
LeukoLOCK Total RNA Isolation System　血液中の白血球	アプライドバイオシステムズ社
RecoverAll Total Nucleic Acid Isolation Kit for FFPE	アプライドバイオシステムズ社
flashPAGE Fractionator	アプライドバイオシステムズ社
miRNeasy Mini Kit	キアゲン社
PureLink miRNA Isolation Kit	インビトロジェン社
microRNA Isolation Kit, Human Ago2	和光純薬工業

■DNA，RNA，タンパク質の同時調製用キット

【動物細胞・組織】

製品名	メーカー名
AllPrep RNA/DNA/Protein Mini Kit　細胞・組織用	キアゲン社
AllPrep RNA/DNA Micro, Mini Kit　微量細胞・組織用	キアゲン社
AllPrep RNA/Protein Kit　細胞用	キアゲン社

2章-1 ゲノムPCR

製品名	メーカー名
■特異性を高めるPCR	
TaKaRa Ex Taq Hot Start Version	タカラバイオ社
AccuPrime system	インビトロジェン社
■GC含量の高い配列のPCR	
TaKaRa LA Taq with GC Buffer	タカラバイオ社

2章-2 生体試料（コロニー，血液，細胞，組織）からのPCR

製品名	メーカー名
■コロニー/プラークPCRでインサートDNAを確認するキット	
Insert Check–Ready–, Insert Check–Ready–Blue	東洋紡績
One Shot Insert Check PCR Mix	タカラバイオ社
Perfect Shot Insert Check PCR Mix	タカラバイオ社
■短時間でDNA粗抽出液（上清）を得る試薬	
SimplePrep reagent for DNA	タカラバイオ社
■細胞ライセートからの定量的リアルタイムRT-PCR	
TaqMan Gene Expression Cells-to-CT Kit	アプライドバイオシステムズ社
CellAmp Direct Prep Kit for RT-PCR（Real Time）& Protein Analysis	タカラバイオ社

2章-3 RT-PCR

製品名	メーカー名
■RT-PCRキット（RT反応のみを含む）	
SuperScript First-Strand Synthesis System for RT-PCR	インビトロジェン社
PrimeScript One Step RT-PCR Kit Ver.2	タカラバイオ社
GeneAmp Gold RNA PCR Kit	アプライドバイオシステムズ社
ReverTra-Plus-	東洋紡績

2章-4 微量検体からのPCR，RT-PCR

製品名	メーカー名
■total RNAからのaRNA/cRNA（アンチセンスまたは相補的RNA）増幅キット	
Arcturus RiboAmp Plus（T7 RNAポリメラーゼを使用）	コスモ・バイオ社
Arcturus RiboAmp HS Plus 2-round（T7 RNAポリメラーゼを使用）	コスモ・バイオ社
SMART mRNA Amplification Kit（T7 RNAポリメラーゼを使用）	タカラバイオ社
TargetAmp aRNA Amplification Kits（T7 RNAポリメラーゼを使用）	Affymetrix社
WT-Ovation RNA Amplification System（T7 RNAポリメラーゼを不使用）	NuGEN Technologies社
Ovation RNA Amplification System（T7 RNAポリメラーゼを不使用）	NuGEN Technologies社
RampUP RNA Amplification Kit（FFPEやLCMに対応）	Genisphere社

3章-1 ダイレクトシークエンス

　受託解析も多く，PCR産物の精製キットはあるが，シークエンスキットは限られる．そのなかで紹介できるのは，GC含量が高かったり，いろいろな二次構造をとるシークエンス困難な配列に対応できるキットである．

製品名	メーカー名
■シークエンス困難な配列を含むDNAのシークエンスキット	
SequiTherm EXCEL II DNA Sequencing Kit	AR BROWN社
SequiTherm EXCEL II Long-Read DNA Sequencing Kit	AR BROWN社

3章-2 リアルタイムPCR

通常のRT-PCR，PCR試薬でも反応液を調製することはできる．しかし，リアルタイムPCR用サーマルサイクラーの機種によっては専用のキットが出されていることもあるほどで，安定した結果を得るためにはリアルタイムPCR用に至適化されたキットを使用した方が無難である．

製品名	メーカー名
■ **TaqMan用リアルタイムPCR用キット（他の蛍光標識プローブにも使用できる）**	
TaqMan Gene Expression Assays	アプライドバイオシステムズ社
TaqMan SNP Genotyping Assays	アプライドバイオシステムズ社
TaqMan MicroRNA Assays	アプライドバイオシステムズ社
TaqMan Universal Master Mix II	アプライドバイオシステムズ社
TaqMan Fast Virus 1-Step Master Mix	アプライドバイオシステムズ社
TaqMan Fast Advanced Master Mix	アプライドバイオシステムズ社
QuantiTect シリーズ	キアゲン社
QuantiFast シリーズ	キアゲン社
Rotor-Gene シリーズ	キアゲン社
iQ Supermix シリーズ	バイオ・ラッド社
Premix Ex Taq	タカラバイオ社
PrimeScript RT-PCR Kit	タカラバイオ社
One Step PrimeScript RT-PCR Kit	タカラバイオ社
SuperScript III Platinum One-Step qRT-PCR キット	インビトロジェン社
Platinum Quantitative RT-PCR ThermoScript One-Step キット	インビトロジェン社
RNA UltraSense ワンステップqRT-PCR システム	インビトロジェン社
CellsDirect One-Step qRT-PCR kit	インビトロジェン社
SuperScript III Platinum Two-Step qRT-PCR キット	インビトロジェン社
SuperScript III Platinum CellsDirect Two-Step qRT-PCR キット	インビトロジェン社
■ **SYBR Green I 検出用リアルタイムPCR用キット**	
SYBR Premix Ex Taq II	タカラバイオ社
SYBR Premix DimerEraser	タカラバイオ社
SYBR Premix Ex Taq GC	タカラバイオ社
SYBR PrimeScript RT-PCR Kit II	タカラバイオ社
One Step SYBR PrimeScript PLUS RT-PCR Kit	タカラバイオ社
One Step SYBR High Speed RT-PCR Kit	タカラバイオ社
PrimerArray シリーズ	タカラバイオ社
Transgene Detection Primer Set for Real Time（Mouse）	タカラバイオ社
QuantiTect SYBR Green シリーズ	キアゲン社
QuantiFast SYBR Green シリーズ	キアゲン社
Rotor-Gene SYBR Green シリーズ	キアゲン社
iQ SYBR Green Supermix	バイオ・ラッド社
SYBR GreenER qPCR Reagent System	インビトロジェン社
■ **リアルタイムRT-PCR逆転写酵素**	
PrimeScript RT Master Mix	タカラバイオ社
PrimeScript RT reagent Kit with gDNA Eraser	タカラバイオ社
SuperScript III First-Strand synthesis system for qRT-PCR	インビトロジェン社

3章-3 メチル化特異的PCR（MSP）

製品名	メーカー名
■DNAのバイサルファイト処理キット	
CpGenome Fast DNA Modification Kit	ミリポア社
CpGenome Universal DNA Modification Kit	ミリポア社

3章-4 クロマチン免疫沈降（ChIP）

製品名	メーカー名
■クロマチン免疫沈降キット	
ChIP Assay Kit	ミリポア社
EZ-ChIP Assay Kit	ミリポア社
Magna ChIP Kit	ミリポア社
EZ-Magna ChIP Kit	ミリポア社
Magna ChIP Universal kit for ChIP-on-chip	ミリポア社
ChIP-IT Express（ソニケータ利用）	アクティブ・モティフ社
ChIP-IT Express Enzymatic（酵素利用）	アクティブ・モティフ社

4章-1 多様なベクターへのサブ・クローニングとその利用法

　遺伝子組換えレンチウイルス，レトロウイルスおよびアデノウイルスの作製はメーカーに依頼することが多い（ユニーテック社やタカラバイオ社などが受託）がレンチウイルスベクター作製キットは比較的汎用されている．

製品名	メーカー名
■アガロースゲルからのPCR産物の回収・精製キット	
GENECLEAN Kit	Q-Biogene社（フナコシ社）
MERmaid Kit	Q-Biogene社（フナコシ社）
QIAEX II Gel Extraction System	キアゲン社
GenElute AGAROSE SPIN COLUMN	シグマ・アルドリッチ社
MinElute Gel Extraction kit	キアゲン社
QIAquick Gel Extraction kit	キアゲン社
SUPREC-01	タカラバイオ社
TaKaRa RECOCHIP	タカラバイオ社
Wizard PCR Preps DNA Purification System	プロメガ社
MagExtractor-PCR & Gel Clean up-Kit	東洋紡績
StrataPrep DNA Gel Extraction Kit	アジレント・テクノロジー社
Montage gel Extraction Kit	ミリポア社（三商）
S.N.A.P. UV-Free Gel Purification Kit	インビトロジェン社
S.N.A.P. Gel Purification Kit	インビトロジェン社
GFX PCR DNA and gel Band Purification Kit	GEヘルスケア社
Sephaglas BandPrep Kit	GEヘルスケア社

■Tベクターまたは平滑末端化クローニングキット

製品名	メーカー名
QIAGEN PCR Cloning Kit	キアゲン社
QIAGEN PCR Cloning plus Kit	キアゲン社
pGEM-T Easy Vector System	プロメガ社
pGEM-T Vector System	プロメガ社
PinPoint Xa-1 T-Vector System	プロメガ社
StrataClone PCR Cloning Kits	アジレント・テクノロジー社
StrataClone Blunt PCR Cloning Kits	アジレント・テクノロジー社
Mighty TA-cloning Kit	タカラバイオ社
T-Vector pMD19/pMD20	タカラバイオ社
Mighty Cloning Reagent Set (Blunt End)	タカラバイオ社
pMOS Blue T-vector Kit	GEヘルスケア社
In-Fusion Advantage PCR Cloning Kit	タカラバイオ社
TOPO TA Cloning Kit	インビトロジェン社

■レンチウイルスベクター作製キット

製品名	メーカー名
cDNA Enzyme free Lentivector	System Biosciences社
microRNA Enzyme free Lentivector	System Biosciences社
shRNA Enzyme free Lentivector	System Biosciences社
Reporter Enzyme free Lentivector	System Biosciences社
pPACK Lentivector Packaging Kit	System Biosciences社

4章-2 遺伝子機能解析のための変異導入

製品名	メーカー名
■部位特異的変異導入キット	
KOD-Plus-Mutagenesis Kit	東洋紡績
Transformer Site-Directed Mutagenesis Kit	タカラバイオ社
PrimeSTAR Mutagenesis Basal Kit	タカラバイオ社
Mutan-Super Express Km	タカラバイオ社
TaKaRa LA PCR *in vitro* Mutagenesis Kit	タカラバイオ社
GeneEditor *in vitro* Site-Directed Mutagenesis System	プロメガ社

付録② いろいろなPCRの応用・改良技術

　1985年にPCRが発明されてから，25年間に，次々と，いろいろな応用・改良技術が発表された．付録②では，代表的なものとしてLA-PCR，競合的PCR，多重PCR，コンセンサスPCR，Alu PCR, *in situ* PCR, Immuno-PCR，およびTRAP/ストレッチPCRの原理と方法および用途を解説する．LA-PCRは本文でも触れられているが，詳細な説明は本書の構成上省いたので，ここで紹介する．

❶ LA（long and accurate）-PCR

特徴

- ゲノムDNAから，10〜20 kb以上の長いDNA配列を忠実に増幅する方法．
- 2〜5 kbの通常のPCRターゲットに適用した場合でも，収量は多い．
- これまで，ゲノム配列に相当するBACクローンの整列化に利用されてきた．
- 遺伝子欠損タイプの遺伝病やがんにおけるDNAの構造異常（欠失，転座，逆位，増幅）の詳細な解析に有用．
- 広い範囲の転写調節領域の機能解析に適用できる．

原理と方法

　通常のTaq DNAポリメラーゼでは5 kbの増幅が限界であったとき，1994年にλファージDNAを鋳型に35 kbのゲノムDNAが増幅可能であるという論文が発表された[1)〜3)]．これは，Taq DNAポリメラーゼと3′→5′エキソヌクレアーゼ活性（proof reading activity：校正機能）をもつ耐熱性DNAポリメラーゼを一緒に反応させた結果であった．長いDNAを増幅する場合，Taq DNAポリメラーゼの反応で誤って取り込まれた塩基による新鎖合成の阻害される確率が高まる．しかし校正機能をもつ耐熱性DNAポリメラーゼを加えることによって，誤った塩基が取り除かれ，結果として長いDNAを増幅することができたと理解されている（図1）．

　現在，市販されているLA-PCRキットは，この原理を利用した混合型のものと，校正機能をもつ耐熱性DNAポリメラーゼの合成効率を高めたものの2つのタイプに分類される．

参考文献
1) Barnes, W. M.:Proc. Natl. Acad. Sci. USA, 91 : 2216-2220, 1994
2) Cheng, S. : Proc. Natl. Acad. Sci. USA, 91 : 5695-5699, 1994
3) Cohen, J. : Science, 263 : 1564-1565, 1994

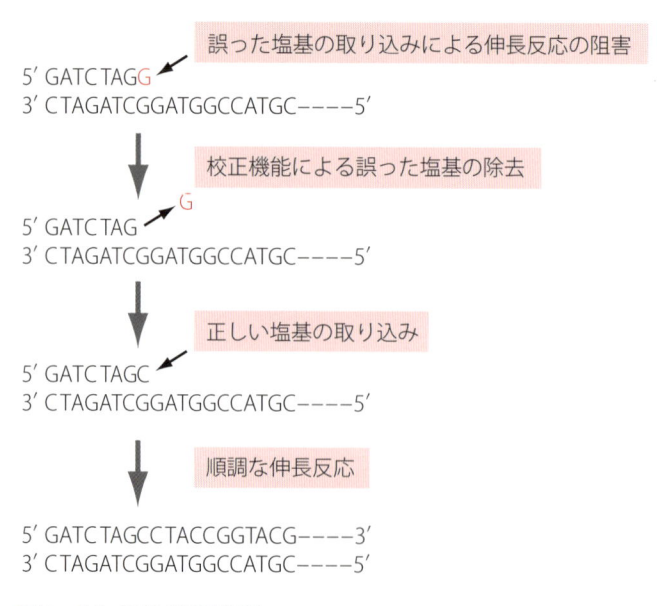

```
5' GATC TAGG          ← 誤った塩基の取り込みによる伸長反応の阻害
3' CTAGATCGGATGGCCATGC----5'
              ↓
5' GATC TAG    G      ← 校正機能による誤った塩基の除去
3' CTAGATCGGATGGCCATGC----5'
              ↓
5' GATC TAGC          ← 正しい塩基の取り込み
3' CTAGATCGGATGGCCATGC----5'
              ↓
5' GATC TAGCC TACCGGTACG----3'   順調な伸長反応
3' CTAGATCGGATGGCCATGC----5'
```

図1　LA-PCR法の原理

❷ 競合的PCR

特徴

- 鋳型中の目的DNA/cDNAの定量法.
- 現在は，リアルタイムPCRが主流であるが，4章-3で紹介した完全欠失検出法として適用されている．
- この方法は1反応で1遺伝子の定量に使えるが，数十種の遺伝子の発現量を測定するにはATAC-PCR（adaptor-tagged competitive-PCR）がある[1][2].

■ 原理と方法

　PCR生成物の量は，反応初期にはほぼ指数関数的に増加するが，段々増加が弱まり，プラトーに達する（S字型曲線を描く）．そのため，指数関数的に増加しているPCRサイクルを超えたサイクルでの最終生成物の量は，初期鋳型量を反映しない．リアルタイムPCR装置がまだ普及していないころに，定量的PCR法として開発されたのが，競合的PCR法（competitive PCR）である．PCR産物のサイズや制限酵素部位の有無で区別可能な2種類のDNA断片を，同じチューブで競合的に増幅させる方法である．増幅する2種類のDNA断片の長さやプライマーのGC含量が同程度になるように設計すると増幅効率も同程度になる．この場合，指数増幅期におけるPCR産物は初期鋳型量を反映する．RT-PCRを行う際に，この2組のプライマーペアのうち一方を測定したいmRNAの配列から，他方を発現量が一定で内部標準になるようなGAPDHやACTBなどのmRNAの配列から選ぶことによって，測定したいmRNAの発現量を，内部標準mRNAの発現量に対する割合として測定することができる．

参考文献
1) 青柳一彦：『ここまでできるPCR最新活用マニュアル』（佐々木博己/編），pp134-153，羊土社，2003
2) 川崎諭，大久保公策：『ゲノム機能研究プロトコール』（辻本豪三，田中利男/編），pp99-115，羊土社，2001

❸ 多重（Multiplex）PCRまたはRT-PCR

> **特徴**
> - 1本のチューブで複数の遺伝子の発現を定性的または定量的に測定できる．
> - 5〜10種類の微量RNAの検出を一括して行う系として簡便な方法．
> - ホットスタートPCRを必要とする．
> - 手技の簡素化，コスト削減に貢献できる．
> - 複数のDNA領域を1つのチューブで同時に増幅する必要があるDNA診断やSNP解析，複数の遺伝子の発現量を同時に定量する分子細胞診（腹水や血液などの体液中のがん細胞の存在を顕微鏡観察せずに行う診断）に適用可能．

■ 原理と方法

多重（Multiplex）PCRは，数組のプライマーペアを1つのPCRアッセイで同時に用いる方法である．1つの反応液中で複数のDNA領域を同時に増幅するこの方法はサンプルの取り扱いが最小限で済むので，労力や時間，費用が節約できる．したがって，PCRの最適化によって，本来プライマーのアニーリング効率やDNA鎖の伸長反応速度が不均一な複数の標的DNAを単一の設定で一括して増幅することが原理である．したがって，この方法は本質的には通常のPCR（以後Uniplex）を複数チューブで行ったデータを完全に再現するものではない．細かな条件検討をクリアしないと非特異的反応を抑制するのが困難となるうえ，増幅効率が際立って不良になるDNAやcDNAが出てくる．これをクリアすることが必要である．そのため，アニーリング温度を均一にできるプライマーをデザインするのは必要条件だが，プライマー同士のアニーリングのないものを選択することも必須である．また，増幅するDNA断片の長さや構造によっても，各DNAやcDNAの増幅効率に差が出るため，実験結果から増幅領域とそのプライマーを変更しながら目的にかなう組み合わせを探る必要がある．非特異的PCR産物を減らす必要性が高いのでホットスタートPCRが必須である．

この方法は遺伝子診断に応用されることが多いので，Uniplex PCRを忠実に反映する反応系であることが理想的であるが，結果的に十分な診断力さえあればよい．実際に呼吸器感染症でのウイルスの同定[1]，急性リンパ球性白血病のサブタイプに必要な発現解析[2]などウイルス学，腫瘍診断学での活躍が目立つ．われわれも胃がんの再発予測法の開発で適用している[3]．また，遺伝子に種々の欠失があるような場合，複数のプライマーのセットを用いて，これらの解析を同時に行うことができる．進行性筋ジストロフィーの遺伝子診断などに広く用いられている．SNP解析では，ゲノムDNAを鋳型とし，1ウェルで96種のDNA断片を増幅させることができるプライマーセットも開発された．

参考文献
1) Fan, J. et al.: Clin. Infect. Dis., 26 : 1397-1402, 1998
2) Loredana, E. et al. : Haematologica, 88 : 275-279, 2003
3) Mori, K. et al. : Ann. Surg. Oncol., 14 : 1694-1702, 2007

❹ コンセンサス (Consensus) PCR または Degenerate PCR

> **特徴**
> ・進化上，アミノ酸構造が保持された複数の遺伝子断片を増幅する方法．
> ・新規遺伝子ファミリーの同定に有用．
> ・細菌の分類，ウイルスの分類，臨床診断にも使われる．

■ 原理と方法

　進化上，ファミリー遺伝子間でよく保存された2組の5～8個の連続したアミノ酸配列とコドン表をもとに設計されたPCRプライマー (Degenerate プライマー) でPCRを行い，増幅されたDNA断片をダイレクトシークエンスすることによって，新規遺伝子ファミリーを同定したり，細菌やウイルスを分類したりするための方法[1)2)]．メチオニン (Met) とトリプトファン (Trp) 以外のアミノ酸は，2～6種の複数のコドンが対応するため，混合プライマーを合成する必要がある．特に3番目のコドンは「ゆらぎ」が多いためイノシン (I) に置き換えたプライマーを合成するなどの工夫がされる．例えば，Pro-His-Phe-Tyr-Ala-Trp の6アミノ酸が保存されていたとすると，合成するプライマーは以下のいずれかになる：

　5′-CC(ATGC) CA(TC) TT(TC) TA(TC) GC(AGCT) TGG-3′

〔このプライマーの複雑度 (種類) は 4×2×2×2×4=128〕または

　5′-CCICA(TC) TT(TC) TA(TC) GCITGG-3′
〔(TC) なら (TまたはC) の意味，(ATGC) はIに置き換えた〕

　実際は，遺伝子間で使われているコドンには偏りがあり，複雑度は減らせる．また保存されているアミノ酸を選ぶとき，この例のように，対応するコドンが1種であるMetとTrpを最後にもってきて，プライマーの3′の3塩基の特異性を高める工夫がなされる．

　例えば，100種 (型) 以上存在し，その多くは名前のとおり「パピローマ：疣 (いぼ)」の原因ウイルスであるが，16型と18型 (30以上ある粘膜型の1つ) は子宮頸部がんを引き起こすことで有名なヒトパピローマウイルス (HPV) を検出するための手法として開発されている．コンセンサスプライマーはHPVゲノム型間で相同性の高いE1領域とL1領域内に設定される場合が多く，より多くのHPV型を増幅できるように，PCRにおけるアニーリング温度を37～48℃に下げたり，上述のようにゲノム型間で異なるプライマーの塩基部位をイノシンに置き換えたり，あるいは混合プライマーにするなどの工夫がなされている．PCR産物のDNA鎖長は150～850 bpまでさまざまである．この方法は，微量の検体から複数のHPV型を増幅でき検出感度も高く，遺伝子診断法として広く使われている．上記のように粘膜型HPVは30以上知られているため，がん化に関係する高リスク型 (16型と18型) だけを増幅するように設計されたコンセンサスPCRは利用価値が高い．E6E7領域は，上流の非コーディング領域とともにHPVの関係する前がん病変やがん細胞中に必ず存在するため，粘膜高リスク型HPVを検出するための標的として優れている．

参考文献
1) Wilks, A. F. : Methods in Enzymology, 200 : 533-546, 1991
2) 安波道郎, 他：『無敵のバイオテクニカルシリーズ：PCR実験ノート』 (谷口武利/編), pp114-119, 羊土社, 1997

⑤ Alu PCR

特徴

- BAC (bacterial artificial chromosome) やYAC (yeast artificial chromosome) ベクターにクローン化された長鎖ヒトゲノムDNA (〜数百kb) 中の挿入DNAを迅速に単離する方法.
- 異種生物のDNAが混合した試料からヒトDNA配列を分離したり，ヒトDNA配列の存在を確認したりすることに役立つ.

■ 原理と方法

Alu PCR法は，ヒトDNA中に存在するSINE (short interspersed elements: 短鎖散在反復配列) ファミリーのほとんどを占めるAlu配列を利用しヒトゲノムDNAを増幅する方法である. Alu配列は，SINEの名前のとおり，ヒトゲノム中の至るところに散在する300塩基以下の反復配列で，およそ150万コピーほど分布していることがわかっている. Alu ファミリー配列間では塩基配列に多様性はみられるが，そのなかでもよく保存されている領域からコンセンサス配列が同定されている. このコンセンサス配列からプライマーを設計してPCRを行うことによって，Alu配列に挟まれたヒトゲノムDNA (inter Alu 配列) を特異的に増幅することができる. しかし，このinter Alu 配列の長さは多様である. 通常のゲノムPCRと同様，長い配列ほど増幅効率は低いため，PCRのサイクルが増えるに従って，短い配列が優先的に増える. 通常0.5〜数kbの範囲のinter Alu 配列を増幅することができる.

⑥ in situ PCR

特徴

- in situハイブリダイゼーション (ISH) の細胞レベルの解析力とPCRの感度と簡便さをもつ方法.
- スライドグラス専用のPCR装置が必要.
- RT-PCRができればmRNAのISHと同様の用途があるが，主にDNA配列の組織切片や細胞スメアでの感染症の診断〔HIV, HPV, HSV (単純ヘルペスウイルス) の検出〕に使われる.

■ 原理と方法

in situ PCRは，従来のin situ ハイブリダイゼーション (ISH) のもつ細胞レベルの解析力とPCRの感度のよさと簡便さを併せもつ技術である[1)2)]. スライドグラスに固定した細胞や組織切片上でPCRを行い細胞レベルでDNAウイルスの存在を診断したり，遺伝子のコピー数を知ることができる. 主に，目的とする遺伝子配列を増幅させる過程で標識プライマーや標識塩基を用いてDNAを標識し，顕微鏡で検出する方法 (直接法) と，増幅した後に標識プローブを用いてISHによって検出する方法 (間接法) の2つの方法があるが，簡便さの点で直接法が有用である. 標識はビオチン，ジゴキシゲニンなどが用いられる.

細胞や組織の固定には，一般的なパラホルムアルデ

ヒド（1〜4%）や10%緩衝ホルマリン液が用いられるが，アルコール，酢酸，アセトンなども使える．プライマーや耐熱性DNAポリメラーゼが細胞内の鋳型DNAに浸透できるように，PCRの前に，試料をプロテアーゼ（プロテイナーゼK，ペプシン，トリプシンなど）処理する（短時間で固定した場合は必ずしも必要ではない）．この処理が不十分だと試薬が細胞に浸透しにくく，過剰だとDNAが細胞外に流出してしまうため，固定時間とプロテアーゼ処理の至適化がin situ PCR（スライドグラス専用のサーマルサイクラーを使用）において，最も重要な点である．DNAポリメラーゼやマグネシウムはガラス表面に非特異的に付着して失われるため，通常のPCRの場合より多めに加える．また，増幅効率はかなり低いことが報告されているが，一方でサイクル数を増すと時間がかかり，細胞組織の保存性が低下し増幅したDNAが細胞外に流出する可能性がある．そのため，組織形態を保つためにアニーリングや伸長反応時間を短くし，最小のサイクル数で効率よく増幅することが必要である．

参考文献
1) Haase, A. et al.：Proc. Natl. Acad. Sci. USA, 87：4971-4975, 1990
2) Retzel, E. et al.：In PCR strategies (ed. Inris, M., Gelfand, D., Sninsky, J.), pp199-212, Academic Press, 1995

❼ Immuno-PCR

特徴
- 抗原抗体反応のもつ特異性とPCRのもつ優れた感度を併せもつ抗原検出法．
- 複数の抗体を用いることで多項目検査が可能．
- 血液中の微量がん細胞の検出に用いられる．
- 複数の抗体で行うことによって，がん細胞の性質を調べることも可能．
- 日本人が米国で最初に開発した方法．

原理と方法

1992年に佐野らによって初めて報告されたImmuno-PCRは，抗原抗体反応のもつ特異性とPCRのもつ優れた感度を併せもつ新しい抗原検出法である．原理は図2に示したように，ストレプトアビジンとプロテインAが結合したキメラタンパク質にビオチン化DNAを結合させ（ストレプトアビジンはビオチンと結合する性質をもつ），プロテインA部分を介してプレート上の免疫複合体に結合させ，その後，プレートの各ウェルにPCR反応液を加えてPCRを行い，増幅されたDNAをアガロースゲル電気泳動で検出するというものである．PCRプライマーは，ビオチン化DNA配列の一部を増幅するように設計する．抗原の入ったプレートと抗体を反応させ発色させて検出する一般的な方法であるELISA（enzyme linked immunosorbent assay）法の10万倍の感度があると報告された．

その後，ターゲット抗原分子と特異的に結びつく一次抗体を固相化して，そこに抗原を選択的に結合させて二次抗体で挟むDouble determinant immuno-PCR法が開発された（図3）．具体的には，ターゲットとなる抗原に対する一次抗体を各ウェルに固相化し，これに血清などの試料を加える．よく洗浄することによって，一次抗体-抗原複合体のみがウェルに残る．次に，ビオチン化二次抗体を加え，ストレプトアビジンとビオチン化DNAを加え，最後にPCRでDNAを増幅する．血清をはじめとする臨床検体中に微量にしか存

在しないがん抗原や血液中を循環しているがん細胞の同定に応用が期待されている．しかし，微量な抗原や細胞を検出するためには，もっとバックグラウンドを低くする工夫が必要であると指摘されている．

参考文献
1) Sano, T. et al. : Science, 258 : 120-122, 1992
2) 今井浩三, 他：蛋白質核酸酵素, 41 : 615, 1996

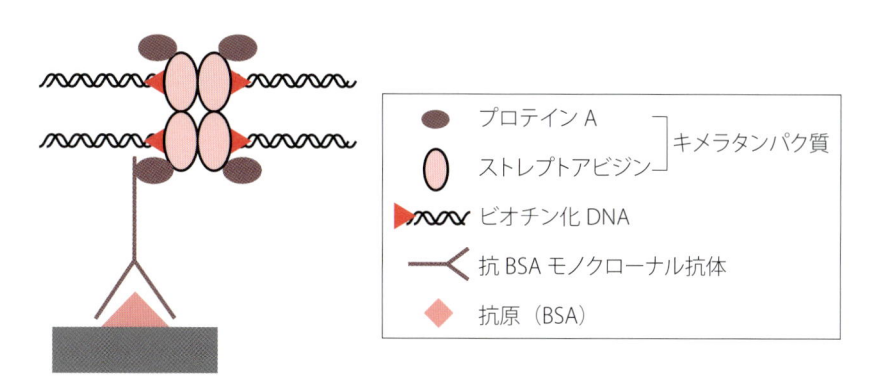

図2　佐野らが報告したImmuno-PCR法の原理

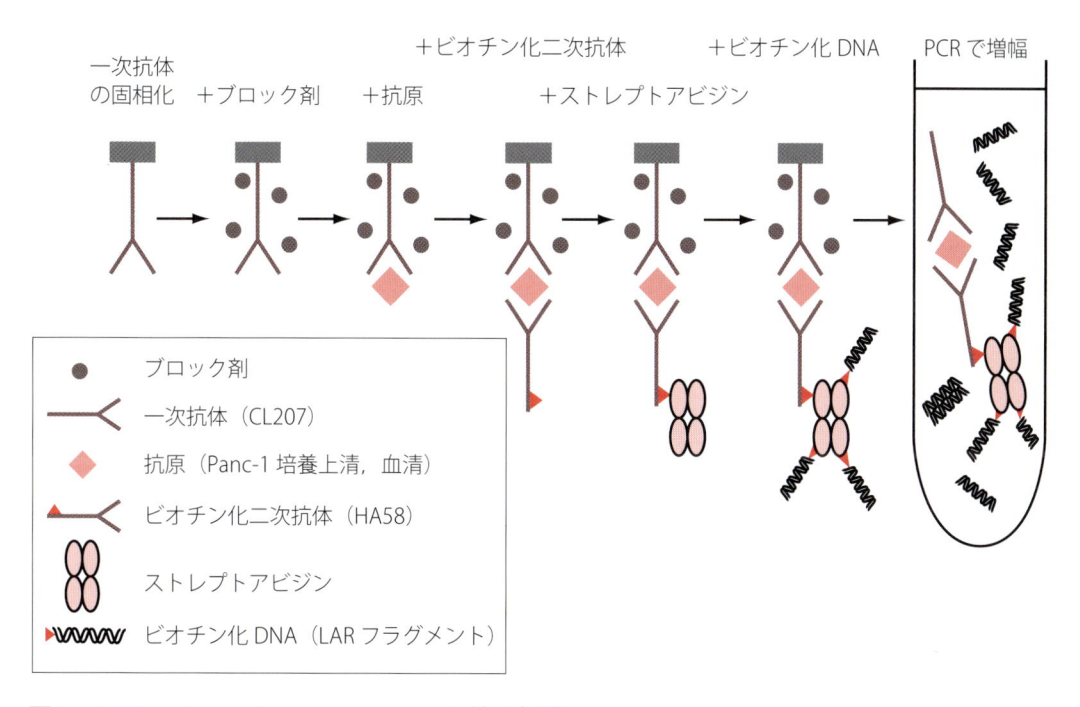

図3　Double determinant immuno-PCR法の概略

⑧ TRAP法とストレッチPCR法

> **特徴**
> ・染色体の末端に存在するテロメアにテロメア反復配列を付加し，染色体複製に伴うテロメアの短縮を修復するテロメラーゼ（TERT）の活性を測定できる．
> ・ストレッチPCR法は日本で開発され，キット化されている．
> ・細胞，組織からのライセートから測定．

原理と方法

テロメラーゼは，染色体の末端に存在するテロメアにテロメア反復配列を付加し，染色体複製に伴うテロメアの短縮を修復する酵素で，染色体の分配，維持に重要な役割をし，細胞の不死化，がん化および老化に関与することが知られている．この酵素の測定法は，1994年に開発されTRAP（telomeric repeat amplification protocol）法とよばれている[1]．その後，1996年に石川らによって再現性と感度の高いストレッチPCR法が開発され[2]，キット化された．ここでは，このストレッチPCRによる非RIテロメラーゼ活性測定法を紹介する．

TRAP法とストレッチPCR法の原理を模式化した（図4）．基質プライマーに細胞破壊液の上清を添加し，

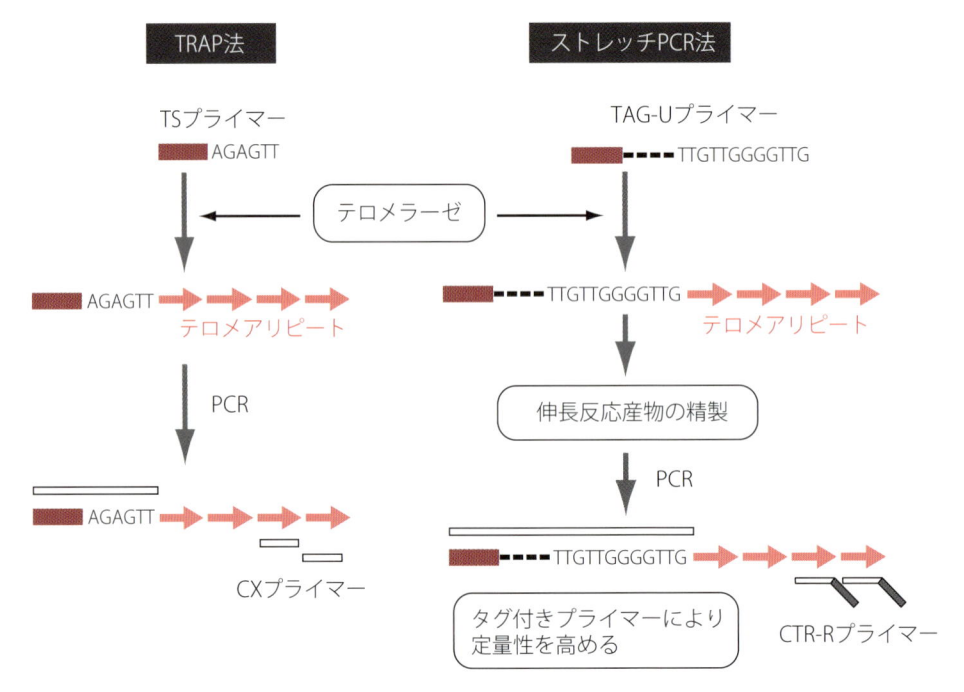

図4 TRAP法とストレッチPCR法の原理
基質プライマーに細胞破壊液の上清を添加し，テロメア反復配列を付加し，PCRを行うのがテロメラーゼ活性の測定法である．TRAP法では，この反復配列を付加した後，そのままPCRを行っていたため，反応阻害され偽陰性の発生が問題となっていた．ストレッチPCR法では，精製工程を入れて偽陰性を減らした．またタグ付加プライマーが反復配列の増幅の定量性を増す効果をもたらした．TS，CXプライマーおよびTAG-U，CTR-Rプライマーの配列は，キットの説明書を参照してほしい

テロメア反復配列を付加し，PCRを行う．TRAP法では，この反復配列を付加した後，そのままPCRを行っていたため，反応阻害され偽陰性の発生が問題となっていた．ストレッチPCR法では，精製工程を入れて偽陰性を減らした．またタグ付加プライマーが反復配列の増幅の定量性を増す効果をもたらした．

PCRは，DNAまたはRNAをターゲットとした増幅の定量化ができる．したがって，原理的にはテロメアの修復に限らず，DNAの複製・修復，転写，スプライシングの*in vitro*での活性を測定することにも使える．今後，さらなる応用編が登場することを期待したい．

参考文献
1) Kim, N. W. et al. : Science, 226 : 2011-2015, 1994
2) Tatematsu, K. et al. : Oncogene, 13 : 2265-2274, 1996
3) 黒板敏弘, 石川冬木：臨床検査, 42 : 685-688, 1998

索 引

数 字

1ステップPCR ··················· 126
1ステップRT-PCR ········ 46, 74
2ステップPCR ··················· 126
2ステップRT-PCR ············· 74
3′-RACE PCR ········ 77, 80, 82
3′→5′エキソヌクレアーゼ活性
································· 41
5′-RACE PCR ······· 79, 80, 83

欧 文

A～C

ABI PRISM ····················· 116
α型酵素 ··························· 41
Alu ································· 57
Alu PCR ························· 203
Alu 配列 ························· 203
ATAC-PCR ····················· 200
BAP処理 ························ 156
BigDye XTerminator ········ 117
Bioruptor ······················· 145
blastn プログラム ············· 60
Blue/White スクリーニング
························· 157, 164
ChIP-on-chip 法 ·············· 142
ChIP-シークエンス ·········· 142
ChIP法 ·························· 141

Consensus PCR ·············· 202
contamination ·················· 64
cRNA ······························ 78
cRNA プール ·················· 106
Ct値 ······························ 124

D～E

ddNTP ··························· 157
Degenerate PCR ············· 202
Degenerate プライマー
························· 89, 202
ΔΔCt法 ························· 124
DMSO ····························· 63
DNase ····························· 16
DNAポリメラーゼ ············· 42
DNAメチルトランスフェラーゼ
································ 132
DNMT ··························· 132
dNTP ······························ 48
DOP-PCR ························ 89
Double determinant
immuno-PCR ················ 204
ds-cDNA ························· 74
duplex PCR ···················· 174
ELISA ··························· 204
ENB adaptor ············· 95, 103
epigenetics ···················· 133
ER1 プライマー ········ 95, 102
Exo I ····························· 113

ExoSAP-IT ···················· 113

F～I

fidelity ····················· 17, 112
FRET ···························· 121
GC含量 ··························· 13
GC リッチ ························ 43
HydroShearを使ったPRSG法
································· 92
hypermethylation ············ 132
Immuno-PCR ·················· 204
in situ PCR ····················· 203
ISOGEN ·························· 26

L～M

LA-PCR ···················· 43, 199
Laser captured microdissection
································· 88
LCM ······························· 88
LCMのシステム ··············· 96
LCMを用いたPRSG法 ······ 93
LINE ······························· 57
LOI ······························· 133
Loss of imprinting ··········· 133
M13 プライマー ················ 69
melting temperature ········· 13
Mg^{2+} イオン ···················· 48
Mg^{2+} 濃度 ························ 83
microRNA（miRNA）······ 32, 38

MSP 132, 133	SINE 203	アセチル化ヒストン 141
Multiplex PCR 201	SM溶液 69	アダプター 72, 93
	SNP 173	アダプターライゲーションPCR
N〜R	ss-cDNA 74	.... 90, 97
NanoDrop 2000c 103	SYBR Green I 122	アニーリング 14, 52
null allele 176	T7 promoter 101	アルカリ変性 14
open reading frame 34, 79	T7 RNA polymerase 78	アルカリ溶解法 65, 71
ORF 34, 79	T7-dT24 プライマー 102	鋳型DNA 10, 26, 49
PCR 10	T7-transcription 90, 101	鋳型RNA 10, 26
PCR-RFLP法 174	TALPAT法 90, 100	イソプロパノール沈殿 105
PCR-SSCP法 174	Taq DNAポリメラーゼ 42	一塩基多型 173
PCRの原理 16	TaqManプローブ 121	一塩基多型性 112
PCRバッファー 47	TAクローニング 156	一本鎖DNA 13
PCR法の発明 11	TBEバッファー 177	遺伝子特異的プライマー 78
PEP-PCR 89	TdT活性 156	遺伝子変異 112
pol I 型酵素 41	Tm 13, 35, 80	ウイルス・ベクター 151
poly (A) 配列 77	TPEバッファー 177	エキソヌクレアーゼ I 113
Primer3 37	TRAP法 206	エタノール沈殿 84, 97
protein A agarose 146	TRIzol 26	エピジェネティクス 133
PRSG法 90	TUクローニング 156	エレクトロポレーション法 ... 157
RACE 81		オイルフリー 20
RepeatMasker 59	**W〜Z**	オートシークエンサー 159
RIN 31	WAVE法 174	オリゴ (dT) プライマー ... 77
RNA Integrity Number 31	Zymolyase 67	
RT-PCR 74		**カ行**
	和文	カイネーション反応 155
S〜T		改良型酵素 41
SAP 113	**ア行**	加水分解 14
SDS 49	アセチル化修飾 141	カルシウム法 157

緩衝溶液 15	コロニーからのPCR 65	セルソーター 88
完全欠失検出法 174	コンカテマー形成 80, 85	セルフライゲーション 153
がん抑制遺伝子 166	混合型酵素 41	増幅エラー 167
逆相クロマトグラフィー 178	コンセンサスPCR 202	増幅曲線 124
逆転写酵素 75	コンピテントセル 157	増幅の限界点 120
逆転写反応 75		組織からのPCR 66
キャピラリー電気泳動 31	**サ行**	組織の固定方法 92
キャピラリー電気泳動装置 103	サーマルサイクラー 19	
キャリー・マリス 12	サーマルサイクラーの診断 24	**タ行**
競合的PCR 200	サーマルサイクル 47	ターゲット遺伝子 125
キレート剤 16	再会合 13	ターゲット配列 33
グラジェント機能 21	最近接塩基対法 35	耐熱性DNAポリメラーゼ
クロスリンク 142	サイクル数 52	17, 41, 49
クロマチン 141	細胞からのPCR 66	ダイレクトシークエンス 112
クロマチン免疫沈降 141	細胞ライセート 66	多重PCR 201
蛍光共鳴エネルギー移動現象 121	サイレント変異 166	脱アミノ化 134
形質転換 156	サブ・クローニング 150	脱スルホン化 134
血液からのPCR 66	サンガー法 157	短鎖散在反復配列 203
欠失アリル 176	シグモイド曲線 13	中間層 31
ゲノムPCR法 56	次世代ゲノムシークエンス 112	忠実性 112
ゲノムインプリンティング 132	シャトルPCR 53	忠実度 17, 171
検量線法 124	縮重プライマー 89	超音波処理 143, 145
合成オリゴヌクレオチド 16	シュリンプ由来アルカリホスファターゼ 113	低メチル化状態 133
高速PCR 21, 45	伸長反応 52	定量的リアルタイムPCR 38
高メチル化状態 132	水素結合 13	データの再現性 110
コロニー 65	ストレッチPCR法 206	テロメラーゼ活性測定法 206
コロニー/プラークPCR 68	スルホン化 134	点突然変異 166
コロニーPCR 70	生体試料からのPCR 67	点変異導入ノックインマウス 166

ナ行

内在性コントロール遺伝子…… 120
ナンセンス変異………………… 166
ニック…………………………… 14
二本鎖DNA …………………… 13
ネステッドPCR ……………… 85
熱変性…………………………… 52

ハ行

バイサルファイト処理 …132, 133
ハイブリダイズ………………… 10
ハイブリダイゼーションプローブ
………………………………… 123
ハウスキーピング遺伝子……… 126
半定量的RT-PCR……………… 38
反復配列………………………… 57
比較Ct法 ……………………… 124
ヒストン………………………… 141
微量核酸の定量装置…………… 103
ファージ………………………… 65
フェノール/クロロホルム抽出
………………………………… 95
複製起点………………………… 157
プラークからのPCR ………… 65
プライマー設計………………… 33
プライマー設計ソフトウェア
………………………………… 37
プライマーダイマー…………… 36
プライマーのGC含量 ……… 35

プライマーのTm値…………… 35
プライマーのサイズ…………… 34
プライマーの特異性…………… 36
プライマーの濃度……………… 48
プライミング…………………… 35
プラスミド・ベクター………… 151
プラトー………………………… 120
ブラントエンド・
ライゲーション……………… 155
プロテアーゼ処理法…………… 71
粉砕機…………………………… 27
分子クラウディング効果……… 85
平滑末端化……… 94, 97, 156
ベクター………………………… 150
ベクタープライマー…………… 72
ペルティエ素子………………… 19
変異導入………………………… 167
変異の検出……………………… 173
変性……………………………… 13
補酵素…………………………… 108
ポジティブコントロール……… 86
ホットスタートPCR ……36, 43
ホットスタート法……………… 86
ホルマリン固定………………… 142
ホルムアルデヒド……………… 143

マ行

マイクロアレイ………………… 87
マイクロアレイ解析…………… 109

マウステール…………………… 65
マクサム・ギルバート法……… 157
ミスセンス変異………………… 166
ミスプライミング……………… 48
メチル化………………… 132, 141
メチル化特異的PCR ………… 133
毛根……………………………… 65

ヤ行

融解曲線分析…………………… 131
溶解液…………………………… 27

ラ行

ライゲーション………………… 152
ランダムヘキサマープライマー
………………………………… 77
リアルタイムPCR …………… 121
リアルタイムPCR用サーマル
サイクラー…………………… 22
立体障害効果…………………… 48
リファレンス遺伝子… 124, 126
リファレンス配列……………… 33
リン酸ジエステル結合………… 14
レトロウイルス………………… 75
ロングレンジPCR …………… 43

◆著者プロフィール

佐々木博己（ささき　ひろき）
国立研究開発法人国立がん研究センター，基盤的臨床開発研究コアセンター（FIOC），創薬標的・シーズ探索部門・部門長，先端医療開発センター（EPOC），バイオマーカー探索TR分野・分野長．1990年東京大学大学院農学系研究科修了後，国立がんセンターでがん研究を開始し，1991年に研究員，1994年から室長，2010年から改組によりユニット長，2013年から部門長．大学院では東京大学分生研，経産省産総研やかずさDNA研などの所長を歴任した大石道夫先生，国立がんセンターでは研究所長，総長，内閣府食品安全委員会委員長などを歴任した寺田雅昭先生に師事した．革新的な診療の開発に向け，食道がん，低分化型胃がんの基盤・TR研究に従事してきた．主な著書として，『バイオ実験の進めかた』，『DNAチップ実験まるわかり』（ともに羊土社）など十数冊がある．

青柳一彦（あおやぎ　かずひこ）
国立研究開発法人国立がん研究センター，基盤的臨床開発研究コアセンター（FIOC），臨床ゲノム解析部門・主任研究員．1996年北海道大学大学院環境科学研究科で博士号を取得，水産庁養殖研究所にて細胞性免疫の主役の1つであるMHCクラスI分子を硬骨魚類から分離，哺乳類のものと異なる多様性があることを示した．1999年からがん研究者に転身，国立がん研究センターにてマイクロアレイの基盤技術開発，食道がんの治療方針の選択のための診断法の開発を行ってきた．2001年から主任研究官，2010年から改組により主任研究員，2015年から日本医療研究開発機構（AMED）に出向，2017年から現職に復帰した．

河府和義（こうふ　かずよし）
TAK-Circulator株式会社（東大発ベンチャー），研究開発本部長．2001年大阪大学大学院医学系研究科修了，医学博士．ノバルティスファーマ研究員，東京大学分子細胞生物学研究所博士研究員（秋山徹教授），2002年から東北大学加齢医学研究所助教（佐竹正延教授），2009年からシンガポール国立大学・癌科学研究所シニアリサーチサイエンティスト，2015年から現職．専門は分子免疫学および分子腫瘍学で，Runx転写因子のノックアウトマウス解析を通して免疫細胞の生理機能に関する研究を行ってきた．

実験医学別冊

目的別で選べるPCR実験プロトコール
失敗しないための実験操作と条件設定のコツ

2011年1月1日　第1刷発行	編　著	佐々木博己
2021年4月10日　第4刷発行	著　者	青柳一彦，河府和義
	発行人	一戸裕子
	発行所	株式会社羊土社 〒101-0052 東京都千代田区神田小川町2-5-1 TEL　03（5282）1211 FAX　03（5282）1212 E-mail　eigyo@yodosha.co.jp URL　www.yodosha.co.jp/
ⓒ YODOSHA CO., LTD. 2011 Printed in Japan	装　幀	竹田壮一朗
ISBN978-4-7581-0178-3	印刷所	株式会社平河工業社

本書に掲載する著作物の複製権，上映権，譲渡権，公衆送信権（送信可能化権を含む）は（株）羊土社が保有します．
本書を無断で複製する行為（コピー，スキャン，デジタルデータ化など）は，著作権法上での限られた例外（「私的使用のための複製」など）を除き禁じられています．研究活動，診療を含み業務上使用する目的で上記の行為を行うことは大学，病院，企業などにおける内部的な利用であっても，私的使用には該当せず，違法です．また私的使用のためであっても，代行業者等の第三者に依頼して上記の行為を行うことは違法となります．

JCOPY ＜（社）出版者著作権管理機構 委託出版物＞
本書の無断複写は著作権法上での例外を除き禁じられています．複写される場合は，そのつど事前に，（社）出版者著作権管理機構（TEL 03-5244-5088，FAX 03-5244-5089，e-mail：info@jcopy.or.jp）の許諾を得てください．

乱丁，落丁，印刷の不具合はお取り替えいたします．小社までご連絡ください．

「目的別で選べるPCR実験プロトコール」広告 INDEX

広告資料請求サービス

アジレント・テクノロジー㈱ ……… 後付13
アズワン㈱ ……………………… 後付1, 2
関東化学㈱ ……………………… 後付10
㈱キアゲン ……………………… 後付19
コンビメートリックス㈱ ………… 後付10
サーモフィッシャーサイエンティフィック㈱
　……………………… 後付17, 18

㈱J. K. インターナショナル ……… 後付11
タカラバイオ㈱ …………… 後付14, 16
㈱トーホー ……………………… 後付12
バイオ・ラッドラボラトリーズ㈱ …… 後付15

（五十音順）

【PLEASE COPY】

▼広告製品の詳しい資料をご希望の方は、この用紙をコピーしFAXでご請求下さい。

	会社名	製品名	要望事項
①			
②			
③			
④			
⑤			

お名前（フリガナ）	TEL.　　　　　　　　FAX.
	E-mailアドレス
勤務先名	所属

所在地（〒　　　　　）

ご専門の研究内容をわかりやすくご記入下さい

FAX：03（3230）2479　　E-mail：adinfo@aeplan.co.jp　　HP：http://www.aeplan.co.jp/

広告取扱　エー・イー企画

「実験医学」別冊
目的別で選べる
PCR実験プロトコール

アズワン株式会社

illumina Eco™が目指す リアルタイムPCRのパーソナル化と HRM解析の発展

illumina, Inc.

概略

コンパクトサイズかつ低価格でありながら、高いウェル間温度精度によりHRM（High Resolution Melting）解析にも対応するillumina Eco™リアルタイムPCRシステムについて、HRMによるDNAメチル化解析例を交えながら紹介する。

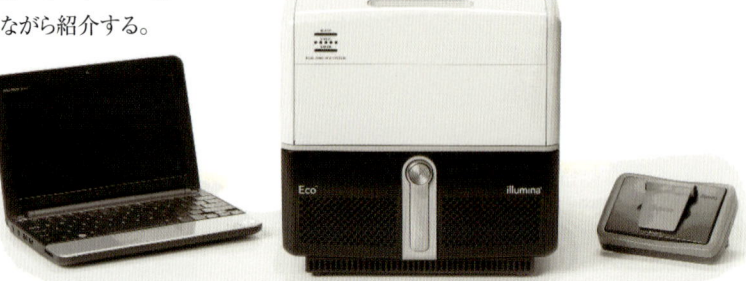

図1. illumina Eco™ システム構成
システム一式は、本体、PC、ソフトウェア、Eco™ Dockから構成される。

illumina Eco™リアルタイムPCRシステム

illumina Eco™リアルタイムPCRシステム（図1）は、リアルタイムPCRユーザーの約70%が1回にかけるサンプル数が50サンプル未満であることから、より多くの研究者が手軽にリアルタイムPCRを使うことができる「パーソナルリアルタイムPCR」をコンセプトとしている。コンパクトサイズでありながら随所に特許技術を搭載し、高機能を実現している。

ウェル間温度誤差±0.1℃

温度均一性はリアルタイムPCRにおいて最も重要なパフォーマンスパラメーターである。illumina Eco™は、温調部にシングルペルチェとホーローシルバーブロックを採用している。ブロックには熱伝導性流体が密閉されており、2つのモーターにより撹拌される（図2）。このユニークな機構は、従来の方式に比べ、ウェル間の温度不均一やブロックのエッジ効果による温度不均一を減少させるだけでなく、より短時間で温度平衡に達することを可能にしている。その結果、高いウェル間の温度精度が要求されるHRM（High Resolution Melting）解析にも対応する。

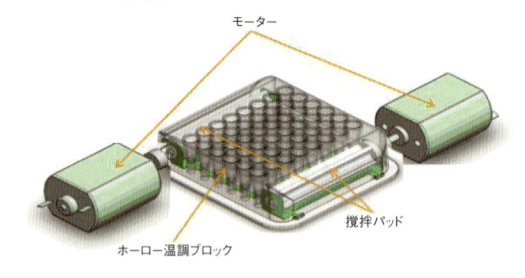

図2. illumina Eco™ 温調システム
ホーローシルバー製の温調ブロック内には熱伝導性の高い溶媒が密閉されており、非対称に配置されたモーターにより常に撹拌される。この技術により温度均一性 ±0.1℃以下、Ramp速度最大5.5℃/秒を実現している。

測定例:Evaluationプレート

illumina Eco™には評価用のEvaluation Plateが用意されており、簡単に装置を試すことができるようになっている。Eco™専用プレートにテンプレートとプライマーが配置されており、SYBR® GreenのMasterMixを加えるだけで簡単に絶対定量法による濃度未知のサンプルの定量を試すことができる。今回、Master Mixには、シグマアルドリッチ社のLuminoCt SYBR® Green qPCR Ready Mix™を使用した（図3）。

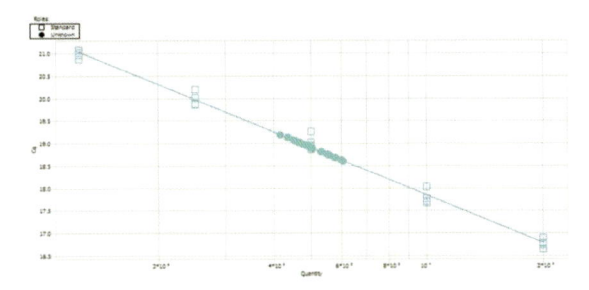

図3. Evaluation Plate 解析例
コピー数既知のサンプルで検量線を作成し、コピー数未知のサンプルのCq値をプロットしてコピー数を測定した例。□はコピー数既知(左から20,000、10,000、5,000、2,500、1,250コピー)、●はコピー数未知サンプルをしめす。(増幅効率92.053%、R^2 0.992)

HRMによるDNAメチル化解析例

リアルタイムPCRにおいて融解曲線解析は、インターカレーター存在下でPCRを行った後に再度温度を上昇させ、二本鎖DNAが解離する過程を、温度変化に対する蛍光強度の変化として記録する方法である。得られたグラフからPCR増幅産物のTm値と純度が分かるため、PCR反応の確認として行われる。

HRM解析は融解曲線解析を高精細に行うことによって得られるMelting ProfileからPCR増幅産物の配列の違いを一塩基レベルで解析する方法である(図4)。もともとSNPの解析方法として発達してきた方法であるが、一塩基置換の変異解析やバイサルファイト変換処理によるDNAメチル化解析にも用いられるようになってきている。シーケンサーでの配列解析やプローブベースの解析より低コストで解析できることから、最近、報告例が増加してきている。HRM解析を行うには、二本鎖DNAに対して全ての塩基対にインターカレートする蛍光試薬とウェル間温度制御が高い装置および専用の解析処理を行うソフトウェアが必要となる。

高いウェル間の温度精度を特徴とするillumina Eco™は、HRM解析に対応する。今回はillumina Eco™を使用したHRM解析の例としてDNAメチル化解析例を紹介する(図5)。HRM解析に対応するillumina Eco™がDNAメチル化解析におけるパワフルなツールとなることを示している。

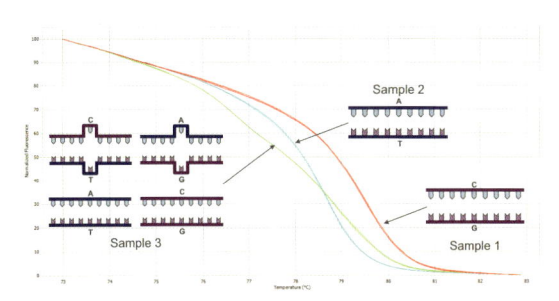

図4. HRM解析で得られるThermal Profile例
一塩基置換、ミスマッチを含むPCR増幅産物3種類をHRM解析した結果。Thermal ProfileはEco™の解析ソフトウェアにて作成。縦軸は蛍光強度、横軸は温度を示す。Sample1,2は単一の増幅産物、Sample3は複数のPCR産物が混合した状態。わずか一塩基の変化でもProfileに反映される。

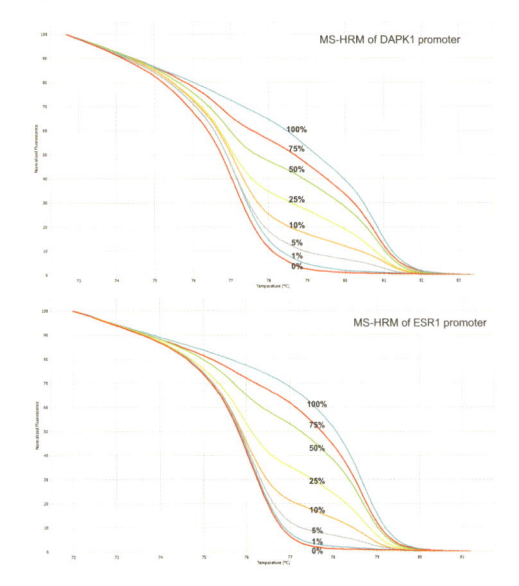

図5. HRMによるDNAメチル化率の半定量的解析例
メチル化、非メチル化、それぞれのDNAをバイサルファイト変換処理後、試験管内で各々の比率で混合してモデルサンプルを作成し、MSで確認後にHRM解析を行った結果。
DAPK1、ESR12種類のプロモーターの両方においてメチル化率1%のDNAまで識別されている。

おわりに

illumina Eco™によってリアルタイムPCR自体がより身近な解析手段として研究の現場に普及し、研究の効率化に貢献できることを切に願う。

お問合せ先

アズワン株式会社 バイオサイエンスグループ
TEL:06-6447-8633
FAX:06-6447-8683
URL:http://www.bio-lab.jp
E-mail:bio@so.as-1.co.jp

実験医学別冊 目的別で選べるシリーズ

目的別で選べる タンパク質発現プロトコール
発現系の選択から精製までの原理と操作

必要な量は？翻訳後修飾は？精製はどうする？可溶化が必要？そもそも発現しない！目的タンパク質を絶対に得るため，あらゆる手段をナビゲーション．実験の原理，実験操作や試薬組成の根拠までもトコトン詳しく解説．

永田恭介，奥脇 暢／編
- 定価 4,620円（本体 4,200円＋税10％） ■ B5判 ■ 268頁 ■ ISBN 978-4-7581-0175-2

目的別で選べる PCR実験プロトコール
失敗しないための実験操作と条件設定のコツ

リアルタイムPCR，メチル化特異的PCR，ChIP法など多彩なPCR活用法を収録．さらに反応量や反応時間など条件の振り方についても，きめ細かく解説．実験を組み立てる力や，つまずき時の対応力が身につく！

佐々木博己／編著　青柳一彦，河府和義／著
- 定価 4,950円（本体 4,500円＋税10％） ■ B5判 ■ 212頁 ■ ISBN 978-4-7581-0178-3

目的別で選べる 細胞培養プロトコール
培養操作に磨きをかける！基本の細胞株・ES・iPS細胞の知っておくべき性質から品質検査まで

ES細胞・iPS細胞をはじめ各種細胞の研究背景から培養法まで詳しく解説．細胞の標準化，マイコプラズマ汚染検査など，再現性ある結果を得るために必要な知識も紹介．一歩上の培養操作を身につけたい方は必見！

中村幸夫／編　理化学研究所バイオリソースセンター／協力
- 定価 6,160円（本体 5,600円＋税10％） ■ B5判 ■ 308頁 ■ ISBN 978-4-7581-0183-7

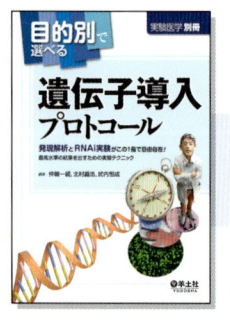

目的別で選べる 遺伝子導入プロトコール
発現解析とRNAi実験がこの1冊で自由自在！最高水準の結果を出すための実験テクニック

発現解析，ノックダウン，遺伝子導入…タンパク質の機能解析に至る具体的方法・手技を徹底解説．各方法の比較だけでなく，実験のプロによるコツ，さらには実験デザインまで．実験の見通しがグンとよくなる！

仲嶋一範，北村義浩，武内恒成／編
- 定価 5,720円（本体 5,200円＋税10％） ■ B5判 ■ 252頁 ■ ISBN 978-4-7581-0184-4

発行 羊土社 YODOSHA
〒101-0052 東京都千代田区神田小川町2-5-1　TEL 03(5282)1211　FAX 03(5282)1212
E-mail：eigyo@yodosha.co.jp
URL：www.yodosha.co.jp/

ご注文は最寄りの書店，または小社営業部まで

無敵のバイオテクニカルシリーズ

改訂第4版 タンパク質実験ノート

上 タンパク質をとり出そう（抽出・精製・発現編）

岡田雅人，宮崎 香／編
215頁　定価4,400円（本体 4,000円＋税10%）ISBN978-4-89706-943-2

幅広い読者の方々に支持されてきた，ロングセラーの実験入門書が装いも新たに7年ぶりの大改訂！イラスト付きの丁寧なプロトコールで実験の基本と流れがよくわかる！実験がうまくいかない時のトラブル対処法も充実！

下 タンパク質をしらべよう（機能解析編）

岡田雅人，三木裕明，宮崎 香／編
222頁　定価4,400円（本体 4,000円＋税10%）ISBN978-4-89706-944-9

タンパク研究の現状に合わせて内容を全面的に改訂．タンパク質の機能解析に重点を置き，相互作用解析の章を新たに追加したほか最新の解析方法を初心者にもわかりやすく解説．機器・試薬なども最新の情報に更新！

好評シリーズ既刊！

改訂第3版 顕微鏡の使い方ノート
はじめての観察からイメージングの応用まで

野島 博／編　247頁　定価6,270円（本体 5,700円＋税10%）
ISBN978-4-89706-930-2

改訂 細胞培養入門ノート

井出利憲，田原栄俊／著　171頁　定価4,620円（本体 4,200円＋税10%）
ISBN978-4-89706-929-6

改訂第3版 遺伝子工学実験ノート

田村隆明／編

上 DNA実験の基本をマスターする
232頁　定価4,180円（本体 3,800円＋税10%）　ISBN978-4-89706-927-2

下 遺伝子の発現・機能を解析する
216頁　定価4,290円（本体 3,900円＋税10%）　ISBN978-4-89706-928-9

RNA実験ノート

稲田利文，塩見春彦／編

上 RNAの基本的な取り扱いから解析手法まで
188頁　定価 4,730円（本体 4,300円＋税10%）　ISBN978-4-89706-924-1

下 小分子RNAの解析からRNAiへの応用まで
134頁　定価 4,620円（本体 4,200円＋税10%）　ISBN978-4-89706-925-8

改訂第3版 バイオ実験の進めかた

佐々木博己／編　200頁　定価4,620円（本体 4,200円＋税10%）
ISBN978-4-89706-923-4

マウス・ラット実験ノート
はじめての取り扱い，飼育法から投与，解剖，分子生物学的手法まで

中釜 斉，北田一博，庫本高志／編
169頁　定価4,290円（本体 3,900円＋税10%）
ISBN978-4-89706-926-5

改訂 PCR実験ノート
みるみる増やすコツとPCR産物の多彩な活用法

谷口武利／編　179頁　定価3,630円（本体 3,300円＋税10%）
ISBN978-4-89706-921-0

バイオ研究がぐんぐん進む コンピュータ活用ガイド
データ解析から，文献管理，研究発表までの基本ツールを完全マスター

門川俊明／企画編集　美宅成樹／編集協力
157頁　定価3,520円（本体 3,200円＋税10%）
ISBN978-4-89706-922-7

イラストでみる 超基本バイオ実験ノート
ぜひ覚えておきたい分子生物学実験の準備と基本操作

田村隆明／著　187頁　定価3,960円（本体 3,600円＋税10%）
ISBN978-4-89706-920-3

発行　羊土社 YODOSHA
〒101-0052　東京都千代田区神田小川町2-5-1　TEL 03(5282)1211　FAX 03(5282)1212
E-mail：eigyo@yodosha.co.jp
URL：www.yodosha.co.jp/

ご注文は最寄りの書店，または小社営業部まで

羊土社のオススメ書籍

実験医学別冊 NGSアプリケーション
今すぐ始める！メタゲノム解析実験プロトコール
ヒト常在細菌叢から環境メタゲノムまで サンプル調製と解析のコツ

服部正平／編

試料の採取・保存法は？ コンタミを防ぐコツは？ データ解析のポイントは？ 腸内,口腔,皮膚,環境など多様な微生物叢を対象に広がる「メタゲノム解析」．その実践に必要なすべてのノウハウを1冊に凝縮しました．

■ 定価 9,020円（本体 8,200円＋税10％）　■ A4変型判
■ 231頁　■ ISBN 978-4-7581-0197-4

実験医学別冊 NGSアプリケーション
RNA-Seq 実験ハンドブック
発現解析からncRNA、シングルセルまであらゆる局面を網羅！

鈴木 穣／編

次世代シークエンサーの最注目手法に特化し,研究の戦略,プロトコール,落とし穴を解説した待望の実験書が登場！発現量はもちろん,翻訳解析など発展的手法,各分野の応用例まで,広く深く紹介します．

■ 定価 8,690円（本体 7,900円＋税10％）　■ A4変型判
■ 282頁　■ ISBN 978-4-7581-0194-3

実験医学別冊
論文だけではわからない ゲノム編集 成功の秘訣 Q&A
TALEN、CRISPR/Cas9の極意

山本 卓／編

あらゆるラボへ普及の進む,革新的な実験技術「ゲノム編集」初のQ&A集です．実験室で誰もが出会う疑問やトラブルを,各分野のエキスパートたちが丁寧に解説します．論文だけではわからない成功の秘訣を大公開!!

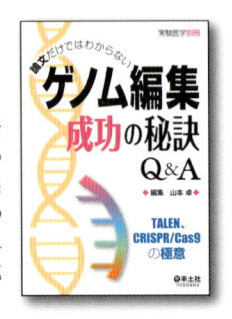

■ 定価 5,940円（本体 5,400円＋税10％）　■ B5判
■ 269頁　■ ISBN 978-4-7581-0193-6

よくわかる ゲノム医学 改訂第2版
ヒトゲノムの基本から個別化医療まで

服部成介,水島-菅野純子／著,菅野純夫／監

ゲノム創薬・バイオ医薬品などが当たり前になりつつある時代に知っておくべき知識を凝縮．これからの医療従事者に必要な内容が効率よく学べる．次世代シークエンサーやゲノム編集技術による新たな潮流も加筆．

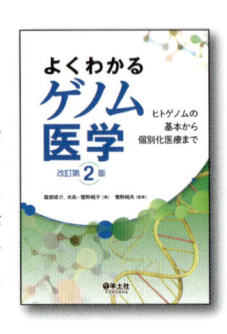

■ 定価 4,070円（本体 3,700円＋税10％）　■ B5判
■ 230頁　■ ISBN 978-4-7581-2066-1

発行　羊土社 YODOSHA　〒101-0052 東京都千代田区神田小川町2-5-1　TEL 03(5282)1211　FAX 03(5282)1212
E-mail：eigyo@yodosha.co.jp
URL：www.yodosha.co.jp/　　ご注文は最寄りの書店、または小社営業部まで

羊土社のオススメ書籍

実験医学別冊
メタボロミクス実践ガイド
サンプル調製からデータ解析まで、あなたに合った実験デザインと達人テクニック

馬場健史,平山明由,松田史生,津川裕司／編

「メタボロミクスって何から始めればいいの？」「うまくデータが解析できない…」そんな悩みをもつ人を本書が成功まで導きます！プロ直伝の実験デザインのコツからテクニック,応用例まで徹底紹介した実験書

- 定価 7,920円（本体 7,200円＋税10%） ■ B5判
- 334頁 ■ ISBN 978-4-7581-2251-1

実験医学別冊
決定版 ウイルスベクターによる遺伝子導入実験ガイド
培養細胞から個体まで、研究を飛躍させる実践テクニックのすべて

平井宏和,日置寛之,小林和人／編

「ウイルスベクターを使ってみたい」「もっと高度な研究をしたい」という方必携の実験書.各種ウイルスベクターの選択から,マウスや霊長類への遺伝子導入,神経活動解析・遺伝子治療などへの応用まで,徹底紹介!

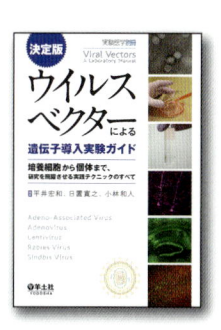

- 定価 9,900円（本体 9,000円＋税10%） ■ B5判
- 285頁 ■ ISBN 978-4-7581-2247-4

実験医学別冊
独習 Pythonバイオ情報解析
Jupyter、NumPy、pandas、Matplotlibを理解し、実装して学ぶシングルセル、RNA-Seqデータ解析

先進ゲノム解析研究推進プラットフォーム／編

Pythonでバイオインフォに取り組み、いずれは機械学習など始めたい方に。汎用的なテーブルデータ解析、可視化ライブラリを用いて、生命科学特有のシングルセル、RNA-Seq解析を実装しつつ学べる。

- 定価 6,600円（本体 6,000円＋税10%） ■ AB判
- 408頁 ■ ISBN 978-4-7581-2249-8

実験医学別冊
達人に訊く バイオ画像取得と定量解析Q&A
顕微鏡の設定からImageJによる解析・自動化まで

加藤 輝,小山宏史／編

顕微鏡観察像の定量データ解析に課題を抱えていませんか。観察・解析に際しての疑問や悩みに、初学者の課題に向き合ってきた執筆陣が基礎から答えます．あなたもImageJを使いこなして望むデータを得ましょう!

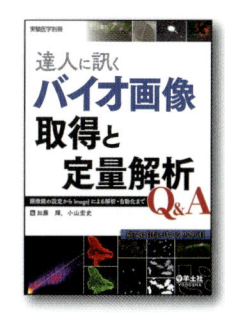

- 定価 5,720円（本体 5,200円＋税10%） ■ B5判
- 220頁 ■ ISBN 978-4-7581-2250-4

発行　羊土社 YODOSHA　〒101-0052 東京都千代田区神田小川町2-5-1　TEL 03(5282)1211　FAX 03(5282)1212
E-mail：eigyo@yodosha.co.jp
URL：www.yodosha.co.jp/

ご注文は最寄りの書店，または小社営業部まで

新時代の実験法のスタンダード！
手技・ポイントを余すところなく解説する決定版！

実験医学 別冊

完全版　ゲノム編集実験スタンダード
CRISPR-Cas9の設計・作製と各生物種でのプロトコールを徹底解説
山本　卓, 佐久間哲史／編

◆定価 7,480 円（本体 6,800 円＋税 10%）　◆B5 判　◆386 頁　◆ISBN978-4-7581-2244-3

多様なツール・生物種を1冊で紹介！待望の決定版プロトコール集

実験医学 別冊

決定版　オルガノイド実験スタンダード
開発者直伝！　珠玉のプロトコール集
佐藤俊朗, 武部貴則, 永樂元次／編

◆定価 9,900 円（本体 9,000 円＋税 10%）　◆B5 判　◆372 頁　◆ISBN978-4-7581-2239-9

実験医学 別冊

エピジェネティクス実験スタンダード
もう悩まない！　ゲノム機能制御の読み解き方
牛島俊和, 眞貝洋一, 塩見春彦／編

◆定価 8,140 円（本体 7,400 円＋税 10%）　◆B5 判　◆398 頁　◆ISBN 978-4-7581-0199-8

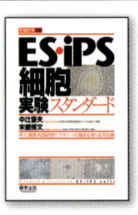

実験医学 別冊

マウス表現型解析スタンダード
系統の選択、飼育環境、臓器・疾患別解析のフローチャートと実験例
伊川正人, 高橋　智, 若菜茂晴／編

◆定価 7,480 円（本体 6,800 円＋税 10%）　◆B5 判　◆351 頁　◆ISBN 978-4-7581-0198-1

実験医学 別冊

次世代シークエンス解析スタンダード
NGSのポテンシャルを活かしきるWET&DRY
二階堂 愛／編

◆定価 6,050 円（本体 5,500 円＋税 10%）　◆B5 判　◆404 頁　◆ISBN 978-4-7581-0191-2

実験医学 別冊

ES・iPS細胞実験スタンダード
再生・創薬・疾患研究のプロトコールと臨床応用の必須知識
中辻憲夫／監, 末盛博文／編

◆定価 8,140 円（本体 7,400 円＋税 10%）　◆B5 判　◆358 頁　◆ISBN 978-4-7581-0189-9

発行　**羊土社 YODOSHA**

〒101-0052　東京都千代田区神田小川町2-5-1　TEL 03(5282)1211　FAX 03(5282)1212
E-mail：eigyo@yodosha.co.jp
URL：www.yodosha.co.jp/

ご注文は最寄りの書店、または小社営業部まで

実験医学別冊 最強のステップUPシリーズのご案内

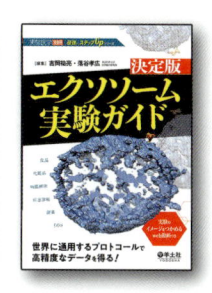

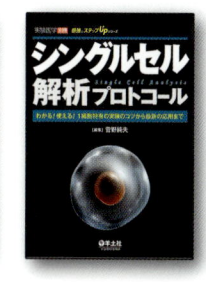

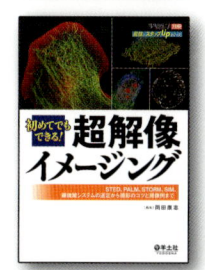

「始めてみたい」「上手になりたい」に応える情報を厳選・詳説

エピゲノムをもっと見るための クロマチン解析実践プロトコール ChIP-seq, ATAC-seq, Hi-C, smFISH, 空間オミクス… クロマチンの修飾から構造まで、絶対使える18選！　大川恭行, 宮成悠介／編 ■ 定価 7,590円（本体 6,900円＋税10%）　■ B5判　■ 270頁 ■ ISBN978-4-7581-2248-1 クロマチンアクセシビリティ, ゲノム三次元構造も自分でみれる！	**決定版 エクソソーム実験ガイド** 世界に通用するプロトコールで高精度なデータを得る！　吉岡祐亮, 落谷孝広／編 ■ 定価 6,820円（本体 6,200円＋税10%）　■ B5判　■ 199頁 ■ ISBN 978-4-7581-2246-7 論文に求められる基本手技を軸に, キットの活用や発展的な手法も！
発光イメージング実験ガイド 機能イメージングから細胞・組織・個体まで 蛍光で観えないものを観る！　永井健治, 小澤岳昌／編 ■ 定価 6,380円（本体 5,800円＋税10%）　■ B5判　■ 223頁 ■ ISBN 978-4-7581-2240-5 発光はここまで使える！イメージングの選択肢を広げよう	**シングルセル解析プロトコール** わかる！使える！ 1細胞特有の実験のコツから最新の応用まで　菅野純夫／編 ■ 定価 8,800円（本体 8,000円＋税10%）　■ B5判　■ 345頁 ■ ISBN 978-4-7581-2234-4 1細胞の調製法や微量サンプルのハンドリングなどコツから応用例まで
新版 フローサイトメトリー　もっと幅広く使いこなせる！ マルチカラー解析も, ソーティングも, もう悩まない！　中内啓光／監, 清田 純／編 ■ 定価 6,820円（本体 6,200円＋税10%）　■ B5判　■ 326頁 ■ ISBN 978-4-7581-0196-7 マルチカラー解析のコツも, 各種細胞のソーティングも多数の事例とともに解説	**初めてでもできる！超解像イメージング** STED, PALM, STORM, SIM, 顕微鏡システムの選定から撮影のコツと撮像例まで　岡田康志／編 ■ 定価 8,360円（本体 7,600円＋税10%）　■ B5判　■ 308頁 ■ ISBN 978-4-7581-0195-0 何がどこまで見えるのか？どうすればできるのか？を詳説
今すぐ始めるゲノム編集 TALEN&CRISPR/Cas9の 必須知識と実験プロトコール　山本 卓／編 ■ 定価 5,390円（本体 4,900円＋税10%）　■ B5判　■ 207頁 ■ ISBN 978-4-7581-0190-5 TALEN, CRISPR/Cas9の基本知識から実験成功のプロトコールまで	**原理からよくわかる リアルタイムPCR完全実験ガイド**　北條浩彦／編 ■ 定価 4,840円（本体 4,400円＋税10%）　■ B5判　■ 233頁 ■ ISBN 978-4-7581-0187-5 比べる, 探す, 定量する！リアルタイムPCRを使いこなす！
見つける, 量る, 可視化する！質量分析実験ガイド ライフサイエンス・医学研究で役立つ機器選択, サンプル調製, 分析プロトコールのポイント　杉浦悠毅, 末松 誠／編 ■ 定価 6,270円（本体 5,700円＋税10%）　■ B5判　■ 239頁 ■ ISBN 978-4-7581-0186-8 質量分析って何だか難しい―そのハードル, 飛び越えましょう！	「目次」「内容見本」はWEB『実験医学online』からチェックしてください！ ▶▶▶

発行　羊土社 YODOSHA　〒101-0052　東京都千代田区神田小川町2-5-1　TEL 03(5282)1211　FAX 03(5282)1212
E-mail：eigyo@yodosha.co.jp
URL：www.yodosha.co.jp/

ご注文は最寄りの書店, または小社営業部まで

実験医学をご存知ですか!?

実験医学ってどんな雑誌？

ライフサイエンス研究者が知りたい情報をたっぷりと掲載！

「なるほど！こんな研究が進んでいるのか！」「こんな便利な実験法があったんだ」「こうすれば研究がうまく行くんだ」「みんなもこんなことで悩んでいるんだ！」などあなたの研究生活に役立つ有用な情報、面白い記事を毎月掲載しています！ぜひ一度、書店や図書館でお手にとってご覧になってみてください。

生命科学・医学研究の最新情報をご紹介！

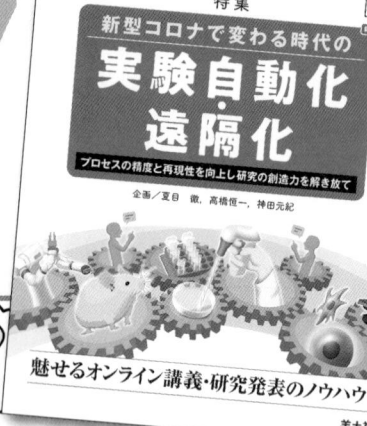

今すぐ研究に役立つ情報が満載！

特集では → 腸内細菌叢、相分離など、今一番Hotな研究分野の最新レビューを掲載

連載では → 最新トピックスから実験法、読み物まで毎月多数の記事を掲載

こんな連載があります

News & Hot Paper DIGEST 〔トピックス〕
世界中の最新トピックスや注目のニュースをわかりやすく、どこよりも早く紹介いたします。

クローズアップ実験法 〔マニュアル〕
ゲノム編集、次世代シークエンス解析、イメージングなど有意義な最新の実験法、新たに改良された方法をいち早く紹介いたします。

ラボレポート 〔読みもの〕
海外で活躍されている日本人研究者により、海外ラボの生きた情報をご紹介しています。これから海外に留学しようと考えている研究者は必見です！

その他、話題の人のインタビューや、研究の心を奮い立たせるエピソード、ユニークな研究、キャリア紹介、研究現場の声、科研費のニュース、ラボ内のコミュニケーションのコツなどさまざまなテーマを扱った連載を掲載しています！

実験医学 Experimental Medicine　B5判
生命を科学する 明日の医療を切り拓く

- 月刊 毎月1日発行 定価 2,200円（本体2,000円＋税10%）
- 増刊 年8冊発行 定価 5,940円（本体5,400円＋税10%）

詳細はWEBで!! [実験医学] [検索]

お申し込みは最寄りの書店，または小社営業部まで！
TEL 03(5282)1211　MAIL eigyo@yodosha.co.jp
FAX 03(5282)1212　WEB www.yodosha.co.jp/

発行 羊土社

後付10

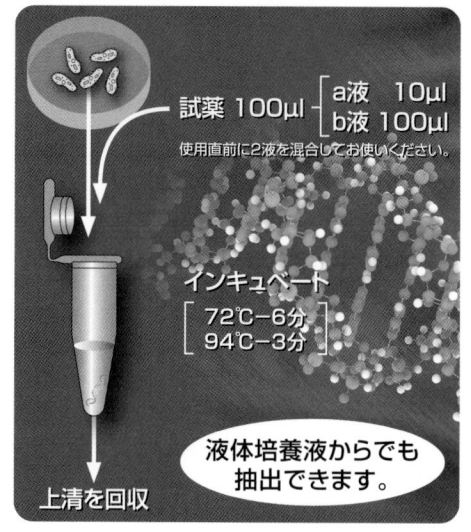

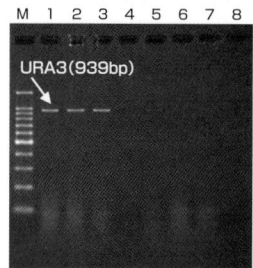

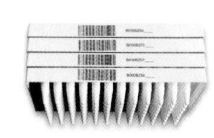

遺伝子変異解析装置

ライトスキャナーシリーズ期間限定キャンペーン
期間：2010.11月1日〜2011.4月28日迄

高分解能融解曲線分析(High-Res Melting)の開発元アイダホテクノロジー社(米国)の機器が期間限定でお求めやすい価格になりました。
また、がん分野ではBRAF, EGFR, K-Rasなどその他60以上のアッセイプロトコールを用意しています。がん以外でも薬物代謝酵素、止血因子、神経系、代謝酵素、心筋タンパク質の分野を含む数種類のアッセイプロトコールもご用意しています。

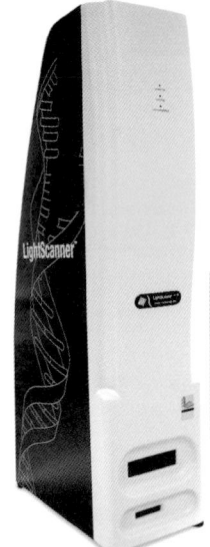

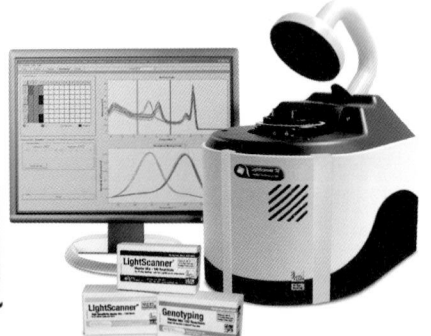

ライトスキャナー
多検体処理用　読み取り専用装置
定価 ¥5,700,000
▼
キャンペーン価格
¥4,600,000

LS32
高速リアルタイムPCR装置
定価 ¥4,600,000
▼
キャンペーン価格
¥3,600,000

輸入・総発売元
株式会社 J.K.インターナショナル
本社　〒160-0022
東京都新宿区新宿2-9-23 SVAX新宿ビル
TEL. 03-5362-2907(代)　FAX. 03-5362-7079
E-mail: info@jki.co.jp　URL: http://www.jki.co.jp

「1台で3台分」のPCR

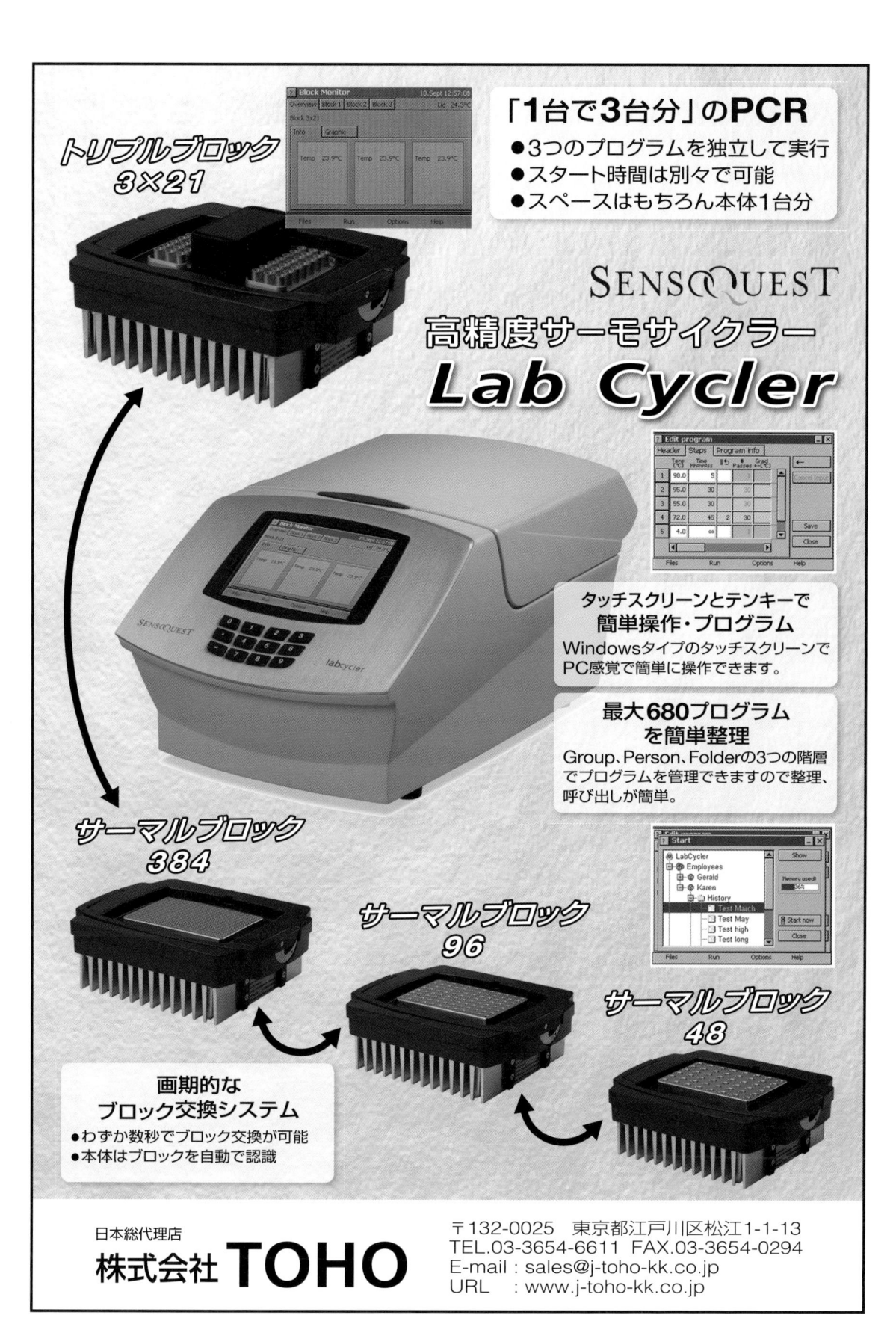

- 3つのプログラムを独立して実行
- スタート時間は別々で可能
- スペースはもちろん本体1台分

トリプルブロック 3×21

SENSOQUEST
高精度サーモサイクラー
Lab Cycler

タッチスクリーンとテンキーで簡単操作・プログラム
Windowsタイプのタッチスクリーンで
PC感覚で簡単に操作できます。

最大680プログラムを簡単整理
Group、Person、Folderの3つの階層でプログラムを管理できますので整理、呼び出しが簡単。

サーマルブロック 384

サーマルブロック 96

サーマルブロック 48

画期的なブロック交換システム
- わずか数秒でブロック交換が可能
- 本体はブロックを自動で認識

日本総代理店
株式会社 TOHO

〒132-0025　東京都江戸川区松江1-1-13
TEL.03-3654-6611　FAX.03-3654-0294
E-mail : sales@j-toho-kk.co.jp
URL : www.j-toho-kk.co.jp

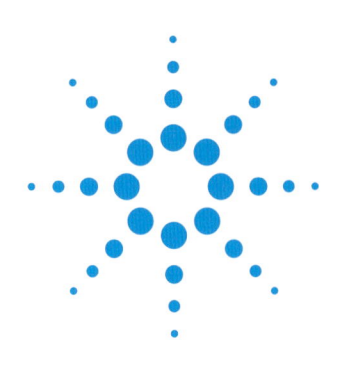

WE MAKE IT. You make it happen.
OpenGenomics

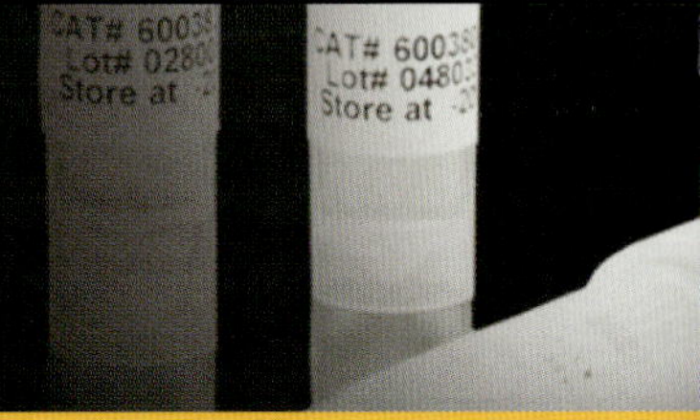

進化する PCR ポリメラーゼ！Fusion 型 DNA Polymerase

▶ **Fusion 型 DNA Polymerase の伸長速度は 1kb あたり、たったの 15 秒!!**（10kb 以上のテンプレートでは 30 秒/kb：図 1）

Fusion とは ??
2 本鎖 DNA 結合ドメインを DNA ポリメラーゼに融合（Fusion）させることにより、テンプレートと DNA ポリメラーゼの結合 1 回あたりに取り込み可能なヌクレオチド数が大幅に改善されます。（Pfu の 12 倍、既存の同タイプの酵素の 5 倍）さらに、アジレントでは独自の ArchaeMaxx Factor により、PCR 反応を促進しています。

PfuUltra II Fusion HS DNA Polymerase
エラーは 250 万 塩基にたった 1 つ！
- Fusion 型の他社製品に比べて 3 倍、Taq に比べて 20 倍の高い正確性（図 2）
- 19kb までのロング PCR に対応

Herculase II Fusion HS DNA Polymerase
高速、高感度、高収量、高正確性の 万能型
- 1ng のテンプレート量からでも十分な増幅が可能な、高感度！
- GC リッチや構造が複雑で、増幅が難しいテンプレートに対応（図 3）

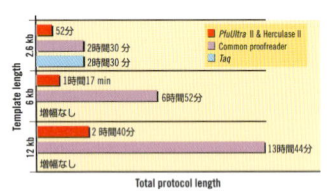

図1 Fusion型DNA Polymeraseでの可能な短縮時間

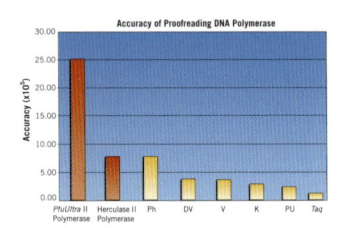

図2 市販されている各種酵素との正確性の比較

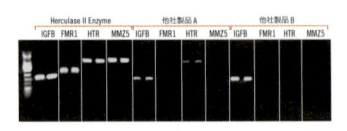

図3 GCリッチなターゲットにおける増幅
IGFB: 79% GC, 250bp、FMR1: 84% GC, 300bp、
HTR: 65% GC, 540bp、MMZ5: 68% GC, 562bp。

StrataClone PCR クローニング・キット

▶ **高効率なクローニングが簡単！**
- StrataClone シリーズなら **簡単混ぜるだけ！**
- PCR 産物の長さに関わらず、**95% 以上の高効率**でクローニング可能
- Kit 付属の StrataClone SoloPack Compitent Cells は recA (–) で組換えを防止、endA (–) で高品質プラスミド精製が容易
- 青白スクリーニングが可能
- Eco RI で容易にインサートの切り出しが可能
- T7 と T3 プロモーターを含むため、in vitro での RNA 転写やスクリーニング、シークエンシングが容易

▶ **StrataClone シリーズのユニークなシステム！**
- 一方に **Topoisomerase I**、もう一方に **loxP** を持つ 2 種類のベクター・アームの混合物を使用
- **直鎖状**にライゲーションを行うユニークなシステムにより、大きな断片でも **高効率を実現（500bp 〜 10kb に対応）**

LoxP-<ベクター・アーム>-<インサート>-<ベクター・アーム>-LoxP

loxP — pUC ori — Plac — lac Z' — MCS — インサート — MCS — lac Z' — ampicillin — loxP

Agilent Technologies
アジレント・テクノロジー株式会社
〒 192-8510
東京都八王子市高倉町 9-1
カスタマコンタクトセンター
0120-477-111
email_japan@agilent.com
www.agilent.com/chem/jp

TaKaRa

抽出操作不要の「ダイレクトPCR」が可能!

MightyAmp® DNA Polymerase Ver.2

製品コード R071A/B(A×4)　　250 U/1,000 U

MightyAmp® Ver.2はこんなPCRにオススメです!

- 反応系に試料(血液、動植物組織、細胞etc.)を直接添加する**ダイレクトPCR**
- 動植物組織などの**粗抽出液(クルードサンプル)からのPCR**
- 鋳型が少量の場合やGCリッチ・ATリッチターゲット等、**増幅が難しいPCR**

抽出・精製操作を軽減でき、PCR解析時間の短縮にも貢献します!

実施例:マウス組織からのダイレクトPCR

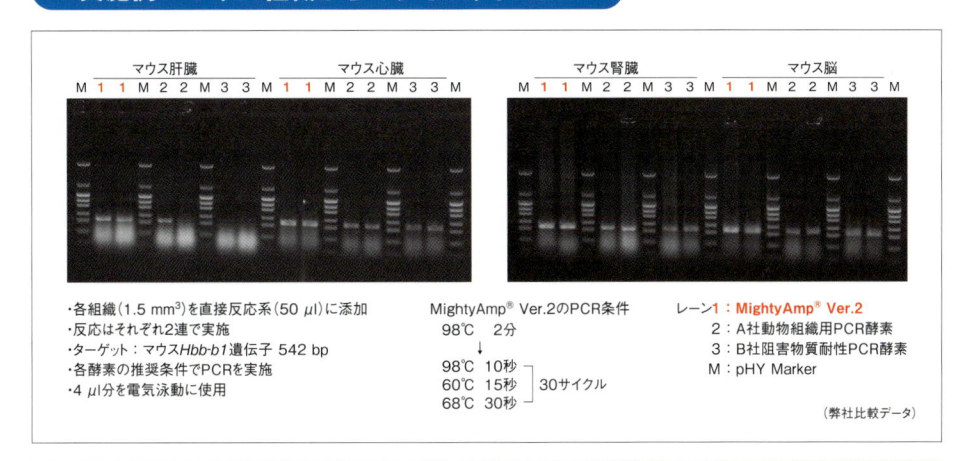

- 各組織($1.5\ mm^3$)を直接反応系(50 μl)に添加
- 反応はそれぞれ2連で実施
- ターゲット:マウス*Hbb-b1*遺伝子 542 bp
- 各酵素の推奨条件でPCRを実施
- 4 μl分を電気泳動に使用

MightyAmp® Ver.2のPCR条件
98℃　2分
↓
98℃　10秒
60℃　15秒　}30サイクル
68℃　30秒

レーン1:MightyAmp® Ver.2
　　　2:A社動物組織用PCR酵素
　　　3:B社阻害物質耐性PCR酵素
　　　M:pHY Marker

(弊社比較データ)

★ 鋳型としてマウス組織片を直接反応系に添加するダイレクトPCRで、MightyAmp® Ver.2は他社動物組織用および阻害物質耐性PCR酵素に比べて高い増幅効率を示しました。

短鎖増幅における究極の反応性を追求しています。
弊社ウェブサイトの実験例もぜひご覧ください。

Licensed under U.S. Patent No. 5,338,671 and 5,587,287, and corresponding patents in other countries.

タカラバイオ株式会社

東日本販売課　TEL 03-3271-8553　FAX 03-3271-7282
西日本販売課　TEL 077-543-7297　FAX 077-543-7293
Website　http://www.takara-bio.co.jp

TaKaRaテクニカルサポートライン
製品の技術的なご質問にお応えします。
TEL 077-543-6116　FAX 077-543-1977

G014C

全自動セルカウンター

"Always Truly Cell Count ! Only 10 μℓ"

TC10 全自動セルカウンター

1. **One-Step Counting**
   スライドを挿して30秒でカウント
2. **オートフォーカス**
   人的バイアスがない正確な測定を実現
3. **生細胞数カウント**
   トリパンブルーに対応
4. **低ランニングコスト**
   ディスポーザブル血球計算盤並みのコスト
5. **オプションラベルプリンター**
   USBでTC10と接続可能
6. **お手頃価格**
   コストパフォーマンスにすぐれています

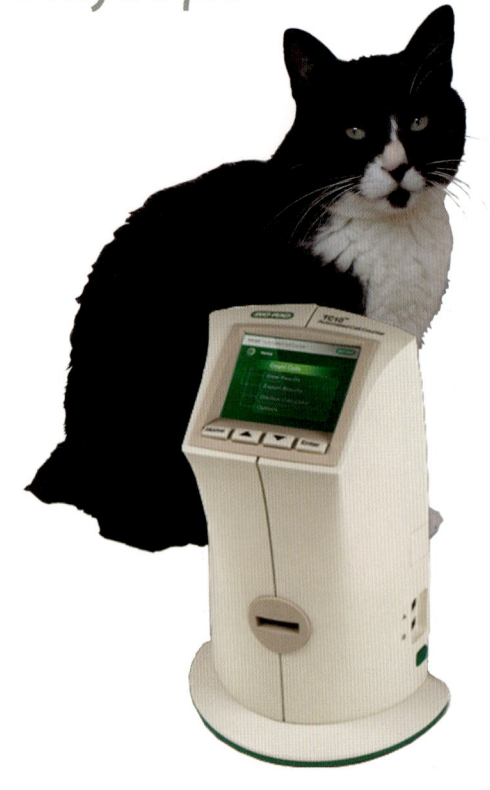

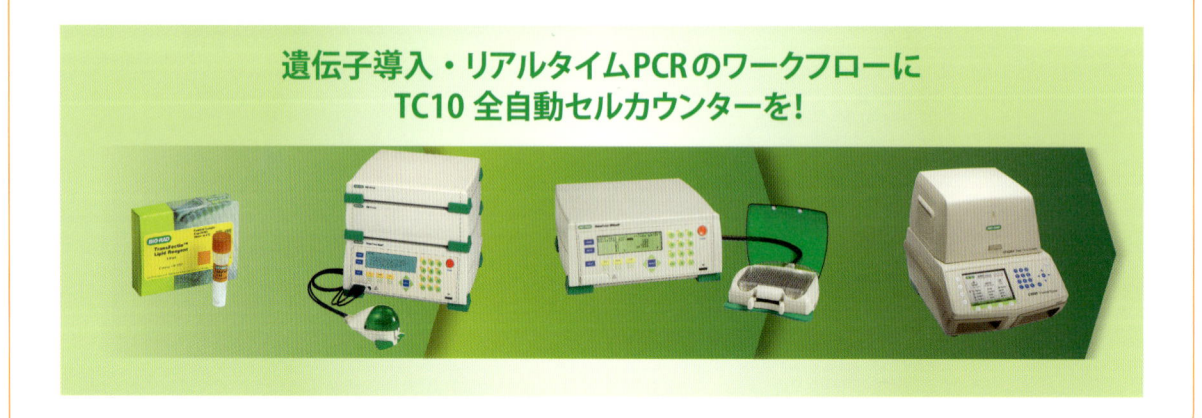

遺伝子導入・リアルタイムPCRのワークフローに
TC10 全自動セルカウンターを!

BIO-RAD バイオ・ラッドラボラトリーズ株式会社
ライフサイエンス事業部

Research. Together.

Visit us at http://discover.bio-rad.co.jp

本社	〒140-0002 東京都品川区東品川 2-2-24	TEL：03-6361-7000
大阪営業所	〒532-0025 大阪市淀川区新北野 1-14-11	TEL：06-6308-6568
福岡営業所	〒812-0013 福岡市博多区博多駅東 2-5-28	TEL：092-475-4856
	* 学術的お問い合わせは	TEL：03-6404-0331

TaKaRa

リアルタイムPCRを さらに身近に

多波長モデル
Thermal Cycler Dice® Real Time System II

製品コード TP900
価格：375万円（税別）
制御用コンピューターを含む

- ■ 熱伝導率が高い銅ブロックを採用してリニューアル！
- ■ すぐに使いこなせるソフトウェア
- ■ 96ウェルプレート対応
- ■ お求めやすい価格を実現

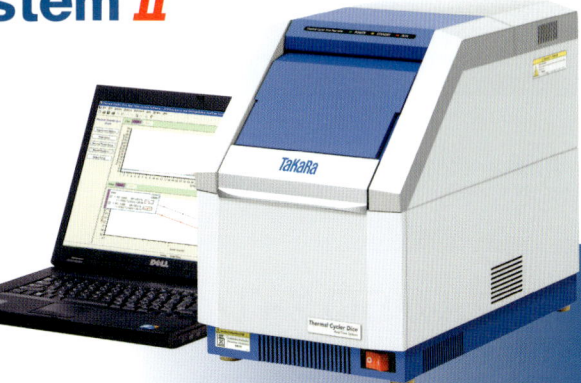

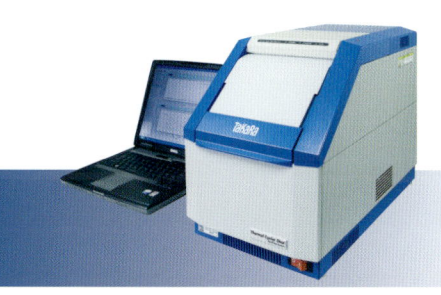

1波長モデル
Thermal Cycler Dice® Real Time System Single

製品コード TP850
価格：285万円（税別）
制御用コンピューターを含む

実機を使ったデモンストレーションを行います。販売課または弊社代理店までお問合せ下さい。

● 仕様は予告なしに変更することがあります。

PCR Notice:Purchase of this instrument conveys a limited non-transferable immunity from suit for the purchaser's own internal research and development and applied fields other than human in vitro diagnostics only under U.S. Patents Nos. 5,038,852, 5,333,675, 5,475,610, 6,703,236 (claims 1-6 only) and 5,656,493 and non-U.S. counterpart claims, as applicable.
This product is covered by the claims of U.S. Patent 5,552,580, and their corresponding foreign counterpart patent claims.

タカラバイオ株式会社
東日本販売課 TEL 03-3271-8553　FAX 03-3271-7282
西日本販売課 TEL 077-543-7297　FAX 077-543-7293
Website　http://www.takara-bio.co.jp

TaKaRaテクニカルサポートライン
製品の技術的なご質問にお応えします。
TEL 077-543-6116　FAX 077-543-1977

Z066C

Direct PCR Kit

NEW!

ヒト組織・細胞からのダイレクトPCR キット
Phusion Human Specimen Direct PCR Kit

特 長
- DNAの精製や抽出の操作が不要
- さまざまなヒトサンプルに適用可能
- PCR阻害物質に高耐性なPCR酵素を採用
- 少量のサンプルに対応
- 特異的・正確・高収量のPCRを短時間で実現

注文情報

製品番号	容量	参考価格
F-150	200回分（20 μL 反応系）	¥33,000

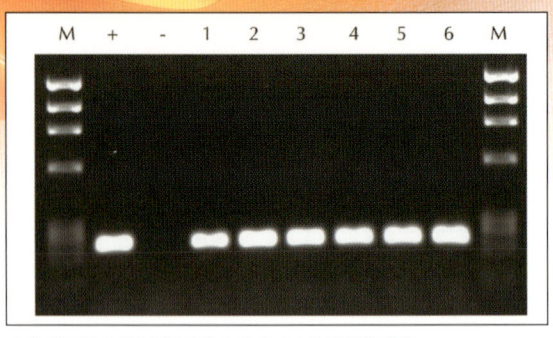

さまざまなヒトサンプルからのダイレクトPCR増幅産物
+は精製したDNAを含むポジティブコントロール、-はDNAを含まないネガティブコントロールです。1.口腔上皮（0.5 mm パンチ）、2.髪の毛（1 mm）、3.歯（1 mm 片）、4.爪（1 x 2 mm）、5.唾液（0.5 μL）、6.羊水（1.0 μL）

血液サンプルからのダイレクトPCR キット
Phusion Blood Direct PCR Kit

特 長
- DNAの精製や抽出の操作が不要
- PCR溶液に最大40％まで血液を添加可能
- ヘパリン・クエン酸・EDTAを添加した血液サンプルから増幅可能
- 凍結保存やフィルターペーパー保存した血液から増幅可能
- 特異的・正確・高収量のPCRを短時間で実現

注文情報

製品番号	容量	参考価格
F-547S	100回分（20 μL 反応系）	¥14,000
F-547L	500回分（20 μL 反応系）	¥58,000

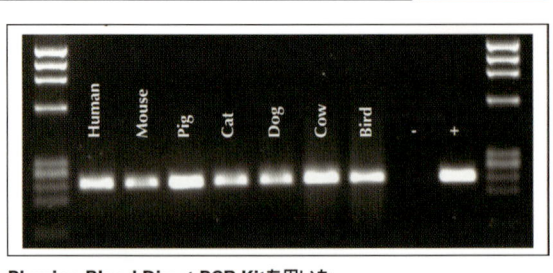

Phusion Blood Direct PCR Kitを用いた、さまざまな脊椎動物血液からのダイレクトPCR
Phusion Blood Direct PCR Kitを用いて、7種類の脊椎動物由来の全血から237 bpのDNA断片を増幅しました（血液濃度はPCR溶液中で5 %）。

植物サンプル用の Phire Plant Direct PCR Kitや、動物サンプル用の Phire Animal Tissue Direct PCR Kitもラインアップしています。製品の詳細についてはお問い合わせください。

掲載されている価格は2010年10月現在の参考価格です（消費税は含まれておりません）。参考価格はお客様がご購入の際に目安となる価格で、弊社製品販売店が自主的に設定する販売価格を制限するものではありません。販売価格は弊社製品販売店にお問い合わせください。ご注文情報に掲載されている製品は研究用試薬です。試験研究目的以外に使用しないでください。掲載内容は予告無く変更される場合がありますのであらかじめご了承ください。掲載されている会社名、製品名は各社の商標、登録商標です。

サーモフィッシャーサイエンティフィック株式会社
バイオサイエンス事業本部

価格・納期・注文お問い合わせ
TEL 03-5826-1655
E-mail: sales.bid.jp@thermofisher.com
www.thermoscientific.jp/bid

製品技術お問い合わせ
TEL 03-5826-1659
E-mail: info.bid.jp@thermofisher.com

Thermo SCIENTIFIC

Thermo Scientific Phusion Flash II High-Fidelity DNA Polymerase

NEW!

超高速 & プルーフリーディング PCR 酵素

Thermo Scientific Phusion Flash II High-Fidelity DNA Polymeraseは、新規な超高速PCR用のDNAポリメラーゼです。Pyrococcus由来のプルーフリーディング酵素に2本鎖DNA結合ドメインを融合させた、Phusion Hot Start II High-Fidelity DNA Polymeraseをベースに開発されました。1 kbあたり15秒以下の早い伸長速度により、短時間・高速PCRを可能としています。本酵素はPCRに必要な試薬をあらかじめミックスしたマスターミックスとしてご用意しています。

特長
- 1 kbあたり15秒以下の高速伸長反応
- 400 bpのターゲット配列を10分でPCR完了※
- Ready to useタイプにより簡便な試薬調製
- Pfu酵素と比べて3倍以上正確に増幅

※最速PCRの至適条件は実験系によって異なります。あらかじめ予備検討することをおすすめします。

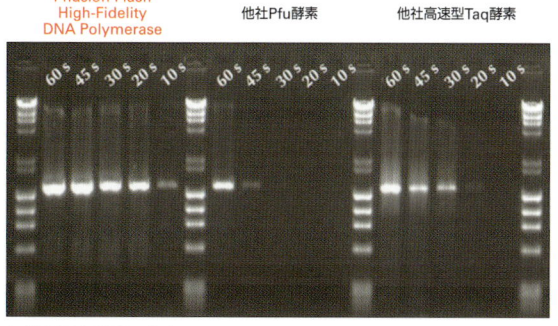

各伸長反応時間におけるPhusion Flash DNA Polymeraseのパフォーマンス比較

Phusion Flash High-Fidelity DNA Polymeraseを含む3種類のDNA polymeraseを用いた2ステップPCR（伸長時間を10-60秒の範囲で設定）により、ヒトcathepsin K遺伝子断片(1.5 kb)を増幅しました。PCR装置はPiko Thermal Cyclerを用いました。

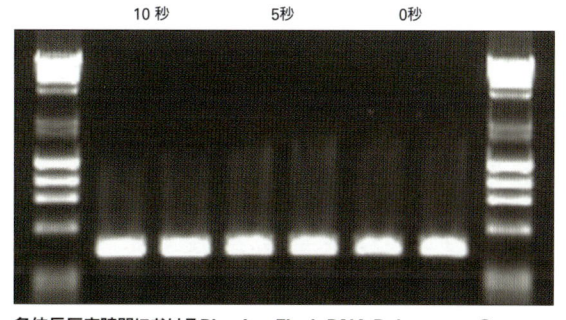

各伸長反応時間におけるPhusion Flash DNA Polymeraseのパフォーマンス比較

Phusion Flash High-Fidelity DNA Polymeraseを用いて、λファージ400 bpのターゲット配列を各伸長反応条件によりPCR増幅しました。伸長反応時間が0秒でもターゲット配列が効率よく増幅していることが確認できました。

注文情報

製品番号	製品名	容量	参考価格
F-548S	Phusion Flash High-Fidelity PCR Master Mix	100 回分（20 μL 反応系）(1.0 mL)	¥14,000
F-548L	Phusion Flash High-Fidelity PCR Master Mix	500 回分（20 μL 反応系）(5 x 1.0 mL)	¥63,000

掲載されている価格は2010年10月現在の参考価格です（消費税は含まれておりません）。参考価格はお客様がご購入の際に目安となる価格で、弊社製品販売店が自主的に設定する販売価格を制限するものではありません。販売価格は弊社製品販売店にお問い合わせください。ご注文情報に掲載されている製品は研究用試薬です。試験研究目的以外に使用しないでください。掲載内容は予告無く変更される場合がありますのであらかじめご了承ください。掲載されている会社名、製品名は各社の商標、登録商標です。

サーモフィッシャーサイエンティフィック株式会社
バイオサイエンス事業本部

● 価格・納期・注文お問い合わせ
TEL 03-5826-1655
E-mail: sales.bid.jp@thermofisher.com
www.thermoscientific.jp/bid

● 製品技術お問い合わせ
TEL 03-5826-1659
E-mail: info.bid.jp@thermofisher.com

Thermo SCIENTIFIC

QIAGENのリアルタイムPCR装置をご存知ですか？

Rotor-Gene Q

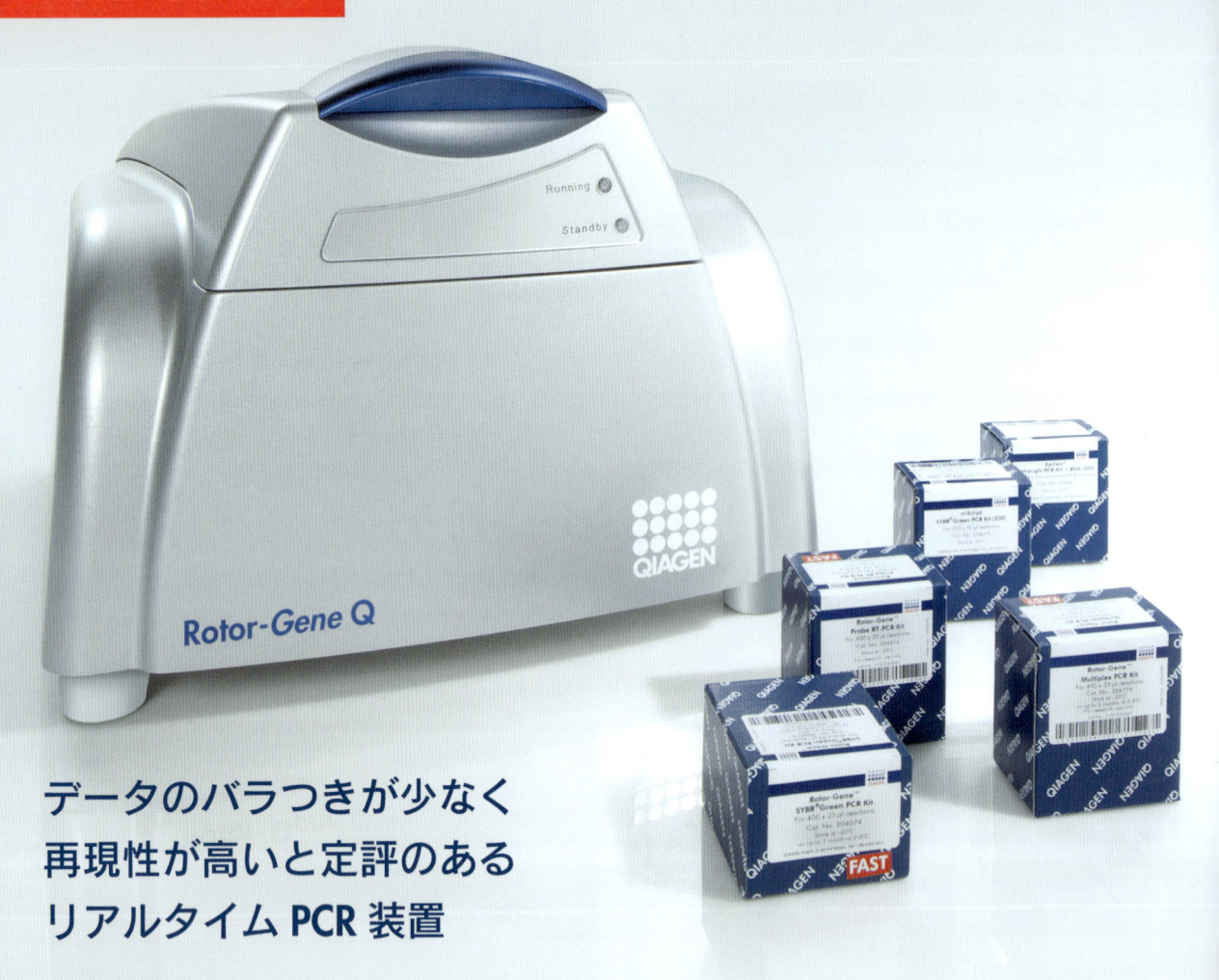

データのバラつきが少なく再現性が高いと定評のあるリアルタイムPCR装置

Rotor-Gene™ Q — 高性能リアルタイムPCR装置

- "遠心エアコントロール方式"の採用により、サンプル間の反応性のバラツキを解消
- 汎用の 0.2 ml チューブを反応容器として使用できるため、ランニングコストを低減
- ペルチェ素子やハロゲンランプ等を使用しないため、導入後のメンテナンスが不要
- High Resolution Melt 解析で SNP／変異やメチル化の解析も可能に（HRM 搭載機のみ）
- QIAGEN キットおよびアッセイで信頼できる結果を実現

製品に関する詳細は弊社ウェブサイト www.qiagen.com/Rotor-GeneJP をご覧ください。

Trademarks: QIAGEN® (QIAGEN Group); Rotor-Gene™ (Corbett Research Pty Ltd). The QIAGEN silver logo is exclusively licensed to Corbett Research Pty Ltd
本文に記載の会社名および商品名は、各社の商標または登録商標です。 RotorGeneQ1010X3J © 2010 QIAGEN, all rights reserved

QIAGEN®

Sample & Assay Technologies